价值链视角下的城市空间演化研究

RESEARCH ON URBAN SPATIAL EVOLUTION
FROM THE PERSPECTIVE OF VALUE CHAIN

周　韬◇著

中国社会科学出版社

图书在版编目（CIP）数据

价值链视角下的城市空间演化研究/周韬著 . —北京：
中国社会科学出版社，2021.4
ISBN 978 – 7 – 5203 – 3210 – 1

Ⅰ . ①价…　Ⅱ . ①周…　Ⅲ . ①城市空间—空间规划—
研究　Ⅳ . ①TU984. 11

中国版本图书馆 CIP 数据核字（2018）第 220475 号

出 版 人	赵剑英	
责任编辑	车文娇	
责任校对	王洪强	
责任印制	王　超	

出　　版	中国社会科学出版社	
社　　址	北京鼓楼西大街甲 158 号	
邮　　编	100720	
网　　址	http：//www. csspw. cn	
发 行 部	010 – 84083685	
门 市 部	010 – 84029450	
经　　销	新华书店及其他书店	

印　　刷	北京明恒达印务有限公司
装　　订	廊坊市广阳区广增装订厂
版　　次	2021 年 4 月第 1 版
印　　次	2021 年 4 月第 1 次印刷

开　　本	710 × 1000　1/16
印　　张	22
插　　页	2
字　　数	345 千字
定　　价	95. 00 元

凡购买中国社会科学出版社图书，如有质量问题请与本社营销中心联系调换
电话：010 – 84083683

序　言

　　摆在读者面前的这本书——《价值链视角下的城市空间演化研究》，是周韬博士在他的博士学位论文的基础上进一步修改完成的，是他四年来潜心研究的成果。

　　从某种程度上讲，人类的文明始于城市，人类的文明史也是一部城市的发展史。无论是奥运会的举办、国际会议的召开，还是高端价值的产出，都体现出城市的魅力和高度，城市已经成为区域名片和文化象征，影响着人们的生活。据统计，随着世界人口城市化进程的加快，全球范围内一半以上的人口居住在城市，而且这个数字在逐年递增。城市已经并越来越成为人类生存和发展的主要空间。因此，城市也成为众多学科研究的聚焦点。

　　城市问题本质上是空间问题。城市空间演化一般表现为城市结构的变迁，其实质是城市空间价值形态的变迁。在城市扩张面临土地要素、资源环境等诸多刚性条件约束下，寻求城市经济增长的动力和可持续发展的路径，需要突破传统地理框架的束缚，从更深层次的价值链角度透视城市"暗箱"，探讨未来城市发展问题。城市空间价值的不同，造就了不同规模和等级的城市，城市的特殊性使城市集群成为可能。

　　本书试图走出抽象的空间讨论，回归到现实层面的经济空间来透视城市的发展问题，将城市看成产业价值链和空间价值链的交叉点。在对城市空间"价值"属性认识的基础上，系统分析了价值链视角下的城市空间演化机理，探索从企业微观层面、产业中观层面和区域宏观层面全方位的城市空间演化动态立体分析框架，做出城市空间经济的新解释，并构建了城市内部价值链和城市间（群）价值链模型，得出了城市空间演化是城市内部价值链和城市间价值链共同驱动的结论。其中，重点阐述了空间价值、空间增值及空间生产等核心概念，将城市内部空间扩张或结构变迁看成城市空间基于城市内部价值链重组与整合的结果，将城市集聚或集群行为看成作为中观层面的城市基于城市间价值链重组与整合的结果，城市内部价值链与城市间价值链的协同演进直接影响着城市、城市群和整个区域的空间竞争力和可持续发展能力。空间价值链的构建丰富了城市经济学的相关理论。

　　作为一个年轻的学者，周韬博士在几年时间内，从价值链的视角，深入研究城市空间演化问题。这本学术著作的出版，既是他个人的成功之作，也是对学界的一个贡献。

前　言

从经济地理的角度看，"世界是不平的"。空间不均衡是由空间价值链的差异造成的。大量的经济活动在城市集聚必然形成区际分工与专业化。经济活动的空间集聚在价值链整合与重组过程中不断自我强化。世界上各个国家的高科技产业和现代服务业都是高度集聚在少数几个大城市的都市圈里的，城市群已成为驱动区域经济增长的核心。区域分工的边界正从产业、产品层次转向城市层次，区域分工的内容也不断深化为价值链分工。长期以来，在处理规模报酬递增和不完全竞争方面没有令人满意的技术工具。大量研究将经济的空间集聚视为"黑箱"来处理，空间的价值属性与空间价值的逐利性是城市空间演化的根本动力。城市空间演化不仅是城市规模的膨胀和城市面积的扩张，更深层次地表现为城市空间功能转换和价值变迁，因此，城市问题本质上是空间问题。在城市扩张面临土地要素、资源环境和拥挤等刚性条件约束下，寻求城市经济增长的动力和可持续发展的路径，需要突破传统地理框架的束缚，从更深层次的价值链角度透视城市"暗箱"，探讨未来城市发展问题。城市间的等级职能正以新的国际分工理论为指导进行重组。在全球化时代，评价一个城市的地位与竞争力，不在于人口规模的大小，而在于各城市参与全球产业分工的程度，以及占有、处理和支配资本与信息的能力。基于价值链的城市空间演化是实现城市可持续发展和提高国际竞争力的有效模式。城市群是以城市价值链为纽带建立起来的空间经济组织。动态演化是城市（群）空间结构的核心特点，应该从动态演化的角度分析城市（群）发展的共性和本质特征。中小城市制造业的集聚必然伴随着服务业向中心城市的集聚，反过来，服务业向大城市集聚的同时，大城市原有的制造环节也必然会向外围城市转移和扩散。集聚与扩散两种力量使区域经济处于动态均衡之中，是城市空间演化的内在动力。城市空间既是构成城市物质环境的基础，也是推动城市经济增长的重要生产要素，因此，研究城市空间演化必须将物质层面的空间研究与经济社会层面的空间研究纳入同一个理论分析框架中解析。城市价值链是有空间意义的价值增值系统。价值链从经济学意义上讲应是利益链和优势链。应该突破波特对价值链的认识，上升到优化与整合层次重新解读价值链的时空内涵，显然，将空间纳入价值链体系是分析目前全球化与城市化的必然路径。生产性服务业在大城市的崛起，有力地支持了城市价值链突破地域限制寻求重组与整合的增值要求。未来城市结构体系是以不同价值环节网络为基本构架，以促进城市内部和城市之间的人口、资源、环境、社会、经济和谐发展为目标，形成具有整合能力、重组能力、集散能力的空间价值体系。

与传统的将区位认为是不可流动要素的观点不同，在本书的研究中，区位跟劳动、资本等生产要素一样具有流动性。这个认识首先从静止是相对的、运动是绝对的这一命题出发，判断某物体处于静止还是运动状态，不是取决于物体本身，而是取决于所选取的参照物。因此，就产业价值链来说，可以有不同相匹配的区位可供选择，对某一区位来说它的功能、价值和用途也不是一成不变的，而是随着价值链的变迁而发生改变。区位的可流动性假设为区位在产业价值链基础上进行重组和整合提供了可能。微观经济主体在市场机制下以产业集群增值的创造力和竞争优势为依托，对区位展开公平竞争，有必要赋予静态的区位以价值链为基础的流动性和成长性。企业、产业通过空间集聚发现、改变和重塑空间价值进而引起区域空间结构演化问题，因此，城市空间演化的过程也是外部经济不断内在化的过程，城市空间价值成为城市空间演化的基本要素和出发点，价值链分工体系正在改变着城市的空间演化模式。本书对城市价值链进行了深入研究，在界定空间价值、城市价值、城市群等相关概念的基础上，将城市价值链分为城市内部价值链和城市间（群）价值链，对城市和城市群进行系统研究，将空间视作具有价值的稀缺性要素，并遵循价值链规律，着力分析了价值链视角下的城市空间演化机理，探索从企业微观层面、产业中观层面和区域宏观层面全方位的城市空间演化动态立体分析框架，做出城市空间经济的新解释，并构建了城市内部价值链和城市间（群）价值链模型，得出了城市空间演化是城市内部价值链和城市间价值链共同驱动的结论，丰富和发展了城市价值链理论。

中国近期建设中有两个运动，一是建设"美丽乡村"，一是建设"魅力城市"。可见，在命名之初我们就潜在地意识到：城市，比照乡村，最主要的价值特征是更加富于多样性。简·雅各布斯在她那本著名的《美国大城市的死与生》中，很明确地呼吁：多样性是城市的天性。遗憾的是，我们所看到的魅力城市工程几乎都是按照美丽这个单一标准打造的，并形成强大的范式，通过参观学习一再拷贝，以建设之名迅速瓦解了城市特有的多样可能，将丰富多彩的体验统一成单一的视觉冲击，并通过规划管制固化某个美丽瞬间，这个过程类似于把活体制作成标本。

生态、环境和技术等多种约束愈加强化，城市空间演化与可持续发展问题将成为未来区域经济发展的重要命题，对这一问题的研究目前已有不少成果，但大都局限于某一较小区域，并没有建立系统的区域观来进行论证。本书旨在构建价值链视角下的新区域发展观，主张通过建立不同空间尺度的空间价值链来布局城市发展和区域振兴，通过空间生产、整合与重组等方式不断进行空间创新，以提升城市竞争力和区域经济可持续发展。由于城市空间演化问题涉及政治、经济和文化的多个方面，且部分理论存有争议，加之笔者专业知识储备有限等原因，本书的撰写难免存有偏误，敬请批评指正。

目　　录

第一章 绪论

第一节 选题的背景

一 选题的现实背景

全球化与信息化让城市空间演化进入了以产业分工为基础、价值链整合与重组和区域发展能力为主要标志的新阶段。在区域复兴、区域联盟及区域创新背景下，"区域"已成为参与全球竞争的基本单元。国家"十二五"规划纲要明确提出构建以城市群为依托的城市化战略。党的十八届三中全会明确提出，适应经济全球化新形势，促进国际国内要素有序自由流动、资源高效配置、市场深度融合，必须推动对内对外开放相互促进、"引进来"和"走出去"更好结合，加快培育参与和引领国际经济合作竞争新优势，抓住全球产业重新布局机遇，创新加工贸易模式，形成有利于推动内陆产业集群发展的体制机制；随后又提出"一带一路"倡议。这表明全球经济发展已进入空间竞争时代。刘易斯拐点的出现意味着建立在农村剩余劳动力转移的粗放模式的终结，新一轮经济增长的动力需要以创新效率、报酬递增和空间外溢为核心的新的资源配置模式。中国正经历着高速城市化过程，城镇人口的持续扩大和城市群体发展是当前中国城市化的基本特征。美国经济学家斯蒂格利茨曾预言，影响21世纪的国际事件一是美国的新技术革命，二是中国的城市化。李克强总理也指出，目前我国扩大内需的最大潜力在于城镇化。2014年下半年，中央经济工作会议首提"经济发展空间"，主张将城镇化纳入优化经济发展空间布局，并提出新型城镇化一定要与所在地的资源禀赋、比较优势和产业定位相结合。虽然目前我国城市集群发展趋势较为明显，且城市群发展已成共识，但城市群发展过程中的"简单均衡"或"一城独大"现象普遍存在，特大城市的单中心蔓延和人口在核心城市或城市中心的过度集聚问题突出。随着资源、环境压力的不断增大，城市群可持续发展的前景不容乐观。因此，以城市化、城市群和经济区为表征的空间集聚现象受到世界各经济体的追捧，经济活动的空间及区位对经济发展和转型的作用进一步凸显，产业演化和空间经济理论成为当代经济学中最激动人心的理论之一，代表了不完全竞争与收益递增革命的第四次浪潮。对城市化、城市群和经济区的研究不仅仅是一个区域或产业发展问题，而且是中国区域发展新格局和国家发展战略的问题。本书将从产业集聚与演化视角解释城市化、城市群和经济区的空间效应。城市群空间结构存在"单中心→多中心→多核网络→城市经济区"的一般演化过程。在笔者看来，空间价值链整合与重组将会替代产业集聚成为新一轮经济增长的源泉，产业集聚的演化机理与空间效应可以概括为"整合、演化和增长"三大问题，这三者也是追踪和展望区域经济未来发展的关键，是扭转我国区域"简单均衡"或"一城独大"现象的核心问题。

2010 年以来，东部地区的经济增长速度明显慢于中西部的增长速度，这一现象引起了广泛的关注。不同空间尺度的工业化和城市化发展程度不同是这一变化的内在根本原因，按照新古典经济学的观点，沿海省份经济增长速度下滑而中西部地区经济增长加速是追赶型经济体发展的必然趋势。从未来产业演化的态势来看，我国面临国际价值链价值环节转移与国内传统产业向中西部转移的双重趋势，也意味着我国区域经济进入了一个新的增长阶段。在资源、环境、技术等要素条件约束的情况下，本书认为中国城镇化的当务之急是转变思路，2013 年中央提出的新型城镇化是"人的城镇化"，应该是下一阶段城镇化的起点。2012 年我国的城市化率已达到 52.57%，根据国际经验，我国的城市化已步入高速增长阶段，据测，2030 年城市化水平将达到 75.86%。城市化率进入 50%—70% 这个阶段将从量变转到质变，因此，我国未来区域、城市增长模式也将发生根本变化。中国各级区域经济发展的历史说明，产业在支撑区域增长方面扮演着重要角色，城市化、城市集群和区域经济一体化也是产业布局在空间上的体现。城市群内部次区域间竞合无序问题较为突出，表现为产业结构趋同、区域合作匮乏、恶性竞争加剧、资源配置效率低下等。城市群内部次区域间的"积极竞争，消极合作"行为严重①，在全球城市体系不断重组和整合的背景下，缺乏科学有效的机制设计以提高城市参与国际分工的竞争力和城市集群的经济效应。

对城市空间演化问题的广泛关注开始于埃比尼泽·霍华德（Ebenezer Howard）提出的田园城市理论。西方发达国家在城市空间演化问题上主要讨论产业的空间集聚，城市空间演化的轨迹与产业变迁紧密联系在一起，生产要素在集聚和扩散两种力量的作用下不断重复"均衡—不均衡—均衡"的演变过程，城市产业结构是由一个平衡态向另一个平衡态演变的动态过程。从城市空间形态角度来看，经历了由低级向高级的阶梯式发展路径：向中心城市的聚集（城市规模膨胀）—城市空间分异与功能整合（向新城、卫星城的扩散）—城市内部价值链整合与重组（向边缘城市的进一步扩散）—城市间价值链整合与重组（多中心城市的形成、城市群）—区域价值链（都市连绵区、城市经济区）。因此，可以看出，城市空间演化是一个多层次分阶段的动态复杂系统。城市空间是区域经济发展到一定程度后的一种空间组织形式，当城市发展到一定阶段后，面对着区域经济的发展与竞争，受制于越来越凸显的"城市病"，城市规模处于动态调整之中，城市空间价值不断增值，空间结构不断优化，城市各空间功能不断升级等，这些都促使城市空间重组和转型，以提升城市整体竞争力和可持续发展能力。

目前，我国劳动力市场已跨越刘易斯拐点，意味着中国已进入后中等收入阶段，从典型的二元结构过渡到新古典增长的形态，依赖要素积累的方式推动增长的动力不断枯竭，需要从要素积累模式转向改善经济效率为主的经济增长方式。产业价值链层面上的城市集群发展和区域经济一体化必然会成为区域经济的主流形式，在此基础上形成

① 司林杰：《中国城市群内部竞合行为分析与机制设计研究》，博士学位论文，西南财经大学，2014年。

的城市群作为一种高效的城市化模式，既反映了城市空间演化的一种高级形态和趋势，也是产业价值链在空间上的投影，在空间上突破了单个城市的局限。随着国际分工的边界进入价值链，可以预见，空间价值链整合与重组将替代产业集聚成为新一轮城市空间演化和区域经济增长的力量源泉，基于价值链的城市空间演化有利于产业结构优化升级和经济转型。因此，将空间因素纳入价值链，从价值链视角来分析城乡统筹发展、城市空间演化和区域经济一体化，对我国目前的经济发展具有重要的现实意义。

二 理论背景

传统的新古典经济学理论关注的核心是资源配置问题，而不是许多古典经济学家曾十分注重的经济组织问题。从分工分层结构的观点来看，古典的分工边界是产业，当代国际分工边界是价值链，空间的本质可能是组织分层结构适应分工分层结构的必然产物，随着分工与专业化的进一步加深，空间参与经济活动也将具有主动性。空间是有着具体产业的空间，产业也是特定空间中的产业，从根本上来说，企业、产业、城市以及城市内部的各个层次都是分工分层结构的各个层次，换句话说，市场中的经济组织与城市内部的空间单元相似，都是经济活动的主体。空间经济学以垄断竞争和企业异质性为基本假设，构建了规模报酬递增的空间分析模型，以分析企业成本差异、效率差异与集聚经济的关系。尽管新经济地理学的相关研究已经对空间经济学的研究推进了一大步，但仍需要城市集聚的微观基础、价值链的空间布局、城市空间演化的机理及经济效应等方面，进一步解析异质性企业、异质性城市与集聚经济的微观机理，以不断完善空间经济学的理论框架。空间价值的发现对城市经济的运行提供了新的视角，演化为经济变迁提供了一个非均衡的解释。据世界银行的研究，经济增长更多地表现为不平衡，过早地追求平衡的努力反而会损害发展。一代又一代的经济学家通过大量的研究证实，经济增长在空间上会均匀分布只是一种理想。两个世纪的经济发展表明，期望收入和生产的空间差距消失是不现实的。当代生产方式已发生深刻变革，国际分工已从产品层面深入空间层面，我国的区域协调发展问题，已经不同于一般意义上的产业转移或产业链延伸，不但具有产业链维度、价值链维度和知识链维度，还具有区域间关系和企业间关系的维度，在全球化背景下还具有全球价值链（GVC）维度。当前国际竞争已经不仅仅是企业之间的竞争，也不是产品的竞争，而是进入了产业链竞争时代。构建与 GVC 并行并相对独立的区际产业整合、演化和增长机制，可能是破解"增长与协调"两难问题的突破口，是在与 GVC 交互关系中实现产业升级并最终取得区域协调发展的必要途径。

21 世纪是城市空间演化的世纪。产业价值链视角下的城市空间演化有利于实现城市生态环境"倒 U"形曲线向右侧变化的良性逆转。纵观国内外经济集聚现象，产业集聚的区域才有可能出现与之相称的城市集聚，产业集聚水平不高的地区无法形成城市集聚。城市群正是建立在产业群的基础之上，纵观国际国内各大城市群，都是典型的产业聚集区。在某种程度上可以认为城市群是产业集群的空间表现，是产业集群的结果。从产业价值链角度更能深刻剖析城市的空间运行机理，如果把产业集聚区看成一个空间价值链网络，则该区域中的城市就是一个具体的价值环节，因此，该区域的城市群正是产业价值链的空间载体和外在表现。这样从产业集聚层面来理解城市集聚便有了微观基础，产业集聚的层次制约着城市空间集聚的水平和结构。城市化与城市发展只有建立在产业价值链分工角度才能提高城市全要素生产率，实现城市的可持续发展。

基于产业价值链的城市集群，由于受到产业发展的影响，城市与产业共同处在产业价值链的体系之中（全球价值链），由于产业受到市场竞争、产品生命周期和创新周期等因素的影响一直处于动态调整之中，城市价值功能也会随着相应价值链的变动做出相应的调整，否则，会掉进"价值陷阱"，这一现象典型的表现就是资源型城市的发展瓶颈需要转型来突破。我国城市群发展的研究表明，基于"价值链重组"的产业集聚为解释城市化与国家权力的尺度重组提供了合理的解释，"城市价值链重组"是区域复兴、区域联盟和区域创新的体现，是城市参与国际竞争的基本空间组织形式，也是城市空间演化发展到高级阶段的普遍规律。

从目前的文献来看，产业结构变迁与城市空间之间影响关系的研究还很缺乏。作为经济学中的经验定律，吉布拉定律①（Gibrat's Law）和齐普夫定律（Zipf's Law）描述了城市规模的分布服从幂律指数为 1 的幂律分布。近年来，城市经济学对这两个规律背后的经济力量以及规模不同城市的有序聚集问题进行了解释。基于经济理论对齐普夫定律的解释有城市系统理论、中心地理论、城市内生形成理论与自组织理论、自然优势理论等。另外，Michaels 等（2008）发现农村和城市空间分布都与吉布拉定律存在背离现象。因此，从理论上对城市规模问题的探讨还存在很多争议。除此之外，在实证上考察产业集聚与城市空间分布之间的关系是一个重要的研究方向。大量实证研究的空间尺度过于宏观，忽视了真正引导城市空间集聚的微观机理，并将产业发展与城市空间割裂开来。在计量方法上需要运用空间计量经济学方法分析变量之间的空间相关性，通过空间交互关系及相互作用对上述问题进行更科学的实证检验。Paelinck（1979）开创的空间经济计量分析以及后来发展的空间杜宾模型（SDM）在处理空间经济问题时具有明显优势，可以充分考虑空间因素对经济运行的影响。虽然空间计量方法在区域经济的分析中应用越来越多，但建模技巧和应用水平还有待进一步提高。因此，以更科学、适宜的方法检验产业发展与城市空间的交互影响所产生的经济效应是未来实证研究的趋势。

目前经济学界也开始接受生物界的自然淘汰原理。生物在自然淘汰的压力下所采取的策略是动态调整的，动态调整过程因行为主体在不同时点上根据自己的理性预期而产生。演化思想是从动态、内生角度考虑经济集聚问题。因此，演化为解释动态过程的分类均衡提供了依据。本书将新古典的一般均衡分析应用于以专业化报酬递增为基础的分工问题，以便推导出城市空间演化的可靠规律。

---

① 早在 1931 年，罗伯特·吉布拉（Robert Gibrat）在研究了法国制造业 1920—1921 年的数据后，第一次提出了公司规模及其增长间的动态模型——均衡效果法则，即"公司增长速度独立于其在观察期初的规模"，也就是说，公司增长的速度与公司在观察期初的规模无关。后来学者多把它称为吉布拉定律。此后有大量学者分别就不同国别、不同行业进行检验，发现大部分制造业、服务业的研究都拒绝了吉布拉定律，这表明应有其他因素影响企业的成长性。吉布拉定律的出发点可能有问题，实际企业规模分布对数正态分布拟合度有可能高于幂指数分布，也就是齐普夫定律。

三 研究动因

城市空间演化一直受到理论界的广泛关注，不同学科从不同角度进行了解释，从各种观点的争论来看，其本质上是一个经济问题。自库兹涅茨"倒 U"形（EKC）假说提出以来，城市空间演化问题一直是经济增长理论和区域经济学中的一个热点问题，同样也是各国政府区域政策中的一个重大现实问题。对于传统的基于新古典经济集聚理论的均衡分析框架，其微观基础建立在完全竞争和规模报酬不变的假定之上，无法从产业集聚、经济结构、政策因素和技术水平差距等方面对城市空间演化的产生机制给予合理的解释。这就促使我们尝试寻找一种新的分析框架，来思考产业集聚、城市发展、城市群和经济区形成与发展的内在原因、运行机理以及城市空间演化可能产生的经济效应。一个不可否认的事实是，城市发展表现出很强的空间特征，且作为市场主体的各级产业组织时时处于演化之中。为此，本书将放弃传统的新古典分析范式，从演化视角来审视产业、城市集聚机理及空间效应。本书试图回答以下问题：地理因素（主要是新经济地理因素）究竟在城市空间演化过程中发挥什么样的作用？中国目前的城市发展模式形成的内在机理是什么？也就是究竟是什么因素决定了城市发展中的结构调整和形态变迁？演化视角下产业的集聚模式对于城市集聚以及对于中心和外围地区的经济空间分布有着什么样的影响？一个可能的解释是经济全球化背景下经济活动空间价值分布的不均衡性，因为，经济全球化的推进越来越受制于不同的区域空间。对上述问题的思考构成了本书的研究动机。

人类的经济与社会活动存在于空间中，且人类所进行的一切活动都是趋利的，并按照趋利的本质特性在空间中演进，形成一系列空间景观形态和价值关系表征的空间关联模式。空间集聚的微观基础问题是长期争议的命题之一，问题的本质是微观主体的行为选择问题。在新古典经济学完全竞争的一般均衡框架内，企业总是被假定为在规模收益不变或规模收益递减的生产技术条件下从事生产活动。然而在这一框架下，却无法解释现实中企业的市场扩张行为。张伯伦的垄断竞争理论打破了完全竞争的一般均衡，市场结构的变化允许企业具有规模收益递增的生产函数；在迪克西特—斯蒂格利茨框架中，在垄断竞争的市场环境中，受制于消费者的偏好及企业对有限资源的需求的双重影响，企业具有规模收益递增的特征；在克鲁格曼建立的核心—边缘模型中，消费者对多样性的偏好被解释为规模收益递增的主要来源。在市场化的、开放式的经济区域中，因要素的流动性和各空间价值的差异，区域内部存在空间势能，因此，产业分布必定是中心—外围结构，且制造业的前向和后向联系总是导致规模报酬递增的地方化。要素的跨区域流动，在集聚力的作用下总是增厚中心地区的市场规模，在离心力的作用下总是稀释外围地区的市场规模。对于基于产业集聚理论的城市空间演化，大中小城市在整个经济体系中具有各自的产业与价值特征，相互之间是共生共荣与竞争合作关系。城市空间演化也不可能把所有城市发展成大城市或特大城市。总之，现有的理论对城市空间演化没有提供分工层面的机理解释，未能把握住"城市空间演化本质是产业演化的空间体现"这一核心问题。当前，对城市及城市集聚的研究已成为热点，但是，关于其形成机理的微观探讨较少，单纯地从产业视角来分析，无法解释城市空间扩张和重组的一系列区域经济现象。更深层次的原因是，传统的区域经济研究范式中，将区位或经济空间看成被动选择的对象，而不是现代经济组织的发起者和组织者，致使忽略了空间经济的组织形式，从而难以从空间层面上解析"空间价值链"。需要指出的是，目前方兴未艾的产业集聚或产业集群也只是本书讨论的城市内部价值重组的结果，如果要从根本上解决目前企业、产业和城市对经济的交互影响，需要超越产业集聚，深入更高层次的城市空间演化的研究中去。

与传统的将区位认为是不可流动要素的观点不同，在本书的研究中，区位跟劳动、资本等生产要素一样具有流动性。这个认识首先从静止是相对的、运动是绝对的这一命题出发，判断某物体处于静止还是运动状态，不是取决于物体本身，而是取决于所选取的参照物。因此，相对产业价值链来说，可以有不同相匹配的区位可供选择，对某一区位来说，它的功能、价值和用途也不是一成不变的，而是随着价值链的变迁而发生改变。区位的可流动性假设为区位在产业价值链基础上进行重组和整合提供了可能。

微观经济主体在市场机制下以产业集群增值的创造力和竞争优势

为依托，对区位展开公平竞争，有必要赋予静态的区位以价值链为基础的流动性和成长性。企业、产业通过集聚发现、改变和重塑空间价值，在对空间价值的重组与整合中引起区域空间结构演化，因此，城市空间演化的过程也是外部经济不断内在化的过程，城市空间价值成为城市空间演化的基本要素和出发点。

根据目前的文献，中国的城市发展问题主要集中在：什么是最优的城市规模？什么是合理的城市布局？在产业分工过程中，如何实现区域经济的平衡发展？实证的数据基本上都是立足于行政区域，很少有文献从经济区位（跨区域）角度来实证分析产业集聚的机理及空间效应问题。城市空间演化是城市化的高级阶段，单纯依赖结构转变理论而不诉诸微观经济分析很难揭示这一复杂现象背后的发展与演变机理。本书试图在这一方面做一些尝试，以我国目前形成的"城市群"与"经济区"为考察对象，从经济演化视角来深入系统地研究集聚经济运行机理和空间效应，基于地区结构不合理趋同的深层思考，本书尝试从微观角度出发，探讨城市空间演化机理，试图证明在全球经济一体化与网络信息化趋势下，全局发展和区域平衡发展短期内是可以兼顾的，并且在长期内是可以统一的，构建一个基于价值链的城市空间演化的理论框架，并应用于分析城市群的空间演化规律。

第二节　研究的意义

一　理论意义

对空间问题的研究，需要演化的视角，随着生产力的发展，空间既处于物理运动之中，也处于复杂的社会关系的变迁之中。在系统分析产品生产过程及空间联系时，抽象的"链"的隐喻被各学科的研究者广泛接受，价值链成为分析经济活动的重要理论。城市一般具有多个功能，占主导地位的功能是城市的主体功能，城市的主体功能取决于城市所处的价值链环节，必须从城市价值链的角度来深层次考察城市的空间演化和发展模式。本书从产业组织的行为出发，从区域合作、产业演化和企业要素整合三个维度确定区域经济协调发展的关键因素，深入揭示城市空间演化机理和空间效应，构建一个完善的城市发展分析框架，揭示工业化与城市化之间的关系，拓展了区域协调发展理论的研究思路，提出城市空间布局是产业空间分工的区域表现形式，也将丰富中心—外围（CPM）理论和全球价值链（GVC）理论。需要完善以产业为核心研究经济行为的空间选择和空间经济活动的区位分析的理论框架，进一步深化对经济空间集聚和演化的理解。本书的理论探讨重点在以下几个方面：

（1）剖析了企业要素空间整合机理；

（2）解析了城市价值链的概念与特点；

（3）解析了城市空间演化的微观机理；

（4）实证分析了城市空间演化的微观机理和经济效应；

（5）提出了基于价值链的城市可持续发展策略。

从价值链角度开展城市空间演化的研究，是深入探讨城市发展的微观动力机制，有助于理解现实企业、产业、城市和城乡之间互动发展的重要性。城市空间演化研究的理论意义为：

第一，有助于拓展城市研究的思路，从对城市产业发展的种种争论转向对现实城市变迁的作用——空间演化、经济效应、共同利益等实现途径的考察，从而进一步为服务城市发展提供依据。

第二，有助于对城市、产业和企业形成、演变、发展及互动机制的解释。这种解释以尊重企业、产业及城市的互动行为为基础，这就意味着在理论上承认城市空间演化是地方企业、产业和城市等相关主体在开放互动的背景下协同共生的结果，这与区域经济学的研究宗旨相契合。

第三，使城市经济问题从产业层面的探讨以及宏观统计分析中走出，转向企业、产业和城市及区域的多维观察，这一层面对于衔接个体利益（企业）、整体利益（区域）与从单个城市到城市群的研究具有重要意义。实证研究中纳入空间因素，充分考虑空间交互作用及相互影响，可使结论更为可靠。

第四，对城市空间演化的基础——价值链重组与整合的研究，强调了城市空间参与经济活动的主动性与创造性。对经济主体能动性的肯定将有助于更好地理解城市的本质，为实现城市可持续发展提供理论依据。

第五，为城市发展政策研究开拓新的思路，强调在多主体共同参与下，根据价值链理论发挥政策主导作用，充分发挥城市空间演化的经济效应，实现城市的可持续发展。对城市价值链的讨论，有助于城市空间演化理论的推广应用。

二　实践意义

城市体系在很大程度上引导了跨国公司不同价值链的空间选择，跨国公司价值链的片断化布局既依托一国的城市体系，又在不断重塑一国城市的空间结构，促进城市体系按照价值链等级进行专业化分工，强化高等级城市的控制力和辐射力，并通过城市价值链与跨国公司价值链的整合与重组促进城市群的形成与发展。第一次工业革命以来，城市演变为产业的空间场所，因此，对城市问题的研究离不开对城市产业的分析，通过分析企业内部资源要素参与价值链的整合来解释产业集聚、转接与升级等现象，进一步明晰产业演化过程的模式及影响因素，从而有针对性地提出企业价值链整合、产业跨区域转接、产业结构优化升级、城市空间演化的经济效应和区域经济协调发展的政策措施。城市、城市群是产业价值链在地理分布上的反映。一个各方面都发达的城市内外部产业必然处在价值链的高端，反之，一个相对落后的城市，其内外部产业必然处在价值链的低端，城市价值链布局有助于实体经济与虚拟经济的协调发展，可见，追求城市价值的不断增值，是现代城市管理具有战略指导意义的基本目标之一。为了突破产业分工可能造成的低端锁定问题，实现产业升级、经济转型，实现城乡统筹发展以及构建以空间价值为基础的城市价值链是区域经济发展的必由之路。具体来说，本书的实践意义集中在以下几个方面：

（1）解决城市参与城市价值链的路径和依据；

（2）从国内外实践中分析城市空间演化的价值链运行机理；

（3）为城市发展中的经济、资源与环境的协调发展提供依据；

（4）谋求城市化与区域协调发展的思路与对策；

（5）给未来城市可持续发展提供较为稳健的理论依据。

城市经济学家把一个包含大量人口、以非农业为主的相对较小的地理区域称为城市。城市的特征突出地表现为人口和各类生产要素的空间集聚。虽然要素空间集聚会形成城市，但城市的空间演化并不单纯取决于要素空间集聚，显然，城市空间演化作为一个经济问题显得较为复杂。尤其是第一次工业革命以后的城市发展轨迹表明，企业（产业）的兴衰与城市的命运息息相关。城市规模、功能和空间布局的变动同时也是产业价值链的地理反映。要想弄清城市空间演化规律，促进城市经济可持续发展，就不能忽视价值链在城乡统筹发展中的作用。基于此，城镇化的结果是大中小城市、小城镇、农村发挥特色、功能互补、相得益彰，而不是相互替代。实际上，自城市产生以来，价值链就已内化于城市的各种功能和作用，尤其在第二次世界大战后大批城市和城市群的崛起更是与产业价值链的全球整合与重组紧密地联系在一起。因此，从价值链角度入手，探求城市空间演化的内在动因和一般规律，在"新四化"建设中具有重要的现实意义。

三　研究内容

（一）主要内容

（1）构建城市空间演化的基本理论分析框架。在文献研究基础上，分析了城市空间演化的概念、特征和类型、演化路径和过程、发展阶段、演化规律及运行机理，构建了基于价值链的城市空间演化的一般分析框架。

（2）空间价值链研究。在价值链理论的基础上，提出了城市价值链的构想，构建了城市价值链（包括城市内部价值链和城市间价值链）、全球城市价值链以及区域价值链的理论模型，系统分析了各空间尺度上的空间价值链运行机理，并通过比较静态分析、交易费用理论对上述问题做了进一步的分析。

（3）城市集聚、城乡互动与城市一体化的研究。在价值链视角下，系统分析了城市集聚机理、城乡互动机理以及城乡一体化的策略，为新型城镇化、构建新型城镇体系提供了新的思路。

（4）城市空间演化的价值链机理的实证研究。通过国内城市发展和国际大都市圈的形成分别实证分析了城市空间演化的价值链机理及运行机制。

（5）在前述理论探索和实证分析的基础上，提出了基于价值链的城市发展策略，对未来城市空间演化进行了政策层面的分析，为企业决策者、城市管理者和政策制定者提供了可借鉴的视角和思路。

（二）具体内容

第一章，绪论。主要阐述了本书的研究背景、研究的理论意义与现实意义、研究内容、拟解决的关键问题、研究方法与思路以及可能的创新点。

第二章，基础理论。介绍了分工理论、集聚经济理论、需求多样化理论、空间理论、区位理论、演化理论以及哈维的"资本积累"理论，为本书的研究提供理论支持。

第三章，理论背景及构想。深入分析了城市与城市群的形成与特征、城市空间演化的动因和城市空间演化的七大基础理论，提出六大经济效应假说，从企业、产业和区域三个层面分析了城市空间演化，回顾了城市空间增长理论，对城市空间演化的相关文献进行了系统梳理，阐述了本书的研究构想和研究思路。

第四章，城市空间演化概述。以空间价值讨论为切入点，通过对空间价值属性再认识和已有演化理论的深入分析，提出了空间演化理论的分析框架。

第五章，城市空间演化机理。系统介绍了城市空间演化机理、城市内部价值链和城市间价值链运行机理以及城市集聚的动力机制等理论，分析了从制造城市到服务城市的演进过程以及不同空间尺度的空间价值链比较。

第六章，城市集聚的动力机制。系统分析了城市空间演化的驱动力，探讨了价值链及其增值机理、空间异质性、空间增值以及基于空间生产的城市群分工机理。

第七章，城乡互动与城乡一体化。在城市空间演化的价值链机理基础上，提出了基于价值链的农村空间演化，分析了农村、农业的空间布局及发展趋势，并给出了城乡一体化发展的实施策略。

第八章，城市空间演化的价值链机理实证。从我国产业发展现状、城市经济发展现状与存在的问题、区域产业发展趋势等方面分析了我国城市经济的总体环境；以长三角城市群为例实证分析了城市价值链的运行机理；通过比较分析我国不同发展阶段和水平的三大城市群以及代表发达国家的较为成熟的纽约、伦敦和东京城市群，将城市价值链推进到跨区域跨国界层次，在此基础上提出了更高层次的面向全球的区域价值链。

第九章，中原经济区双核互动与城市空间统筹发展研究。分析了中原经济区要素空间集聚特征、存在的问题及政策选择，并对城市群引领中原经济区发展做了进一步的论述。

第十章，基于价值链的城市发展策略。在前述理论研究的基础上，深入研究了基于价值链的城市发展策略，为我国城市可持续发展提供系统的解决方案。

第十一章，结论与进一步研究的问题。

四　拟解决的关键科学问题

目前对于"城市空间演化"的内涵、构成、提升路径和实现机制尚有待深入研究，特别是演化型经济在区域城市自生发展能力提升中所表现出来的重要作用往往被忽视。本书从区域产业自生能力的内涵和构成着手，分析区域要素的整合在区域产业自生能力提升中的重要作用，继而从区域要素整合的视角重新考察产业演化过程和演化型经济，最终用这统一的视角考察区域产业自生能力提升、集聚和城市空间演化之间的关系。从微观基础上探讨影响企业区位决策的因素和产业集聚机理，在宏观层面上解释以城市为代表的经济活动的空间集聚现象，旨在解决城市空间演化的实现机理及经济效应，建立分工合理、特色鲜明及优势互补的现代城市体系。

（一）构建基于价值链的城市空间演化的基本理论分析框架

本书通过空间价值、城市空间、城市价值链等基本概念，分析了城市空间演化的内涵、特征、类型、路径、过程和规律等；以城市空间的逐利性为出发点，揭示了城市空间演化的价值增值机理，提出城市空间演化是城市价值链的空间表现形式。城市空间演化是分工与专业化深化的必然结果，其实质是空间秩序再安排、经济组织再构建和空间相互作用再调整的过程。本书试图从空间组织和效率方面来保证这一过程的良性发展，以使城市空间演化符合可持续发展的目标。

（二）城市空间演化机理研究

以产业和空间的互动与耦合发展为依据，构建空间价值理论和城市空间演化模型，并对模型所有变量进行定量化测度，借助分工理论和交易费用理论，揭示了基于价值链的城市空间演化规律，为城市化及城市可持续发展提供一般性的分析框架，解决城市空间超载、失衡和失序造成的空间发展困境。

五　研究方法与思路

（一）研究方法

1. 文献分析

以区域经济学、空间经济学、演化经济学、产业经济学、城市经济学等相关学科的理论为指导，在充分收集国内外相关文献资料的基础上，对文献进行整理，并分类汇总和归纳总结。了解了国内外最新的研究进展和动态，综合运用归纳总结和演绎预测等现代经济学研究方法，对城市空间演化问题进行了系统分析和独立思考，为本书撰写提供扎实的理论基础和知识准备。

2. 理论和实证相结合

本书选择部分典型城市为实地调研对象，一方面，通过实地考察来比较城市发展的实际情况和策略异同，了解政府和企业对城市空间演化与区域发展的认识，了解城市空间演化与农村空间演化之间的关系；另一方面，从理论角度深入思考城市空间演化的路径和机理，分析了城市空间演化各相关主体的关联关系和行为模式。通过理论研究、实地调研、专家访谈以及经验总结，归纳出城市空间演化的若干运行规律，并从国内外城市发展的典型案例出发开展实证研究。

3. 定性与定量相结合

本书对城市空间演化的运行机理从两个相辅相成的方面展开。对城市价值链的相关概念及经济效应等进行了定性研究，在此基础上，基于数据的可得性和论证的一致性，本书将空间因素引入实证分析框架，通过产业数据来刻画城市空间演化问题。在城市空间演化的经济效应的评估中，部分变量由于受到数据的获取能力和研究问题的复杂性的影响，采用规范定性的分析方法。在定量分析中使用了 Arc-GIS10、Geoda1.4、Stata12.0、Eviews7.0 和 Matlab R2013b 等软件，以提高数据分析的质量和论证的有效性。

4. 微观机理和宏观影响相结合

微观方面，分别探讨了产业集聚机理和城市空间演化机理。宏观方面，主要论证了在上述微观机理推动下的区域产业结构、城市集聚、城市经济区之间的关系。

5. 静态均衡与动态演化相结合

运用传统经济学的均衡分析方法，分析代表暂时或短期的一类状态。为了不失一般性和现实性，在产业集聚和城市空间演化理论构建上借鉴了演化经济学的思想来把握经济运行的过程和趋势特征。

（二）研究思路

本书对城市体系空间演化进行系统模拟，对优化模式与优化方案进行综合研究，以调整和优化城市空间结构，提高城市空间价值，着力构建基于价值链的城市发展理论，将产业发展、空间利用与城乡互动与一体化统一。在此框架下分析，主张建立集约、高效、绿色和环保的城市化路径，为新型工业化、信息化、城镇化、农业现代化的国家"新四化"战略提供理论依据和政策支持。具体思路见图1-1。

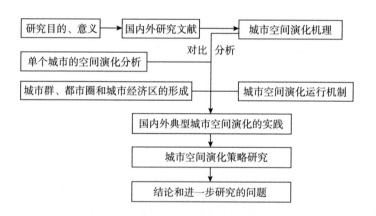

图1-1　技术路线

六　可能的创新点

本书以区域经济学、产业经济学、演化经济学、空间经济学和城市经济学为理论基础，以价值链理论研究架构为指导，探析城市空间演化的内在机理及经济效应，并建立系统的分析模型。以城市、城市群和经济区为考察对象，旨在建立基于价值链的城市空间演化分析框架，探索城市空间演化的各类经济效应，寻求城市可持续发展的理论依据。本书力图在以下方面实现创新。

（一）研究视角创新

全球经济已进入价值导向时代。企业价值、城市价值、国家价值已进入不同空间尺度区域的新一轮竞争中，经济发展中需要树立低消耗、高产出、持续创新的价值思维，摒弃高消耗、低价值为标志的价格思维。城市空间演化作为区域科学的重大命题，大多数研究着眼于宏观分析。本书认为，对空间的认识需要从空间中的生产向空间本身的生产转变，城市空间演化是产业体系演进的结果，将空间视作具有价值的稀缺性要素，并遵循价值链规律，弥补了只注重区域分工框架下区域发展问题而忽略空间价值属性的缺陷，深入探讨以价值链为微观机理的城市空间演化机制，探索从企业微观层面、产业中观层面和区域宏观层面全方位的城市空间演化动态立体框架，更能解释城市的本质及其发展的规律，在实践中更符合城市发展的实际。

（二）理论框架创新

构建基于价值链的城市空间演化基本理论分析框架，主张通过价值链增值测度经济增长。在全球经济一体化的背景下，传统的研究由于模糊了产业与城市的边界而无法解释城市内部功能变迁和外部辐射扩张问题。本书将价值链理论引入城市空间演化的路径，在产业演化的一般规律基础上寻求城市发展的价值规律，揭示了城市空间演化的运行机理、城市空间演化路径和过程控制、一般演化规律和功能实现。在整体理论分析的基础上，对城市空间演化的运行机理和产生机制做了深入系统的理论研究和实证分析。将城市空间演变的问题与产业演化相联系，深入分析以价值链为微观机理的城市空间演化机制，将产业理论与空间理论统一在一个分析框架下，将宏观、中观与微观的运行机理纳入系统分析的框架，揭示了城市空间演化的动力机制和运行规律。

第二章　基础理论

第一节　分工理论

亚当·斯密认为，劳动生产力上最大的增进，以及运用劳动时所表现的更大的熟练、技巧和判断力，都是分工的结果，分工的好处在于能够获得分工经济与专业化经济。[①] 美国经济学家阿伦·杨格认为，递增报酬和生产效率的提高不是由工厂或产业部门的规模产生，而是由专业化和分工产生。[②] 马克思认为，一个民族的生产力发展水平，最明显地表现在该民族分工的发展程度上。[③] 分工既包括部门、企业间和企业内部分工，也包括基于区位优势的地域分工[④]，即各个地区专门生产某种产品，有时是某一类产品甚至是产品的某一部分。[⑤] 杨小凯认为，企业是一种不断内部化核心能力、外部化非核心能力的分工协调组织，分工深化是企业集聚进而产生城市的内在动因，城市的

---

① ［英］亚当·斯密：《国民财富的性质和原因的研究》，孙羽译，中国社会出版社2000年版。

② Young, A. A., "Increasing Returns and Economic Progress", *The Economic Journal*, 1928, 527－542.

③ 中共中央马克思恩格斯列宁斯大林著作编译局编：《马克思恩格斯选集》（第一卷），人民出版社1972年版。［德］卡尔·马克思：《资本论》（第一卷），中共中央马克思恩格斯列宁斯大林著作编译局译，人民出版社1975年版。

④ 中共中央马克思恩格斯列宁斯大林著作编译局编：《列宁选集》（第三卷），人民出版社1972年版。

⑤ ［德］卡尔·马克思：《资本论》（第一卷），中共中央马克思恩格斯列宁斯大林著作编译局译，人民出版社1975年版。

规模与分层取决于分工水平和交易效率。① 城市的起源与城乡分离都是分工演进的结果，由于分工与专业化的高效率与交易费用之间存在"两难冲突"，当增加的交易费用大于专业化带来的高收益时，城市规模达到局部分工均衡。王军根据工业化与城市化之间的关联度，将城市化分为同步城市化、滞后城市化、过度城市化和逆城市化四种模式。② 叶连松等通过对英国工业革命以后的世界工业与城市发展的研究发现，工业化是城镇化的初始动力。③ 结构相似、互补性差的城市产业体系必然导致恶性竞争，城市随着工业化的加深也在不断调整和适应产业变动趋势，根据产业分工主动调整自身经济结构（见表2-1）。

表2-1 工业化前期和工业化中后期城市经济特征比较

	工业化前期城市经济	工业化中后期城市经济
生产组织模式	福特主义	弹性积累
生产方式特征	规模生产、单一消费	弹性生产、个性消费
城市主导产业	第二产业/制造业	第三产业/服务业
城市空间形态	城市、城市群	城市连绵区、城市经济区
发展目标	经济增长、产出最大化	技术进步、多重均衡
城市空间结构	单中心	城市群
产出特点	收益递减	收益递增

从目前的研究来看，建立在竞争和合作基础上的城市空间演化是区域分工模式由垂直分工向水平分工和价值链分工转变的高级化形式。魏后凯认为，产业空间分异表现为价值链的不同环节、工序、模块在空间上的分离，是分工的高级形式；④ 马昂主认为，中心城市应摆脱高度竞争的"全能"状态，为了适应更广泛的区域经济空间，需要朝着"功能化成长"的方向发展。⑤ 赵渺希研究了全球化进程中长

① 杨小凯：《发展经济学——超边际与边际分析》，社会科学文献出版社2003年版。
② 王军：《城与都——中国城市建设思考》，《经济研究参考》2006年第64期。
③ 叶连松、靳新彬：《新型工业化与城镇化》，中国经济出版社2009年版。
④ 魏后凯：《大都市区新型产业分工与冲突管理》，《中国工业经济》2007年第2期。
⑤ 马昂主：《全球化空间重组与中国长三角城市"呼应构想"》，《经济地理》2009年第6期。

三角区域城市功能的演进，结合城市理论和分工理论总结了地域分工的基本模式。① 庞晶、叶裕民②从产业层面揭示了推动城市空间结构演化的深层动力是分工和专业化，城市群成长过程是企业、产业和工业化互动的结果，从功能定位视角研究了北京区域产业发展格局，现代服务业进一步向核心区集聚，处于产业链低端的部门从功能核心区向城市功能拓展区和城市发展新区转移，高新技术产业从功能核心区向城市功能拓展区转移，产业布局在北京四大功能区之间表现出与功能定位基本吻合的转移趋势。③ 城市内部各区域和城市群中各城市的职能研究属于静态的空间分析，需要建立一种基于"功能关系"的动态研究视角。企业特别是大企业通过总部与制造业的空间分离，实现各类要素在空间上的匹配，实质上是一种空间整合和优化。近年来，我国已出现中小城市企业总部向大城市集聚、大城市企业生产环节向次级城市转移的"双向流动"趋势。一般来讲，城市价值链的权力机构和高级循环系统主要集中在较高等级的中心城市里。城市群的中心城市充当区域内部价值链的组织者和协调者，每一个地区必须包含至少一个由中心城市组成的核心。

以上文献都是基于分工的视角来研究城市产业问题，本书的研究认为城市空间演化的微观基础是产业价值链的重组与整合。随着全球产业分工的日益深化，城市分工格局呈现扁平化格局的趋势，要求不同功能类型的城市根据自身的特色构建适应全球城市体系的产业体系，走差异化发展道路。产业价值链重组与整合的空间表现就是地域分工和再分工，地域分工与再分工作为产业价值链空间重组与整合的函数，充分考虑了空间要素的区位优势。城市空间布局是产业空间分工的区域表现形式。大量的研究表明，制造业在转型和升级过程中会带来经济的快速增长，其根源就在于代表高端价值链的服务业占据了主导地位。分工对城市空间价值的发生、变化起决定性作用，是城市

①　赵渺希：《全球化进程中长三角区域城市功能的演进》，《经济地理》2012 年第 3 期。

②　庞晶、叶裕民：《城市群形成与发展机制研究》，《生态经济》2008 年第 2 期。

③　刘玉：《基于功能定位的北京区域产业发展格局分析》，《城市发展研究》2013 年第 10 期。

及城市体系形成的基础，其促进城市的诞生，也促进城市空间演化。

目前我国规模较大的一线城市，均遇到了发展中的各类瓶颈，故城市功能疏解、城市内部功能重组、优化城市核心功能等政策被提出，试图通过此举抑制高强度开发，适当降低居住比例，结合分工协作和功能多元的城市公共中心和专业中心，推动商业、办公、居住、生态空间和交通枢纽的合理分布和综合利用开发，引导人口、交通、制造业向外围城区疏解，以突破各类瓶颈。实际上，这些理念的背后隐含的逻辑就是城市内部空间分工问题。城市内部空间分工与传统的产品内分工有着相似之处，但由于空间本身的复杂性，城市内部空间分工也将变得更为复杂。

第二节　集聚经济理论

城市作为国民财富创造和经济空间运行的主要区域，具有集聚性。新古典经济学派的创始人阿尔弗雷德·马歇尔（A. Marshall）是第一个系统研究集聚经济的经济学家。他把专业化产业集聚的特定区称为"产业区"（Industry District），并从共享、匹配与学习三个方面阐述了集聚的原因，通过研究工业组织，间接表明了企业为追求外部规模经济而集聚。[1] 迈克尔·波特运用国家竞争优势的钻石模型（Diamond Model）从产业和国家竞争优势的角度对经济集聚现象进行了理论分析[2]，并认为产业集群不同于科层组织或垂直一体化组织，其地理边界是由企业及相关机构的相互联系与依赖内在决定的，是对有组织价值链的一种替代。以克鲁格曼为代表的新经济地理学派在前人的基础上运用 D－S 模型、冰山成本、动态演化等理论解释了经济空间集聚的现象，建立了空间经济学的三种基本模型：区域模型、城市体系模型和国际模型；樊卓福[3]研究了"地区专业化"（如果从行业

---

① ［英］马歇尔：《经济学原理》（上卷），陈良璧译，商务印书馆 1965 年版。

② ［美］迈克尔·波特：《国家竞争优势》，李明轩、邱如美译，华夏出版社 2002 年版。

③ 樊卓福：《地区专业化的度量》，《经济研究》2007 年第 9 期。

角度出发，亦可称为"行业地方化"），构造了地区专业化的度量指标即地区专业化系数。随着信息技术的发展和知识的传播，中心城市与中小城市之间的分工最终会转向功能专业化，多样化中心城市和专业化中小城市的城市格局得以形成[①]，空间经济集聚的弹性专精特征愈加明显。刘传江、吕力用"由中心向外围的制造业空间扩散"解释了长三角地区的产业结构趋同现象。[②] 城市地理学从地域秩序角度入手，认为产业的空间集聚是城市化成长的最基本的条件和基本动力，城市化则因此而表现为地域产业结构转换的过程。[③]"工业化与城市化协调发展研究"课题组和胡彬认为，工业化导向的发展战略对城市化具有内生性影响[④]，林毅夫等人也认为一国的技术水平、积累率、增长速度和产业结构等均内生于发展战略和禀赋结构这两个外生变量，功能上的互补和功能一体化是促进区域城市化和城市空间演化的内在机制。李占国、孙久文总结了产业集聚的空间经济效应，认为产业集聚的正经济效应有市场接近效应、生活成本效应、外部经济效应、分工效应、制度效应、网络效应。[⑤] 产业集聚的负效应有市场拥挤效应和要素瓶颈效应。王红霞基于企业集聚的城市发展模型的研究表明，城市作为人口和经济活动的综合集聚体，其发展和演变本质上是企业集聚的结果。[⑥] 王建廷认为，集聚是一个空间概念，指要素及经济活动主体在特定空间的集中过程。[⑦] 集聚概念包含特定空间、集聚对象和内容联系三个要素，没有特定空间，集聚就没任何意义。集聚经济

① 齐讴歌、赵勇、王满仓：《城市集聚经济微观机制及其超越：从劳动分工到知识分工》，《中国工业经济》2012 年第 1 期。

② 刘传江、吕力：《长江三角洲地区产业结构趋同、制造业空间扩散与区域经济发展》，《管理世界》2005 年第 4 期。

③ 王维国、于洪平：《我国区域城市化水平的度量》，《财经问题研究》2002 年第 8 期。

④ "工业化与城市化协调发展研究"课题组：《工业化与城市化关系的经济学分析》，《中国社会科学》2002 年第 3 期；胡彬：《区域城市化的演进机制与组织模式》，上海财经大学出版社 2008 年版。

⑤ 李占国、孙久文：《我国产业区域转移滞缓的空间经济学解释及其加速途径研究》，《经济问题》2011 年第 1 期。

⑥ 王红霞：《企业集聚与城市发展的制度分析：长江三角洲地区城市发展的路径探究》，复旦大学出版社 2005 年版。

⑦ 王建廷：《区域经济发展动力与动力机制》，上海人民出版社 2007 年版。

可分为企业集聚经济、产业集聚经济、城市集聚经济和区域集聚经济。马吴斌、褚劲风分析了产业集聚对上海城市空间"多中心"网络结构形成的支撑。① 吕健测度了中国城市化水平的空间效应与地区收敛，认为我国城市化存在着显著的集聚效应和辐射效应，且存在着绝对β收敛，并分析了集聚经济对城市功能空间演化的作用机制。② Schumpeter 认为城市空间演化是城市功能分化与空间转移的结果。③ 由以上学者的观点可以看出，城市的产生与发展以及城市集聚与产业分工、集聚呈现出内生互动关系，这也是经济社会活动空间集聚与扩散的结果。集聚经济的类型来看，可以分为企业集聚、产业集聚、城市集聚和区域集聚。

第三节　需求多样化理论

现代城市中心区和城市群中的核心城市都是服务业集聚的高地，城市空间地理越来越重要。究其原因，可以发现，制造业集聚与服务业集聚是不同的，制造业的生产和消费是可以分离的，制造厂商对制造区位的选择、转移或承接，并不影响制造业的消费，而服务的生产和消费无法分割，必须面对面地进行。显然，要满足人们多样化的需求，单个城市无法实现，必须将大城市的服务和中小城市的制造优势同时发挥出来，才能满足人们对多样性和专业化的需求。企业的市场行为是通过满足顾客需求为基本出发点的，否则，企业无法获利。在经济发展具有较高水平时，需求的多样化是人们需求变化的基本趋

---

① 马吴斌、褚劲风：《上海产业集聚区与城市空间结构优化》，《中国城市经济》2009年第 1 期。

② 吕健：《中国城市化水平的空间效应与地区收敛分析：1978—2009 年》，《经济管理》2011 年第 9 期。

③ Schumpeter, J. A. , *Business Cycles*：*A Theoretical*，*Historical*，*and Statistical Analysis of the Capitalist Process*，McGraw – Hill, 1959.

势，这是马斯洛需求层次论的基本规律。① 马斯洛对人的需求的分析也可以在空间层面上得到反映。集聚经济产生于需求的多样性和制造业产品的规模经济。大城市在集聚大量要素的同时也汇集了大规模的多样化消费，吸引了越来越多对制造业产品有需求的劳动者。多样化消费需求的增长，进一步促使大城市生产更多的专业化产品。久而久之，随着城市空间的拓展，农业腹地与城市中心的距离逐渐增加，在生活成本效应推动下，一些企业不得不转向农业腹地区位生产，从而形成了另一个城市，新的集聚力得以形成。随着社会分工的日益扩大，人们对空间价值追求和生活需求向多样化、个性化发展的同时，由于空间资源的稀缺性，不同空间主体之间的竞争日趋激烈和复杂，满足不同需要的追求目标与手段的空间结构也在趋于多元化和复合化（网络化）。各类空间主体对空间价值的追求过程，实际上就是根据环境条件的变化，不断对各要素、环节进行整合与重组的过程。这些复杂的空间资源组合及其相互作用形成空间需求的生态体系。② 人类活动在空间中的生产塑造了空间功能，空间功能的动态演变不断调整着空间格局，空间格局是空间生产、产业变迁的阶段性均衡。

第四节　空间理论

经济活动在特定的空间中产生、成长和发展。较早关注空间价值问题的是英国古典经济学家李嘉图，他在地租理论中对农业用地进行了研究。第一次把空间纳入经济学研究的是美国著名经济学家沃尔特·埃萨德，其在 20 世纪 50 年代创立了区域科学。一切存在的基本形式是空间和时间。③ 社会生产力在时空中运动、发展。一国经济的发展最终要落到一定的地域空间，各地域之经济（区域经济）有机耦合构成国民经济整体，只有揭示经济空间的配置规律，才能打开资源

① ［美］马斯洛：《马斯洛人本哲学》，成明编译，九州出版社 2003 年版。
② 崔迅、张瑜：《顾客需求多样化特点分析》，《中国海洋大学学报》（社会科学版）2006 年第 2 期。
③ ［德］恩格斯：《反杜林论》，吴黎平译，民族出版社 1972 年版。

空间优化配置的大门。① 作为经济活动的载体，空间本身就是一种稀缺资源。勒施认为，经济空间的区位、市场区和经济区不是杂乱无章而是有秩序的。韦伯、杜能认为，生产力分布的原动力不是最低运费或最低生产费用，而是最高利润。城市是非农业企业区位的点状集积。② 斯蒂格利茨认为，交换效率、生产效率和产品组合效率是经济体帕累托效率实现的条件③，但空间是固定的，只充当要素载体，不具有流动性，不能像其他商品一样通过异地交换来解决局部空间需求短缺问题。因此，空间的不可流动性和不可交易性是空间经济实现帕累托最优的客观障碍，为了应对空间稀缺性，实现空间的高效利用是唯一途径④，空间利用主要表现在对基础设施、产业结构、区域功能、人力资源以及景观组合的空间结构进行优化、重组，提高空间组合效率来解决空间稀缺性。⑤

阿隆索⑥分析了完全竞争状态下的城市空间演化过程，认为在区位均衡中地租或地价是城市空间演化的基本动力。伊万斯⑦认为城市是企业和企业区位的综合体。亨德森⑧认为生产技术、通信和运输等条件最终决定了城市规模。藤田昌久等⑨构建了城市层级体系的演化模型，城市模型以冯·杜能的"孤立国"为起点，市场潜力的不同导致城市为制造业部门的集聚地，制造业部门在垄断竞争下提供差异化产品，四周被生产单一且同质化产品的农业腹地包围。在垄断竞争与

---

① 陈栋生、程必定、肖金成：《中国区域经济新论》，经济科学出版社 2004 年版。

② ［德］奥古斯特·勒施：《经济空间秩序》，王守礼译，商务印书馆 1995 年版。

③ ［美］约瑟夫·斯蒂格利茨：《经济学》，梁小民等译，中国人民大学出版社 1997 年版。

④ 陈修颖、章旭健：《演化与重组：长江三角洲经济空间结构研究》，东南大学出版社 2007 年版。

⑤ 罗静、曾菊新：《空间稀缺性——公共政策地理研究的一个视角》，《经济地理》2004 年第 6 期。

⑥ Alonso, W., *Location and Land Use: Toward a General Theory of Land Rent*, Harvard University Press, 2013.

⑦ Evans, A. W., *The Economics of Residential Location*, Palgrave Macmillan, 1973.

⑧ Henderson, J. V., "The Sizes and Types of Cities", *The American Economic Review*, 1974, 64（4）：640 – 656.

⑨ Fujita, M., Krugman, P., Venables, A. J., *The Spatial Economy: Cities, Regions and International Trade*, MIT Press, Cambridge, MA, 1999.

规模报酬递增的假设下，逐渐增加经济人口，随着农业腹地边缘与中心距离的逐渐增加，空间价值梯度因此形成，距离突破一定边界时，由于冰山成本的存在，在成本效应作用下某些制造业会向城市外围转移，导致新城市的出现。在集聚力与分散力的作用下，本地市场效应与价格指数效应促使人口的进一步增长又会生成更多的城市，城市不断向外扩展，空间演化层级不断加深。由于经济中存在大量规模各异和运输成本不同的行业，行业差异导致空间价值差异，在此基础上，不同行业的空间集聚将形成城市层级结构。在早期的城市地理研究中，城市物质形态的演变是一种双重过程，包括向外扩展和内部重组，外部扩展表现为城市规模的扩张，内部重组表现为城市内部结构的调整，分别以"增生"和"替代"的方式形成新的城市空间结构，因此，城市化本身是一个空间过程。金凤君认为，空间组织是围绕人的需要开展的一系列空间建构行动以及所产生的空间关联关系，其目标是实现人类自身的发展，空间结构是空间组织的结果。[1] 陈雯按照空间需求与供给的分析框架，将自然生态保护引入空间经济配置问题，分析了空间失衡及原因，建立了开发与保护相结合的空间均衡配置模式，提出了空间均衡的制度支持框架。[2] 李清均等通过对空间生产结构优化问题的研究得出，空间生产结构优化存在复杂的自组织特征或纠偏功能较强的空间资源配置机制，空间生产结构优化取决于其空间逐利强度的改变与逐利博弈力量的平衡。[3] 空间演化是空间要素在区域空间功能发生一定变化的环境下，重新组合形成的新空间结构的过程，表现形式多种多样，要素集聚、扩散或转移是最基本的运动形式。空间演化着重强调空间系统的自组织作用和过程。空间重组是在特定的区域内，通过对空间要素的优化和重新组合，以适应区域经济发展新形势，空间重组强调人为主动的干预过程。[4] 区域空间结构

① 金凤君：《空间组织与效率研究的经济地理学意义》，《世界地理研究》2008 年第 4 期。
② 陈雯：《空间均衡的经济学分析》，商务印书馆 2008 年版。
③ 李清均等：《从传统空间扩张到集约型城镇化：非本地资本的空间集聚》，《哈尔滨工业大学学报》（社会科学版）2011 年第 3 期。
④ 毕秀晶：《长三角城市群空间演化研究》，博士学位论文，华东师范大学，2014 年。

由节点、通道、流、网络和体系等要素构成，空间重组是一个"破旧立新"的过程，动力来源于内生推力、外部拉力和区域间相互影响的耦合力三类。① 空间结构是区域经济增长的"函数"，可以通过空间结构的重组来调整区域发展状态。② 区域经济增长经历了由低水平的均衡阶段、极核发展阶段、扩散阶段、高水平的均衡阶段的演化轨迹。③ 区域经济增长的空间不平衡分布和区域经济发展差距的普遍存在是现实世界的典型特征。一个不考虑异质性和空间因素的世界最终是"无城市的空洞经济"或者处于"后院资本主义"④ 生产状态。空间经济学以垄断竞争和企业异质性为切入点，构建了空间重组模型。空间均衡的精髓在于揭示区域分工与合作的区位选择问题，其理论基础在于依据比较优势原则解决"在何处生产"的问题。

杨荣南等⑤根据城市用地的特点，将城市空间演化分为集中型同心圆、沿交通线带状模式、跳跃式组团模式和低密度蔓延模式。高进田从历史角度认为城市是社会经济发展到一定阶段的产物，是一个区域内第二和第三产业走向时空分异、独立发展，并在空间上集中而形成的空间组织，具有集聚性、非农性和异质性等特点，城市土地组团式利用形成各种经济功能区，人流、物流、信息流集聚构成城市各级中心。⑥ 在现实的区域空间结构中，地域分工表现为区域生产的专业化，大城市通常倾向于多样化。⑦ 城市群在分工、专业化市场主导下不同等级的城市服务于不同的市场；不同等级的城市实现相互之间的有效分工；城市群内城市之间注重通道的建设，形成相应的有效网络结构，城市等级体系是城市经济功能区纵向分解的网络结构，这些网

① 陈修颖：《区域空间结构重组：理论基础，动力机制及其实现》，《经济地理》2003年第4期。
② 王合生、李昌峰：《长江沿江区域空间结构系统调控研究》，《长江流域资源与环境》2000年第3期。
③ 薛普文：《区域经济成长与区域结构的演变》，《地理科学》1988年第4期。
④ 后院资本主义指每个家庭或小团体都自己生产所需要的大部分产品的状态。
⑤ 杨荣南、张雪莲：《城市空间扩展的动力机制与模式研究》，《地域研究与开发》1997年第2期。
⑥ 高进田：《区位的经济分析》，上海人民出版社2007年版。
⑦ 苏华：《中国城市产业结构的专业化与多样化特征分析》，《人文地理》2012年第1期。

络结构的叠加所形成的综合网络体系，就是经济区域的空间结构表现形态。[1] 城市空间是经济、社会、环境、文化组合的综合空间，城市的空间是有价值的，城市空间在市场力量作用下的优化、重组的过程就是追求空间价值不断增值的过程。土地的价格、劳动力成本、房产的价格、收入和消费水平等都是空间价值的直接体现。以规模收益不变或递减、完全竞争等为基础假设的主流经济学，无法解释经济活动空间集聚的"块状"特征。以克鲁格曼为代表的新经济地理学把空间因素引入报酬递增的研究框架中，分析了产业结构、空间结构、经济增长和规模经济之间的相互关系。该学派的研究主要是围绕经济活动的空间集聚这一主题进行的，解释了产业的空间集聚现象。新经济地理学的研究为经济活动的区位研究提供了新的视角，从而激发了以"空间集聚"为核心的空间经济学的研究高潮。新经济地理学从规模收益递增和不完全竞争的假设出发，把规模经济和运输成本的相互作用看作区域产业集聚的关键，产业区位形成机制是收益递增和不完全竞争、外部性和规模经济、路径依赖与锁定效应，而经济活动在向心力和离心力的相互作用下，形成了不同的空间分布和集聚状态。城市之间、城乡之间的集聚与扩散效应是在多个不同层次的核心—边缘区相互作用中产生的。

　　随着网络化、信息化的进一步发展，传统的"场所空间"正被"流动空间"所取代，城市群的形成过程是城市空间扩展的过程。[2] 只要城市用地的边际效益大于农业用地，农业用地存在有效供给，且城市存在用地需求，就会自发向外扩张[3]，扩张的空间模式有填充型、外延型、廊道型和"卫星城"型等[4]。杨荣南、张雪莲提出城市空间拓展的内在动力为城市产业集聚和产业结构演变。[5] 郑文哲、郑小碧

---

①　高进田：《区位的经济学分析》，上海人民出版社 2007 年版。

②　薛东前、王传胜：《城市群演化的空间过程及土地利用优化配置》，《地理科学进展》2002 年第 2 期。

③　高金龙、陈江龙、苏曦：《中国城市扩张态势与驱动机理研究学派综述》，《地理科学进展》2013 年第 5 期。

④　刘涛、曹广忠：《城市用地扩张及驱动力研究进展》，《地理科学进展》2010 年第 8 期。

⑤　杨荣南、张雪莲：《城市空间扩展的动力机制与模式研究》，《地域研究与开发》1997 年第 6 期。

以浙江省为例提出了中心镇重组的"功能—产业—空间"三位一体的五种模式与三个阶段,认为这是一个政府主导与市场化力量互动的阶段性演替过程。① 刘友金等认为,城市群是在工业化基础上形成的一种城市高级化的空间组织形式,是区域参与国际竞争的战略支点,也是基本的空间竞争单元,主张以城际战略产业链为主线先通过产业链构建城市链,再通过城市链构建城市群,实现城市产业一体化。② 在空间经济学中,空间效应理论涉及空间外部性、地理溢出等主要概念,空间效应泛指具有空间属性的、能够影响经济活动分布的各种力量,并用"块状经济"的形成机制的空间效应解释了城市群的形成机制。地理溢出是从微观角度来阐述经济活动的空间集聚机制,指某些特定区位的企业所产生的正的知识外部效应,并且这种效应也影响了位于其他区位企业的生产过程。③ 空间外部性是城市群形成与发展过程中的基本空间关系,主要表现为空间内部影响的直接效应和空间外部影响的间接效应,是集聚与扩散发生的动力源泉。而空间经济学中所阐述的空间效应可以成为解释城市集聚形成与发展的关键机制,其中,在城市集群内部各城市间主要表现为核心城市对周边城市的空间外部性与局部地理溢出,而城市群之间则表现为全局地理溢出。张晓青、李玉江对城市空间扩展做了界定,认为城市空间扩展涵盖城市空间结构重构和城市空间形态演变,城市空间重构的过程表现为城市平面区域及垂直方向的扩延和结构调整,城市水平空间上的变化、调整和重组是平面城市空间新的增量拓展(外延型扩展)和原有城市空间的存量更新或重组(内涵型扩展)交互作用的结果。④ 汤放华、陈修颖分析了信息时代的城市群空间结构重构问题,认为信息网络的发展使

---

① 郑文哲、郑小碧:《中心镇空间重组的动力机制及主导因素》,《城市问题》2013 年第 9 期。

② 刘友金、王玮:《世界典型城市群发展经验及对我国的启示》,《湖南科技大学学报》(社会科学版)2009 年第 1 期。

③ Le Gallo J., Ertur C., "Exploratory Spatial Data Analysis of the Distribution of Regional Per Capita GDP in Europe, 1980–1995", *Papers in Regional Science*, 2003, 82 (2): 175–201.

④ 张晓青、李玉江:《山东省城市空间扩展和经济竞争力提升内在关联性分析》,《地理研究》2009 年第 1 期。

低层次的生产活动发生分散，高端生产性服务业表现出集中的趋势。① 陆铭认为，随着全球化进程的深入，地理和规模经济效应越来越重要，无论在短期还是长期，地理因素都是重要的决定因素，中国必须突破政治因素对市场要素流动的阻碍，通过城市体系的调整以及要素在城乡和区域间再配置来提高经济的集聚度，实现现代经济增长的规模效应。② 张欣等认为全球化与跨国公司的本质是地理过程。③。赵弘将城市经济依据企业价值链分为总部经济与制造经济，认为总部经济是指区域由于特有资源优势吸引企业总部（在企业组织结构中具有战略决策、资源配置、资本经营、业绩管理及外部公关等职能）在该区域（中心城市），将生产制造环节转移到有比较优势的其他地区（中小城市），而使企业价值链与区域空间实现最优空间耦合，并通过企业价值链不同环节的空间分离实现"总部—制造"功能链条带动整个区域的分工协作（见图 2 - 1）。他还认为总部经济是城市经济的一种典型形态。④ 代明等（2014）研究了后工业时代深圳市内部空间结构的发展演变，认为深圳市在整体上服务业趋于集聚，制造业趋于分散，已出现明显的功能等级分异。主中心以知识、技术、信息等"无形"高端服务业集聚；副中心以原材料、部件、产品等"有形"的制造业集散功能为主；主副中心之间在产业分工体系下，形成相互联系、交织与依赖的多功能网络体系。⑤ 本书认为，在信息化加速发展过程中，空间的表现形式也将经历"场空间""流空间"⑥ 向"价值空间"的演化形态。城市空间是将资本、土地、劳动力、技术、信息、知识等生产要素包容在内的整体区域概念。在市场经济环境中，空间资源

---

① 汤放华、陈修颖：《城市群空间结构演化：机制·特征·格局和模式》，中国建筑工业出版社 2010 年版。

② 陆铭：《空间的力量：地理、政治与城市发展》，格致出版社、上海人民出版社 2013 年版。

③ 张欣、王茂军、柴箐：《全球化浸入中国城市的时空演化过程及影响因素分析——以 8 家大型跨国零售企业为例》，《人文地理》2012 年第 4 期。

④ 赵弘：《中国总部经济发展报告（2012—2013）》，社会科学文献出版社 2012 年版。

⑤ 代明、张杭、饶小琦：《从单中心到多中心：后工业时代城市内部空间结构的发展演变》，《经济地理》2014 年第 6 期。

⑥ 修春亮、孙平军、王绮：《沈阳市居住就业结构的地理空间和流空间分析》，《地理学报》2013 年第 8 期。

的分配是协调各社会发展单位相互利益的重要方式。现实地理空间被划分为不同尺度的"区域",区域被认为类似于国际贸易中的"小国",而非国家概念。"小国"在开放经济条件下,其特点是生产要素的流动性是外部开放的。不同层次的"小国"之间通过大规模的协同效应与累积反馈作用在区域层面上交互运行,空间竞争优势得以产生。空间因素在资源配置中的作用往往被忽视。空间是企业静态优势和动态优势的来源,也是地方生产系统竞争力的一种关键因素。应该构建包含"空间"维度的逻辑体系、法则和模型,将空间作为一种经济资源并且作为一项独立的生产要素纳入地区增长模型。

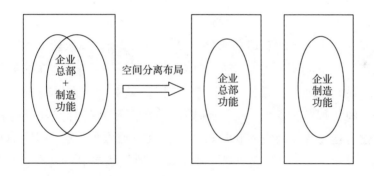

图 2 - 1　总部经济优化中心城市与中小城市资源配置示意

第五节　区位理论

城市区位早期的研究有 E. 霍华德(E. Howard)的"田园城市"①、P. 盖迪斯的"进化中的城市"②、埃罗·沙里宁的"有机疏

①　Howard, E., *Garden Cities of Tomorrow*, MIT Press, 1965.

②　Geddes, P., Association, O. T., *Cities in Evolution*, Williams & Norgate London, 1949.

散"城市①，早期的理论主要集中在探讨城市与区域的关系和城市中心与城市其他区域两条主线来进行。后期的研究将城市与产业联系在了一起，更多地关注城市经济问题。高进田认为，区位是一种全新的经济要素，可直接进入企业的生产函数，是经过人类物化劳动改造后的经济空间场，是各种空间经济关系的总和在特定空间中的反映，具有很强的规模报酬递增和外部性特征。② 这种"空间经济关系的总和"可以被看成一种新的资源。区位的价值无论从价值来源还是价值属性来看，都不同于土地的地租，区位价值是经济空间场所有权在经济上的实现。区位的非均质形成了功能各异的经济空间，同类经济活动在空间上的高度集聚形成了经济功能区，经济区域的空间演化是由经济功能区的能性转换、能级增长以及相应的政府行为共同作用的结果。影响区位价值的区位因素，也被称为区位条件，一般认为由区位位置条件、交通条件和信息条件三个方面来决定。③ 区位的地理特征造成信息的空间不对称，空间主体经济行为并不是完全理性的静态性，而是有限理性的动态性。④ 李小建等⑤认为，空间本身的特殊性就是空间作用的社会性，社会动因推动空间形式符合空间规律的演化，没有社会意义的空间作用根本不存在。弗农⑥认为，不同的产品周期阶段对应不同的区位特征，核心地区的大城市中心集聚新产品研究开发阶段的产业，大城市周边地区集聚着产品的大规模制造，在产品趋于衰退阶段则集中于非城市地区。产业转移不再是某一产业的整体转移，而是产业链、供应链围绕区位中心的企业集群式、组团型转

① Saarinen E. , *The City*, *Its Growth*, *Its Decay*, *Its Future*, The MIT Press, 1943.

② 高进田：《区位的经济学分析》，上海人民出版社 2007 年版。

③ Massey, D. , Allen, J. , *Geography Matters*! *A Reader*, Cambridge University Press, 1984.

④ 金相郁：《20 世纪区位理论的五个发展阶段及其评述》，《经济地理》2004 年第 3 期。

⑤ 李小建、李国平、曾刚：《经济地理学》，高等教育出版社 1999 年版。

⑥ Vernon, R. , "International Investment and International Trade in the Product Cycle", *The Quarterly Journal of Economics*, 1966, 190 – 207.

移。[1] 21 世纪以来的区位研究表明,区位理论已实现从被动选择区位到积极主动创造区位条件的实质性转变。因为区位并不单纯是选择的问题,更重要的是,在区位不断变化的情况下,区位已越来越成为区域经济发展的核心因素和空间基础。

第六节　演化理论

国际人居专家道萨迪亚迪(Doxiadis)曾主张"动态城市结构"的城市发展模式,提出城市结构具有动态生长的特性。[2] 制度的变迁、科技的演替、企业的存续、经济的兴衰等,均被认为是典型的经济演化现象。[3] 产业层面的演化从本质上讲就是企业群体演化的表现。[4] 演化为城市经济变迁提供了一个非均衡的解释。据世界银行的研究,试图过早地消除不平衡的努力反而会损害发展,原因是经济增长很少是平衡的。所谓演化,一方面,市场组织通过机制转型、组织再造、市场竞争等途径实现生产方式的转型,并在整合的基础上重振企业和产业的专业化、网络化体系,形成有竞争力的产业集群和产业带;另一方面,在产业链内部,要实现从低端价值环节向高端价值环节的升级,通过自主创新,培育、发展、壮大新产业,占据价值链高端。目前经济学界也开始接受生物界的自然淘汰原理。生物在自然淘汰的压力下所采取的策略是动态调整的,动态调整过程因行为主体在不同时点上根据自己的理性预期而产生。演化思想是从动态、内生角度考虑经济集聚问题。因此,演化为解释城市空间演化的动态过程的分类均衡提供了依据。区域空间结构的演化特征还有,从极化导致的二元性加强,核心向外围扩散导致的二元性的削弱,最终实现区域空间在新的经济发展水平上的均质化,城市空间得以重组和整合,从而形成逐

①　王辉堂、王琦:《产业转移理论述评及其发展趋向》,《经济问题探索》2008 年第 1 期。

②　吴良镛:《人居环境科学导论》,中国建筑工业出版社 2001 年版。

③　雷国雄:《不确定性、创新不足与经济演化》,博士学位论文,暨南大学,2010 年。

④　王军:《产业组织演化:理论与实证》,经济科学出版社 2008 年版。

级推进和传递的动态演变过程。① 区域空间演化阶段和空间结构格局的演变过程经历节点离散型格局、"点—轴"分布型格局、"点—轴—面"复合型格局和网络流动型格局四个阶段。金丽国认为，空间的演化是指如何去思考经济体怎样在多种可能的地理结构中选择其中之一，空间系统演化存在多重均衡，即系统演进存在多种选择方案，其基本特征包括锁定、可能非效率和路径依赖。② 因此，演化框架提供了一个产业动态化和城市增长的微观基础。③ 苗长虹、张建伟在演化视角下研究了我国城市合作机理，认为城市合作的本质在于追求包括分享、匹配和学习三大效应的更高层级的集聚经济，其形成与发展是多种行为主体在多种环境因素和历史因素作用下互动博弈的结果，是特定地域空间中城市共生演化的动态过程。④

第七节　哈维"资本积累"理论

新马克思主义政治经济学的代表人物大卫·哈维提出了"时间—空间修复"理论，批判了以克鲁格曼为代表的新经济地理学，认为城市空间，并非像克鲁格曼设想的可用纯数学模型来分析产业集聚视角下的空间聚集。空间城镇化实际上是土地、资本与国家的城市化，而不是产业与人口城市化的结果，同时综合着政治、经济等多种因素在内。资本通过在时间上的连续运动和在空间规模上的不断扩张，形成复杂的时空综合体。资本积累是一个价值扩张的过程，本质是使劳动力、资源、能源等流向能够盈利的地方，而不是使所有地方获利。过度积累问题的本质是过剩的资本被闲置，资本缺乏赢利性。为了解决

---

① 安虎森：《区域经济学通论》，经济科学出版社 2004 年版。
② 金丽国：《区域主体与空间经济自组织》，上海人民出版社 2007 年版。
③ 胡志丁、葛岳静、侯雪：《经济地理研究的第三种方法：演化经济地理》，《地域研究与开发》2012 年第 5 期。
④ 苗长虹、张建伟：《基于演化理论的我国城市合作机理研究》，《人文地理》2012 年第 1 期。

资本积累过度，资本主义体系需要进行时空修复以找到合适的出口。[1]
时空的重组与变迁呈现出不平衡地理发展模式，这种不平衡的时空景
观体现了资本"剥夺性积累"的实质。[2] 过剩的资本可以通过资本的
三级循环暂时解决资本积累过度：第一循环主要由商业与制造业推
动；第二循环是以建成环境为主的投资，主要是指城市空间，包括交
通、住房等；第三循环是科技、文化、社会等的投资。具体来说，资
本在第一循环中发生过度积累，货币资本、虚拟资本比经营工厂等实
业投资可以获得更多收益，这时资本在资本市场的作用下进入第二循
环，表现为以房地产等虚拟资本驱动的城市空间生产，显然，城市化
是资本在第一循环过剩积累后，进入建成环境的结果，整个资本主义
的生产过程也是高利润空间生产的过程。在这些循环中，资本投资和
再投资方式的不同所产生的结果就是不均衡发展，举例来说，在郊区
进行大量房地产投资会导致城市中心发展被废弃，可见，在资本主义
生产方式下，资本增值是空间生产的内在驱动力。李阿琳[3]认为1998
年以来中国城镇空间构造与哈维理论中资本进入建成环境进行投资的
第二循环相对应，其内在驱动力来自对经济增长的追求、地方政府对
土地财政的追逐以及资本的套利，土地、金融国有化等多种因素下的
国家权力运作在中国城镇空间构造中起着重要作用。在"城市经营"
模式下，资本和政府在各自利益驱动下形成"增长联盟"，两大利益
集团的博弈在某种程度上决定了空间价值的形成和变迁。在这种模式
下，城镇化由于没有相应的产业支撑，出现了空城现象，逐渐呈现出
单纯的空间构造特征，金融与国家在资本第一循环和第二循环中并没
有起到哈维的资本积累理论的调节作用，平衡不断被打破。由此可得
出近15年来我国的城镇化是土地、资本主导下的国家城镇化的结论。

---

① Wolff, R. D., "The Limits to Capital by David Harvey", *Economic Geography*, 1984, 60: 81—85.

② 程晓:《大卫·哈维对资本积累的时空分析》,《山西师大学报》（社会科学版）2014年第5期。

③ 李阿琳:《近15年来中国城镇空间构造的经济逻辑》,《城市发展研究》2013年第11期。

第八节　主要文献评述

（1）目前经济学对城市空间的关注局限在城市中的资源要素方面，忽视了对城市空间本身的深究。从经济发展的实践来看，城市空间与其他生产要素一样，是一种经济资源。纵观西方发达国家城市空间演化的轨迹，经历了由低级向高级的阶梯式发展路径：城市化（向中心城市的聚集）—逆城市化（向新城、卫星城的扩散）—郊区化（向边缘城市的进一步扩散）—城市复兴（多中心城市的形成）—新一轮的城市化（城市群、城市经济区）等。城市空间演化在集聚和扩散两种力量的作用下不断重复"均衡—不均衡—均衡"的演变过程，是由一个平衡态向另一个平衡态的动态过程。因此，可以看出，城市空间演化是一个多层次分阶段的动态复杂系统。城市空间是区域经济发展到一定程度后的一种空间组织形式，当城市发展到一定阶段后，面对着区域经济的发展与竞争，面对着越来越凸显的"城市病"，城市规模与结构的不断优化、功能的不断升级都促使城市空间重组和转型，以适应不断变化的经济环境，提升城市竞争力和可持续发展能力。

（2）目前对城市空间问题的讨论，关注较多的是以产业分工进行的城市生产体系，主张产业在城市间的片断化生产，忽视了对城市生产体系本身的讨论。换言之，仅仅讨论了自上而下的垂直一体化或水平一体化推动下的城市发展格局，而无视自下而上的本地化内生发展力量，尤其是具体到一个城市的不同城区的研究并不多。对城市空间演化的研究仍未摆脱城市单一中心模式的研究视角，将具有价值链生产专业化功能的低等级城市排除在研究范畴之外，缺乏系统思维，分割了城市空间之间的联系，无法解释城市内部功能变迁、城市群的形成和城市经济区的运行机理。事实上，以大城市为核心的城市群已经调动起了一个完整的生产体系，因此，需要从新的视角来审视城市发展及集聚现象。基于价值链的城市空间演化表述的正是城市生产体系的完整性，即涵盖了管理控制、研发、生产的空间内涵，而不仅仅是强调高端价值链的控制功能。有的学者假定城市是一个"孤岛"，得出孤立城市空间生长有新区建设和旧城改造两种模式，这显然与目前城市发展的现实不相符。

（3）城市空间格局优化相关理论的实证研究较为缺乏，对优化方案的合理性评价没有达到应有的高度。如果要解释全球化引发的城市集聚现象，就必须着眼于整个城市生产体系的空间表达，而非其中的片段。城市空间演化在空间联系上远远超过城市本身，目前的城市集聚不仅是城市在区域空间上的扩张，还是城市竞争力提升、经济潜力不断挖掘的地域现象。城市空间演化本质上是为了适应日益激烈的全球竞争，并实现在城市价值链上的价值增值的一种经济行为。根据空间计量经济学理论，与解释变量相关的任何一个变量的改变将会影响该地区本身（直接效应），并潜在地影响所有其他地区（间接效应）。传统的经济计量分析忽略了变量的空间相关性、空间异质性以及随机误差项的空间相关性，致使估计结果存在偏误。

（4）空间集聚的微观机理问题是长期争议的命题之一，问题的本质是微观主体的行为选择问题。在新古典经济学完全竞争的一般均衡框架内，企业总是被假定为在规模收益不变或规模收益递减的生产技术条件下从事生产活动，然而在这一框架下，却无法解释现实中企业的市场扩张行为。张伯伦的垄断竞争理论打破了完全竞争的一般均衡，市场结构的变化允许企业具有规模收益递增的生产函数。在迪克西特—斯蒂格利茨框架中，在垄断竞争的市场环境下，企业显示出规模收益递增的特征。在克鲁格曼的核心—边缘模型中，他解释了消费者对多样性的偏好是规模收益递增的主要来源。制造业的前向和后向联系总是导致规模报酬递增的地方化，中心地区的市场规模在要素的跨区域流动下逐渐增厚，外围地区的市场规模被稀释和分解，经济区域和产业分布必然会形成中心—外围结构。基于产业集聚理论的城市空间演化，大中小城市在整个经济体系中具有各自的产业与价值特征，相互之间是共生共荣与竞争合作关系。城市空间演化也不可能是把所有城市发展成大城市或特大城市，既不现实也无必要。目前的国际贸易和区域经济所建立的标准理论模型，对"产品生产"和"经济空间活动"没有加以区分，隐含假定产品生产在同一城市中完成，削弱了理论的解释力。总之，现有的理论对城市空间演化没有提供分工层面的深层微观机理解释，未能把握住"城市空间演化本质是产业演化的空间体现"这一核心问题。

（5）目前对城市化内涵的讨论，基本上是从人口、生产方式、生活方式、社会结构、产业结构和组织文化等方面来描述，没有形成统一的定义。本书认为，城市化是城乡空间在城市价值链推动下不断整合与重组的过程。既表现为城市内部空间功能的变迁、规模的扩大，又表现为城市之间分工的深化和城市数量的增加，同时表现为作为城市腹地的农村参与城市价值链，进而将农村空间纳入城市价值链形成城乡价值网络体系的过程。可见，城市化是在城市价值链主导下，城市与农村实现空间价值增值和效益最大化的过程，在这一过程中，必然伴随着资源要素的流动、社会结构的变迁、产业结构空间布局的调整和城乡空间形态的演变。城乡人口比例的变动是城镇化"量"的表现，更深层次的"质"的表现是城市空间演化，如城市内部与城市间的分工与专业化、大中小城市形成城市体系。城市空间演化已逐步成为城镇化过程中的关键问题。

（6）城市空间格局及体系形成的系统模拟与优化模式研究较为薄弱。对城市发展中的生态环境、自然资源保护、生态环境规制以及人文关怀的研究也还停留在讨论阶段，并没有提出切实可行的解决方案。作为人类主要生活空间的城市因拥挤、污染以及无序蔓延问题，其发展的可持续一直以来都面临着威胁，在未来的城市发展中这类问题依然很重要，在全球气候变化、拥挤、雾霾、污染等资源环境问题越发突出的背景下，很多人开始质疑工业化与城市化，从研究者到城市管理者也都认为解决这些问题刻不容缓。但从目前的城市问题和发展形势来看，学术界与理论界所提出的一系列观点和解决方案并没有从实质上有效解决上述问题，因此，需要新的理论和思路对上述问题重新予以思考并加以解决。

（7）空间生产与空间消费存在辩证统一关系，并随着"空间中的生产"（Production in Space）转向"空间的生产"（Production of Space），"空间中的消费"也开始转向"空间消费"。正如列斐伏尔所认为的，"空间像其他商品一样既能被生产，也能被消费，空间也成为了消费对象。如同工厂或工场里的机器、原料和劳动力一样，作为一个整体的空间在生产中被消费。当我们到山上或海边时，我们消费了空间。当工业欧洲的居民南下，到成为他们的休闲空间的地中海地区时，他们正是由生产的空间转移到空间的消费"。[①] 在当代消费社会里，空间消费日益成为消费文化的象征——任何具有特色的自然景观和建筑空间都有可能转变为消费对象，并深刻地影响着人们的生产生活，空间消费已经成为推动城市消费发展的重要渠道。过去，人们更关注建筑与空间的实用性，而现在城市的整体形象和特色成为空间消费的趋势，旅游则是其中一种典型的空间消费形式。休闲观光游、文化历史游、运动健身游、科技生态游、民俗寻根游、购物美食游等多元化的旅游消费拉动了一个长长的产业链，也构筑起新的空间产品。

---

① Lefebvre，H.，*The Production of Space*，Oxford Blackwell，1991.

第三章 理论背景及构想

第一节 城市与城市群的形成与特征

"城市"（city）一词，在西方最早出现于拉丁语（civitas）中，意思是公民组成的社区。在汉语里，城市是由"城"与"市"两个字组合而成的。"城"是指围绕着城邑建造的一整套防御工事，内称"城"，外称"郭"，有所谓"三里之城，十里之郭"之称。"市"是指集市中进行商业活动的场所，又称市井。有所谓"争利者于市""处商必就市井"的说法。把"城"与"市"两个字连接在一起，也就把城市的防御功能和从事商贸活动功能联系在一起，最早是在战国时期。《韩非子·爱臣第四》中有："是故大臣之禄虽大，不得藉威城市。"《战国策·赵策一》中有："今有城市之邑七十，愿拜内之于王，唯王才之。"此后，"城市"一词的记载逐渐普遍。工业革命以来，随着资本主义的发展，城市不断被重新解读，地理学认为，城市是占据一定地区，地处若干交通线的永久性的人类聚居区。经济学则把城市看作工业、商业、信贷的集中地，如德国学者马克斯·韦伯所认为的，城市永远是个"市场聚落"，它拥有一个市场，构成聚落的经济中心，在那儿城外的居民和市民以交易的方式取得所需的工业产品或商品。社会学家总是以居民的行为和社群关系作为城市定义的基础，认为城市社会带给人们大量的神经刺激，增加人们的相互接触，以致必然改变他们的心理和行为，而这些改变正是城市人和乡村人的主要差别。从人口学的角度，城市是有一定的人口规模，并以非农业人口为主的居民聚居地，是聚落的一种特殊形态。以人口的数量作为确定城市的依据，非常便于城市的划分、统计和研究。如联合国提出聚居人口在两万以上即可称为城市。从行政学的角度，城市是政治、经济、文化中心，如《不列颠百科全书》对"城市"的解释是："一个相对永久性的、高度组织起来的人口集中的地方。比城镇和村庄规模大，也更为重要。"我国《现代汉语词典》对"城市"的解释是："人口集中、工商业发达、居民以非农业人口为主的地区，通常是周围地区的政治、经济、文化中心。"

事实上，城市是一个异常复杂的系统，因而几乎不可能给出一个综合的、完整的，为各方面所接受的城市定义，但反映城市某个或某些侧面特征的定义很多。对城市的认识必须基于三个基本前提：①城市是相对于乡村而言的，因此城市的定义应在与农村相比较中得出。城市相对于农村，具有人口总数和非农业人口数量多，人口密度大，居民职业构成、社会构成复杂，以人工景观为主，各种物质和现象高度集聚，生活方式高度现代化和社会化等特征。这些在城市定义中应有所反映。②城市的定义、城市的概念是发展的。对城市本质的认识及城市本身都是发展的。因此，现在所给的城市定义只能是基于现今城市的特征和本质，基于目前对城市的认识水平，也即城市的定义具有阶段性的特征。③城市的定义是一种综合的概念。日本山田浩之认为，城市必须具有三个特点①：①密集性。这是城市的一般性质。②非农业土地利用。这是城市的经济性质，与产业紧密相连。③异质性或多样性。这是城市的空间属性。城市是承载各类人类活动功能的空间集群，是人类社会地域生产力最集中的表现形式。古代城市主要是军事和政治中心，但随着社会大分工促进城乡分离，城市开始成为经济中心。工业革命则使城市发生了根本变化，工厂的大量出现与集中，使城市成为先进生产力的代表。市政、金融、商业和交通等领域的发展，进一步提高了城市的经济地位，而农村日益处于从属地位。城市是生产要素的集聚中心，是生产、交换和消费中心，是拉动经济增长的强大"引擎"。归纳起来，城市的定义为：城市是非农业人口集中，以从事工商业等非农业生产活动为主的空间组织；是一定地域

---

① 山田浩之：《城市经济学》，东北财经大学出版社1991年版。

范围内政治、经济、社会、文化活动的中心；是城市内外各部门、各要素通过空间演化而有机结合的大系统。

城市地理学家认为城市的典型定义是大于城镇或村庄的居民点。美国的城市定义是与少于 2500 人的小城镇或村庄等乡村区域相对的建制区域。确定都市区域和城市取决于生态、经济和社会三大因素。[①]生态要素意味着为了容纳高密度的人口集聚，城市土地将被划分为更多专业化的用途，城市经济也就会有更加多样性和专业化的功能。法国地理学家戈特曼认为，城市群的发展是人类社会居住的最高阶段，具有无比的先进性，必然成为 21 世纪人类文明的标志。[②]同乡村区域相比，都市区域和城市还具有多元化的世界观、价值观和行为模式，即"不同的生活方式"。[③]M. 卡斯蒂尔斯（M. Castells）[④]认为城市是各种"流"的节点，提出了"流的空间"的观点。美国人口普查局对大都市区的定义是：一个人口核心以及与这个核心具有高度关联的外围县的组合。城市空间演化一直受到理论界的广泛关注，不同学科从不同角度进行了解释，从各种观点的争论来看，其本质上是一个经济问题。卢卡斯（1993）认为城市是经济增长的发动机。[⑤]20 世纪末，全世界的城市和社会正经历一个在其自身结构内的巨大历史性转化。在信息化的推动下，新的全球经济非常突出的特征是同时吸纳与排除的特质。它吸纳了世界上任何地方任何可以创造价值以及可以产生价值增值的东西，排除了任何贬值或低价值的东西。[⑥]随着全球化的不断深入、跨国公司的全球布局，世界价值创造体系突破区域限

---

① 李阿琳：《近 15 年来中国城镇空间构造的经济逻辑》，《城市发展研究》2013 年第 11 期。

② Gottmann, J., "Megalopolis or the Urbanization of the Northeastern Seaboard", *Economic Geography*, 1957, 189 – 200.

③ Duranton, G., Puga, D., "From Sectoral to Functional Urban Specialisation", *Journal of Urban Economics*, 2005, 57 (2): 343 – 370.

④ Castells, M., "The Information Age: Economy, Society, and Culture", *Journal of Planning Education Research*, 1998, 19 (98): 437 – 439.

⑤ Robert Lucas, "Making a Miracle", *Econometrica: Journal of the Econometric Society*, 1993, 61 (2): 251 – 272.

⑥ 曼纽尔·卡斯特、杨友仁：《全球化、信息化与城市管理》，《国外城市规划》2006 年第 5 期。

制，在全球范围内出现了前所未有的垂直分离和再构。城市是作为物质流、信息流、资本流、文化流、人力流在空间上的集聚体，城市既为生产实现了规模和集聚效应，也实现了空间的节约和紧凑型空间，其发展的根本目标在于为本地区集聚要素、创造财富和居民获取福利。在产业价值链全球重组与整合中，出现了研发城市，研发城市因集聚占据全球价值链中的研发环节和大量的国际性研发资源而成为核心城市或世界城市。研发城市正是占据了价值链中高端的总部管理、研发设计与品牌营销环节而具有了对整个城市群或地区的控制性和枢纽性。城市群已成为国家参与全球竞争与国家分工的基本竞争主体，是国家区域战略的必然选择，是城市化过程中城市空间聚集的高级形态，是新一轮国际竞争中区域经济发展中最具活力和潜力的核心增长极点。在城市空间演化中，信息扮演着重要角色。正是由于信息技术的飞速发展，产业价值链分散布局成为可能，才能造就一个基于价值链的城市管理革命。Duranton 和 Puga 认为，城市之间通过产业价值链进行有机联系，城市产业的分工深化是由功能专业化来推动的，在城市产业空间演化过程中，大城市的综合管理职能在不断加强，中小城市的生产制造功能在逐步强化。① 产业空间演化与地域分工对重新建立城市区域联系起着重要作用，城市群的空间结构呈现空间拓展广域化、空间结构多样化、空间运输网络化、空间联系国际化、空间扩散垂直化的发展特征。② 鉴于此，顾朝林等提出，从政府角度看，在2005—2020 年，国家城市体系功能再造主要在于国际型城市职能再造。③ 吴缚龙、王红扬通过对英国苏格兰中部城市群的研究发现，城市之间具有竞合和共生关系，这种关系是通过城市之间的功能配合，把制造业向外围城市扩散，促使金融和公共服务在大城市集聚，中小城市承接了制造业和流通业而实现城市经济结构的转型。④ 叶裕民、

① Duranton, G., Puga, D., "From Sectoral to Functional Urban Specialisation", *Journal of Urban Economics*, 2005, 57（2）: 343 - 370.

② 张辉:《全球价值链理论与我国产业发展研究》,《中国工业经济》2004 年第 5 期。

③ 顾朝林、陈璐、丁睿:《全球化与重建国家城市体系设想》,《地理科学》2005 年第 6 期。

④ 吴缚龙、王红扬:《解读城市群发展的国际动态——中国城市规划年会》, 2006 年。

陈丙欣[①]按照城市群发育程度，将我国城市群划分为都市连绵区、成熟城市群、潜在城市群三类。杜瑜、樊杰[②]将城市群的本质特征概括为：市场一体化、功能一体化、基础设施同城化和利益协同化。对我国京津冀、长三角、珠三角三大城市群的研究得出，信息咨询、金融保险、商业经纪与代理、航空运输等规模报酬递增特征非常明显，受技术进步影响较大，从而倾向于集聚于核心城市，非核心城市产业表现出强烈的空间专业化特征。[③] 赵勇、白永秀[④]运用空间功能分工指数测度了中国城市群的功能分工水平。张若雪[⑤]研究了长三角城市群分工形式演变与长期增长，认为该地区已经从产品分工走向功能分工；陈金祥认为一个成熟的"经济区"在某一阶段上表现为城市圈、都市圈、城市群、经济圈等多种空间组织形式，是城市间相互作用的结果[⑥]，大都市带则是由各具特色的都市区镶嵌而成的分工明确的有机集合体（Agglomeration），城市在演化过程中，高技能的工作倾向于向城市中心或核心城市集聚，低技能的工作则进入劳动力成本较低的区域，城市依据其不同的功能定位，可以选择不同的空间结构形态[⑦]。城市区经济超越了地区经济增长模式，是地区经济增长达到一定规模后引致的空间扩展和空间融合。[⑧] 张美涛在研究了产业链分工下产业区域转移问题后得出，比较优势、规模经济与交易成本是产业链分工下产业区域转移形成的基础，产业区域转移是低价值环节产业的生产

① 叶裕民、陈丙欣：《中国城市群的发育现状及动态特征》，《城市问题》2014 年第 4 期。
② 杜瑜、樊杰：《基于产业与人口集聚分析的都市经济区空间功能分异》，《北京大学学报》（自然科学版）2008 年第 3 期。
③ 赵勇：《区域一体化视角下的城市群形成机理研究》，博士学位论文，西北大学，2009 年。
④ 赵勇、白永秀：《中国城市群功能分工测度与分析》，《中国工业经济》2012 年第 11 期。
⑤ 张若雪：《从产品分工走向功能分工：经济圈分工形式演变与长期增长》，《南方经济》2009 年第 9 期。
⑥ 陈金祥：《中国经济区：经济区空间演化机理及持续发展路径研究》，科学出版社 2010 年版。
⑦ 吴传清、李浩：《西方城市区域集合体理论及其启示——以 Megalopolis、Desakota Region、Citistate 理论为例》，《经济评论》2005 年第 1 期。
⑧ 张毓峰、胡雯：《体制改革、空间组织转换与中国经济增长》，《财经科学》2007 年第 8 期。

区段或工序转移，转移过程中包含空间和组织两个维度；多淑杰认为城市空间结构是经济社会的空间表现形式，既是一种空间现象，也是一种经济现象。① 随着经济社会的发展进步，城市和空间结构呈现集中、分散、再集中、再分散的螺旋式上升的周期运动。② 张京祥、崔功豪③认为，在城市的不同发展阶段城市空间结构表现出不同的特征，其宏观特征表现为相邻城市的交互作用而形成的城市集聚状态，在微观方面则表现为城市的内部结构。目前对城市功能区定位及主导产业选择的研究更多立足于产业层面的分析，本质上是城市价值链整合与重组。刘友金、张学良等从产业价值链角度明确提出了城市价值链，在与国际城市价值链的比较中得出我国目前的城市产业价值链仍然处于微笑曲线的中部（组装、制造）的低获利区位，且存在行政区域的空间限制，尚未形成与全球化相匹配的完整的城市价值链。城市群要提高竞争力水平和可持续发展能力，应积极融入全球城市价值链，产业分工客观上要求各链条环节在不同的经济空间进行，城市群中各城市按照产业链的不同价值环节、工序乃至模块进行专业化分工，由于各个城市的规模、优势、结构是不一样的，且呈现出一种互补性和差序化的结构，产业链上不同的价值环节最终被配置到不同的城市空间中。④ 城市价值链空间演化模式实质上是一种以价值链为主导功能、以核心城市或核心城市的高端价值产业驱动的城市发展模式，从而形成了以产业价值链为特征的城市形态，如研发城市的提出（研发城市是以研发服务作为主要功能性特征的创新型城市）。⑤ "都市圈"的经济性主要体现为城市之间呈现圈层结构，"首位城市"作为一个

---

① 张美涛：《知识溢出、城市集聚与中国区域经济发展》，社会科学文献出版社 2013 年版。

② 多淑杰：《产业链分工下产业区域转移实现的组织机理分析》，《财经理论研究》2013 年第 1 期。

③ 张京祥、崔功豪：《城市空间结构增长原理》，《人文地理》2005 年第 2 期。

④ 苗作华：《城市空间演化进程的复杂性研究》，中国大地出版社 2007 年版；张学良、王薇：《"同城化趋势下长三角城市群区域协调发展"系列学术研讨会简讯》，《探索与争鸣》2012 年第 6 期。

⑤ 刘友金、罗登辉：《城际战略产业链与城市群发展战略》，《经济地理》2009 年第 4 期。

"圈"环绕的中心，发挥着对整个都市圈的控制功能。同时应强调的
是，首位城市作为区域经济高地对要素资源必然产生"极化效应"，
一个经济势能强大的首位城市发展到一定程度必然对周边次级城市产生
辐射扩散效应。[1] 黄征学遵循"城市、都市区、城市群"的演进理论，通
过定性和定量分析，认为我国具有 13 个城市群：京津冀、长三角、珠三
角、辽中南、山东半岛、长江中游、川渝、关中、海峡西岸、中原、湘
东、黑西南和吉林中部城市群。[2] J. 弗里德曼（J. Friedmann）对城市空
间的演变做了大量研究，在 W. 罗斯托（W. Rostow）的经济成长的六阶
段理论和 F. 佩鲁（F. Perroux）的增长极学说基础上，提出了一个演
化模型（见图 3 - 1）。

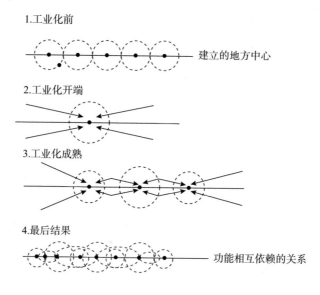

图 3 - 1　弗里德曼的城市空间演化模型

当代城市体系最重要的发展是城市群的兴起，城市群的出现是生
产力发展、生产要素在更大空间尺度上优化组合的产物，是工业化、
城市化进程中区域空间形态的高级现象，能够产生巨大的集聚经济效

---

[1]　黄亮等：《国际研发城市：概念、特征与功能内涵》，《城市发展研究》2014 年第 2 期。
[2]　黄征学：《城市群界定的标准研究》，《经济问题探索》2014 年第 8 期。

益，是国民经济快速发展、现代化水平不断提高的标志之一。法国地理学者戈德认为，城市群是城市发展到成熟阶段的最高空间组织形式，是在地域上集中分布的若干城市和特大城市集聚而成的庞大的、多核心、多层次城市集团，是大都市区的联合体。目前对城市群的界定没有统一的认识，主要有功能论、结构论和发展时序论三大理论。我国学者对城市群的定义见表 3 - 1。本书认为，城市群是在城镇化过程中，在特定的城镇化水平较高的地域空间里，以城市空间价值链为纽带，由若干个密集分布的不同等级的城市及其腹地通过空间相互作用而形成的"空间—产业"耦合系统。相当数量的不同性质、类型和等级规模的城市，以一个或两个（有少数的城市群是多核心的例外）特大城市（小型的城市群为大城市）为中心，依托产业价值链，城市之间的内在联系不断加强，共同构成一个相对完整的城市"空间集合体"。城市群是相对独立的城市群落集合体，是这些城市城际关系的总和。多个城市群或单个大的城市群即可构成经济圈。

表 3 - 1　　　　　　　　　　**我国学者对城市群的定义**

学者	年份	定义
顾朝林	1991	是在生产地域分工中形成的城市地域综合体
姚士谋	1998	是不同规模、性质和等级的城市，以一两个特大城市为核心，借助于现代信息、网络、交通等工具形成的城市集合体
于力、王家详、樊敏、洪芸	2007、2008	城市联盟、城市体系
李国平、杨洋	2009	复杂的演化系统
陈美玲	2011	城市带、都市圈
宁越敏、李仙德	2012	生产网络的大尺度空间集聚与扩散的城市化现象
政府文件	2014	是指在特定地域范围内集聚，依托发达的交通通信等基础设施网络，形成空间组织紧凑、经济联系紧密，并最终实现高度同城化和高度一体化的城市有机体。其基本特点是以 1 个以上特大城市为核心，由至少 3 个以上大城市为构成单元的城市群体

对国内外大都市城市空间演化特征进行比较（见表 3 - 2），可以看出，城市群是目前经济发展格局最具活力和潜力的核心组织，在区域竞争与生产力布局中起着战略支撑点、各种"流"的汇集点、增长极点和核心节点的作用，各类生产要素在这里得到集聚与扩散。各城市群在规模、发展阶段、经济与人口密度、集聚程度、经济外向度等方面表现出不均衡性、异质性和竞争性。在持续竞争的形势下，需要借助产业价值链理论来寻求城市及城市群的竞争与合作，基于价值链的城市空间竞争与合作是未来城市发展的趋势和方向。

表 3 - 2　　　　　国内外大都市城市空间演化特征比较

	纽约、伦敦、东京大都市	上海大都市
发展阶段	后工业化时期	工业化中后期
产业区位模式	集聚与扩散并存，扩散为主要特点	集聚与扩散并存，集聚为主要特点
服务业区位特征	生产性服务业高度集中，形成以核心城市为中心的产业价值链，形成多中心、网络化城市群形态	传统劳动密集型和资本密集型产业将从城市中心向外围扩散，生产性服务业在城市加速集聚，出现城市价值链雏形
空间演化阶段	城市多中心、多层次网络体系成熟	从城市中心区单核集聚阶段向多核、多层集聚阶段过渡，出现与外围城市一体化趋势
空间结构特征	多中心、多层次、高可达性、高空间福利	强主中心、弱次中心、多层级、低可达性、低空间福利
价值链分工特征	中央商务为主的高端复合形态，价值链控制能力高	多中心专业化初期，价值链控制能力低
规模等级特征	首位度较高，呈金字塔状分布，次中心体系均衡发展，规模递增效应明显	首位度高，呈阶梯状分布，次中心集聚与服务能力弱，空间经济差距明显，规模小
核心 CBD 内部结构	圈层多核模式（东京、纽约）和线形多核模式（伦敦）	单中心模式

城市研究就其本质而言就是空间研究。在空间资本化的驱使下，城市不仅仅是地理层面的人类生活空间，更为重要的特征是城市是资本空间化与空间资本化交织的结果。显然，城市是资本主义经济危机的空间解决方式，在此过程中，权利极有可能被绑架，空间蔓延与空间争夺似乎成为必然。在工业化持续推进的过程中，在空间价值链的安排下，城市也成为生产城市的工具和手段，城市的兴盛、更新、收缩和衰败将不可避免。

第二节 城市空间演化的动因

我们所感知的客观世界是在空间趋利行为作用下形成的复杂综合体。人类活动在逐利性驱动下，空间超载、失衡和失序构成了严峻的空间发展困境。空间是基本的生产要素，具有稀缺性的特点，人类的发展从要素投入范式向系统结构调整范式转变将是必然趋势。在空间资源越来越重要的发展环境下，以一个个价值空间的构建来规范经济行为，从"空间中的生产"转变为"空间的生产"，形成人类社会可持续发展的空间福利和福利空间，空间竞争和空间扩张是市场经济下资源配置的基本要求。追求外部规模经济、专业化分工的好处以及交易成本的降低都是城市空间演化的内在动力。

城市是社会生产力发展到一定阶段的产物，是人口和非农产业高度集聚的区域。工业化是国民经济中一系列重要生产函数（或生产要素组合方式）由低级到高级的演化过程，对城市化具有显著的推动作用。本书所研究的区域是一个由城市及其外围组成的空间体系。这里的城市包括单个城镇、城市群体和城市经济区。城市空间演化是指城市空间结构随着企业、产业的演化而发生改变的过程。工业化与城市发展相互促进，协同进化，呈现出分阶段的耦合性（见表3-3）。工业化与城市化、产业与空间以及各类经济行为之间存在着交互影响。

表 3 - 3   工业化与城市发展的对应关系

前工业化时代	城市化初期
工业化时代	大城市发展时期
后工业化时代	城市群、都市连绵区

随着产业技术的不断进步，传统的三次产业之间的界限日益模糊，产业间加速融合，物质生产投入不断融入越来越多的服务业务，当前的全球制造业产品的价值越来越多地依赖于服务的功能、质量、效率和网络。一种曾经属于第二产业的加工制造经济活动，又属于第三产业的生产性服务业，因价值链不同环节的相对收益的差异，劳动力向收入更高的价值环节转移，推动了服务型制造的发展。斯密界定了两种分工形式[①]：一是企业内部的生产分工，体现在企业内部生产流程中；二是企业间的经济分工，后来被认为是超越企业边界的力量使交易内部化的结果。在后工业化发展阶段，生产性服务业是经济发展的龙头产业，也是企业、产业之间中间需求扩张的表现，是产业分工体系的深度拓展和复杂化。生产的服务环节是从原有的生产制造体系中衍生出来的，这些活动之所以能够以比较快的速度发展壮大，是因为其促进了制造业产业链的扩展、生产效率的提升和附加值的提高。格鲁伯和沃克曾指出，生产性服务业实质上是在充当人力资本和知识资本的传送器，产出增加值的资本正是通过生产性服务业导入生产过程之中，这个观点是对奥地利学派的生产迂回学说的推进。那些从最终需求的单一角度出发认为生产性服务环节是"纯粹消耗""非生产性劳动"的观点不再适用于现代经济增长的现实。[②] 熊彼特认为，生产意味着把要素和力量在我们力所能及的范围内组合起来，通过破坏性创造构建新的生产函数，每一种生产方法都意味着某种这样的特定组合。对每一个企业，甚至对整个经济制度的生产条件，都可以看成是组合，我们所说的发展，可以定义为执行新的组合[③]，鉴于此，

---

① ［英］亚当·斯密：《国富论》，郭大力、王亚南译，译林出版社 2011 年版。

② 顾朝林：《经济全球化与中国城市发展：跨世纪中国城市发展战略研究》，商务印书馆 1999 年版。

③ 郑凯捷：《分工与产业结构发展：从制造经济到服务经济》，复旦大学出版社 2008 年版。

城市空间演化的各种形态，如城市本身、城市群、城市经济区也是各种要素和力量的不同组合，本质上属于创新的范畴。城市空间演化的根本动力就是寻求城市的可持续发展，因此，创新也是城市发展的灵魂，城市空间价值的"新组合"是城市创新的主要推动者。王兴平认为随着全球经济一体化，城市功能已进入重构和整合时期，新产业的出现加剧了城市空间分化。① 葛立成提出将产业集聚纳入城市发展的总体框架，产业布局需要与空间特点相匹配，在空间上围绕城市或城区而展开，根据产业变迁规律以近域推进的方式加快城市的发育和城市化的进程。② 许抄军等认为我国城市正处于快速增长时期，城市空间以圈层式向外扩张，城市化的动力机制应是多元化的。③ 王建廷认为城市是一定区域的经济中心，经济职能是城市繁荣的首要职能，城市经济的本质特征是空间集中的经济，具有系统性、互补性和外部性等特点，集聚是城市经济发展的根本动力。④ 张自然发现人均服务业增加值与城市化水平之间存在长期均衡关系，随着服务业的发展，城市化水平越来越高。⑤ 顾朝林认为，城市群的形成是经济发展和产业布局的客观反映，是以中心城市为核心向周围辐射构成的多个城市的集合体，并已成为发达国家城市化的主体形态。⑥ 城市化是一个自然历史过程，周莉萍认为应通过要素流通、产业发展和经济增长带动城市化，人为的产业政策设计会在短期内促进或制约城市化速度。⑦ 城市经济学家将城市化模式归纳为需求导向的城市化、供给导向的城市化和需求与供给相互作用的城市化三种。其中，生产专业化和规模经济是供给导向的城市化的基础；人口和收入增长是需求导向城市化的

① 王兴平：《对新时期区域规划新理念的思考》，《城市规划面对面——2005 城市规划年会论文集（上）》，2005 年。

② 葛立成：《产业集聚与城市化的地域模式——以浙江省为例》，《中国工业经济》2004 年第 1 期。

③ 许抄军、罗能生、王家清：《我国城市化动力机制研究进展》，《城市问题》2007 年第 8 期。

④ 王建廷：《区域经济发展动力与动力机制》，上海人民出版社 2007 年版。

⑤ 张自然：《中国服务业增长与城市化的实证分析》，《经济研究导刊》2008 年第 1 期。

⑥ 顾朝林：《城市群研究进展与展望》，《地理研究》2011 年第 5 期。

⑦ 周莉萍：《城市化与产业关系：理论演进与述评》，《经济学家》2013 年第 4 期。

动力；需求与供给相互作用的城市化则主要基于乘数效应。Fujita 和
Thisse 认为，个体企业层面上的规模经济转化为区域整体层面的递增
收益，从而实现城市空间扩张是由消费者需求集中产生的需求效应
（Demand Effect）和工人的实际收入效应（Real Income Effect）循环累
积产生的。① 企业生产与人口消费之间的循环累积因果关系可用图 3
－2 来表示。可见，更多的资源要素集聚于城市的基本动因是产业调
整与升级的结果。

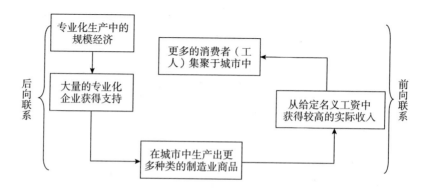

图 3－2　企业与工人空间集聚中的循环因果关系

在 Venables 看来，非市场的空间作用机制通过直接作用于个人效
用和单个企业的生产函数而在区域范围内产生技术外部性，这样，即
使在要素（主要指工人）的空间流动存在障碍的情况下，由于技术外
部性的存在，同样会使产业上下游之间建立循环因果关系。对城市空
间演化的非市场视角的解释，有学者以人口（或就业）的空间流动规
律与产业的空间集中为线索，运用耗散结构的一般系统理论加以解
释，认为在某种有限的区域里，一个系统是能够自发形成完整而连续
的复杂结构的，该系统具有自组织功能。总体来讲，城市空间演化的
直接动因来自经济增长的客观需要，而全要素生产率已成为区域经济
增长的主要力量，也是区域经济增长差异的主要因素，研究表明，空

---

① Fujita, M., Thisse, J. F., *Economics of Agglomeration*: *Cities*, *Industrial Location*, *and Globalization*, Cambridge University Press, 2013.

间结构重组是提高全要素生产率的有效途径。① 从集体效率的角度来看，城市空间演化体现为由特定产业带动的区域经济增长明显高于更大空间级别的平均水平，城市的发展不能拘泥于新产业区柔性专业化的束缚，要突破传统区位论和中心地理理论的"第一等级城市"，促进有更快成长能力的"第二级城市"发展，促进资本循环的"黏性地方"，形成突破区域资本增长极限的多样化空间策略，为特定工业资本利用本地的快速增值提供各种加速服务与便利条件，在此基础上获得资本积累所带来的各种溢出。城市空间演化通过一定的空间组织形式把分散于各城市的相关资源要素整合起来，形成有序的经济活动。

第三节　城市人本主义与生态价值链

一　城市人本主义

表面上看，城市是由建筑、交通、商业、生产、防洪等系统在空间上构成的物质经济实体，然而对其进行深层次考究和解剖后，就可以透过所有的物质形态，发现城市的内涵：城市是由人及人的文化和社会关系组成的复杂网络系统。从人类发展的角度来看，不论是城市规划还是城市设计，一切都是为了人类自身能够更好地生存与发展。城市的本质是"人"，城市因人而诞生，因人而发展。人的需求层次的提升驱动着城市的发展，从根本上说，人是城市也是城市化的主体和核心。亚里士多德说过，人们聚集到城市是为了更好地生活，期望在城市中生活得更好。从大的文化概念上讲，城市本身就是文化，城市是人们用自己的智慧、经验、能力作用于自然的这么一个物体，是一种人化的东西，是一种文化的东西。一个城市是不是理想的、公平的、宜居的，不单是看它的外表如何华美、楼群建得多么漂亮、经济

---

① Hirsch, W. Z., *Urban Economic Analysis*, McGraw - Hill New York, 1973.; Denison, E. F., *Why Growth Rates Differ: Postwar Experience in Nine Western Countries*, The Brookings Institution, 1967；雷明、冯珊：《全要素生产率（TFP）变动成因分析》，《系统工程理论与实践》1996 年第 4 期。

发展得多么迅速，甚至也不是环境保护得多么好这么简答的指标所能衡量的，人本主义思想下的城市应更多地体现人文关怀，即城市和自然和谐共生是前提，经济可持续发展和人民生活幸福、城市内部有机和谐、平等自由是内涵，最重要的是评价标准是城市居民的幸福感。从小尺度来讲，人本主义规划要考虑城市发展要充满人性化，满足人的物质文化和精神文化的多样化需求。城市人本主义的城市发展思想，是指城市发展要充分考虑和满足人的物质和精神需求、促进人们身心健康，在公平原则下城市每位居民都能享受到平等、自由的权利和轻松、安全、舒适的生活工作环境。

人为什么要住进城市？回答这个问题可能需要具备很多智慧。但可以确定的是，城市与农村一样都是人们自愿选择的生活方式，是进城生活还是留守农村取决于心理上的偏好，取决于基于多方力量（自然、经济与社会）的空间博弈。城市人本主义是城市化的必要条件，但不是充分条件。村庄是一个主动回应城市化冲击的主体，在城市化进程中，绝大多数村庄不会即刻消失，而是要经历村庄变迁与再造的过程，可以依靠政治和经济的力量调节这两种方式的结构，使这两种方式能共存共荣。

城市空间演化与产业发展的最终目的是实现人的全面发展，满足人的各类需求。已有的紧凑发展、精明增长、生态城市等理念都是城市人本主义的不同体现。离开自然环境而片面地追求空间资本增值会带来严重的"城市病"，最终会带来人们的福利损失，如果长期偏离对"人"自身发展的关注，无疑会带来灾难性的后果。

二　生态价值链

生态发展会成为未来城市的发展方向。"生态城"是俄罗斯生态学家 O. Yanitsky 于 1987 年提出的一种理想城模式。生态城是一个经济发达、社会繁荣、生态保护三者保持高度和谐，技术与自然达到充分融合，城乡环境清洁、优美、舒适，从而能最大限度地发挥人的创造力与生产力，并有利于提高城市文明程度的稳定、协调，有利于持续发展的人工复合系统。生态城是人类发展到一定阶段的产物，是现代文明与人类理性及道德在发达城市中的体现。生态城要求生产、生活、娱乐、购物功能混合在一起，减少交通出行，提高运行效率。应结合规划，选择特色的产业支撑体系，大力发展低碳产业，使生态城市真正建成低碳绿色之城，创新宜居之城。从广义上讲，生态城市（ecological city）是指建立在人们对人与自然更深刻认识的基础上，按照生态学原则建立起来的社会、经济和自然协调发展的新型社会关系，是有效利用环境资源实现可持续发展的新的生产和生活方式。从狭义上讲，就是按照生态学原理对城市进行设计，建立高效、和谐、健康与可持续发展的人类聚居环境。"生态城市"作为对传统的以工业文明为核心的城市化运动的反思、扬弃，体现了工业化、城市化与现代文明的交融与协调，是人类自觉克服"城市病"、从灰色文明走向绿色文明的伟大创新。它在本质上适应了城市可持续发展的内在要求，标志着城市由传统的唯经济增长模式向经济、社会、生态有机融合的复合发展模式的转变。它体现了城市发展理念中传统的人本主义向理性的人本主义的转变，反映出城市发展在认识与处理人与自然、人与人关系上取得新的突破，使城市发展不仅仅追求物质形态的发展，更追求文化上、精神上的进步，即更加注重人与人、人与社会、人与自然之间的紧密联系。从生态学的观点看，城市是以人为主体的生态系统，是一个由社会、经济和自然三个子系统构成的复合生态系统。一个符合生态规律的生态城市应该是结构合理、功能高效、关系协调的城市生态系统。这里所谓的结构合理是指适度的人口密度、合理的土地利用、良好的环境质量、充足的绿地系统、完善的基础设施、有效的自然保护；功能高效是指资源的优化配置、物力的经济投入、人力的充分发挥、物流的畅通有序、信息流的快速便捷；关系协调是指人和自然协调、社会关系协调、城乡协调、资源利用和资源更新协调、环境胁迫和环境承载力协调。概言之，生态城市应该是环境清洁优美、生活健康舒适、人尽其才、物尽其用、地尽其利、人和自然协调发展、生态良性循环的城市。

目前，中国开展新型城镇化建设，其首要任务就是将农民市民化，为此，政府改革了户籍管理制度，多数试点中小城市已经全面放开农民进城落户。虽然农民进城落户已实现"零门槛"，但农民落户意愿普遍不高。随着农村户口"含金量"逐渐提高，有相当一部分农民愿意在城市买房、工作、生活，但选择把户口留在农村。一方面鼓励农民向城市落户定居，另一方面还出现了"逆城市化"现象，其中一个很重要的原因，就是城市的生态环境带给人们的悲观预期。其实，城市发展中的最大的以人为本就是生态环境要带给人们最大的满足，否则，只在就业、医疗和教育等公共服务方面做文章，无法增强城市的吸引力。

在过去的快速发展中，城市实际上经历了一个灰色发展。这个灰色发展给我们带来了许多城市病，也给气候变化带来了75%以上的人为的温室气体排放。可以预见，未来城市的扩张将逐渐终止，城市的框架已经基本形成，城市的边界已经在划定。原来的大拆大建、粗放式的蔓延也将停止，此时应该转向城市内涵的提升、人居环境的改善，转向绿色发展。

为实现城市人本主义的发展目标和方向，树立生态价值链的价值取向是重中之重。生态价值链显然将生态环境作为一项重要的人类资产来考察。跟普通的商品一样，生态环境本身是有效用的，其估价机制和交易规则与普通商品一样，唯一的区别可能是政府在其中须发挥主导作用而已。构建生态价值链就是要平衡自然与市场之间的关系，这种关系首先是一种和谐与可持续发展的关系。生态价值链最终告诉我们这样一个理念：生态服务（Ecosystem Service）和自然资本（Natural Capital）这样的概念可以作为新的范式帮助我们重新思考市场和环境的关系。经济发展并不必然要以牺牲环境为代价，需要明白的一点是，市场经济与环境污染并不存在必然联系，非市场的资源配置方式可能更不利于环保。市场机制能够给人们带来经济激励，因此，可以确信市场本身能够完成保护环境的使命。

第四节　城市空间演化的研究构想

传统的单一视角下的经济增长分析范式已无法解释目前区域经济增长现实。企业、产业与城市的交互、重组与整合发展已是区域经济的主要特点。企业、产业与城市都作为区域经济主体参与到一切经济活动之中，因此，需要建立包含企业、产业与城市再到区域的多重分析框架来分析区域经济增长的动力问题。企业创新驱动、产业集聚与城市空间演化形成了推动区域经济增长的三种基本力量，三种力量的多重交互效应更为明显，尤其是三种力量边界越来越模糊且有加速融合和重组的趋势。

（1）价值链视角下的城市空间演化。正如美国学者刘易斯·芒福德所说，城市不只是建筑物的群集，更是各种密切相关并经常相互影响的功能的复合体，不单是权力的集中，更是文化的归极。城市的特征突出地表现为人口和各类生产要素的空间集聚。虽然要素空间集聚会形成城市，但城市的空间演化并不单纯取决于要素空间集聚，显然，城市空间演化作为一个经济问题显得较为复杂。尤其是第一次工业革命以后的城市发展轨迹表明企业（产业）的兴衰与城市的命运息息相关。城市规模、功能和空间布局的变动同时也是产业价值链的地理反映。要想深入弄清城市空间演化规律，促进城市经济可持续发展，就不能忽视价值链在城市发展中的作用。实际上，自城市产生以来，价值链就已内化于城市各种功能和作用。尤其在第二次世界大战后大批城市和城市群的崛起更是与产业价值链的全球整合与重组紧密地联系在一起，因此，从价值链角度入手，探求城市空间演化的内在动因和一般规律，既能将产业结构的演进与变迁规律联系起来，又能从空间层面讨论经济集聚问题，将产业理论与空间理论统一在一个分析框架下，有助于对城市发展认识的进一步深化。这对于目前我国城市经济研究中亟待解决的问题而言，具有重要的理论研究价值和实践借鉴意义。

（2）城市空间发展的演化范式将成为主流。城市群经济是典型的团块状经济，城市之间的经济联系较为紧密，可以理解为具有空间维度的经济组织①，城市空间是区域经济发展到一定程度后的一种高级空间组织形式，是集聚经济的空间体现。城市空间演化是一个多层次分阶段的动态复杂系统，当城市发展到一定阶段后，随着经济发展与竞争加剧，生态环境约束等因素客观上要求城市空间重组和转型，通

---

① 董青、刘海珍、刘加珍：《基于空间相互作用的中国城市群体系空间结构研究》，《经济地理》2010 年第 6 期。

过城市规模与结构的不断优化提升城市整体竞争力和可持续发展能力，为此，必须发明新的媒介疏通城市拥挤，使城市容器变得稀疏轻巧，使大城市这块磁石重新布局，扩大磁场。纵观西方发达国家城市空间演化的轨迹，经历了由低级向高级阶梯式发展的路径：向中心城市的聚集、向新城或卫星城的扩散、向边缘城市的进一步扩散、多中心城市的形成、城市群与都市连绵区等不同的发展阶段和形态。在城市空间形态的动态演化中，不失稳定性与继承性，因此，其始终遵循受制于一些规律的支配。

（3）城市系统具有特定的运行规律。从城市发展与演化的规律来看，其产生与运行遵循着符合价值链的规律。从单个城市来讲，城市的外围地区都在核心区域的指挥下发展，没有核心区域的升级与成长，城市外围地区的发展就会失去基本的支撑和动力基础；从城市群层面来看，城市群内部之间的联系也如同太阳系运行的规律一样，中小城市作为卫星城围绕着核心城市运行，同样，没有核心城市向更高层次发展，中小城市无法获得可持续的发展动力。中心城市的空间溢出效应取决于能否将自身提升到城市价值链高端环节，形成区域服务中心、高端制造业中心和创新中心，只有自身产业不断升级，中心城市才能够具备有效组织群内各城市进行产业分工的能力。① 只有把不同规模等级城市分散安排在一个网络中，互相连接起来，整个城市网络才能有效工作。这样的网络不但允许不同空间尺度的单位参加，而且还能将其最大的优势贡献给整个城市网络，这就是基于价值链的城市空间演化形式。因此，深入研究和探析支撑城市内部空间的整合、重组的力量和驱动城市整体发展的动力是全面理解城市空间演化与形态变迁的突破口，在此基础上找寻城市系统的特定运行规律是城市空间演化问题的主要内容。

（4）空间价值的一般解释。现有的空间理论已经不能适应经济发展在空间上深化的要求，空间发展理论需要从"要素论""功能论""能力论"再到"价值论"寻求突破。"空间价值链"作为融合了经

---

① 张艳、程遥、刘婧：《中心城市发展与城市群产业整合——以郑州及中原城市群为例》，《经济地理》2010 年第 4 期。

济学、地理学、管理学和空间规划学等多学科内涵的词汇，既是一个解释性概念，也是一种规范性构想。在空间价值链的研究视角下，需要对空间定位、城市发展的内容重新界定，尤其要对产业结构、空间价值分工与空间演化能力之间的交互性作用与匹配性的内在机理进行深入探讨，改变传统城市发展理论忽视空间的价值属性，提高城市对城市化发展的主动性，弥补城市在城市空间演化中的能力缺失。

（5）对城市空间演化问题的理论探讨目前集中在城市化与产业协同关系的研究。主要有三种理论视角：一是发展经济学的生产结构及消费结构变动的分析框架；二是新经济增长理论的人力资本与劳动分工的分析框架；三是新经济地理学的规模收益递增的分析框架。本书将价值链理论引入产业与空间的分析中，将产业结构演进与城市空间联系起来，深入探讨二者间的时空对应关系及其在不同空间尺度上的表现形式，结合国内外城市经济发展的实践，揭示二者协调发展的一般规律，由此提出区域优化、整合发展的机制和政策。

（6）城市空间演化关注的重点。城市空间演化实践与城市相关主体的合作行动有密切联系。城市空间演化各阶段中的重大事件都与产业主体的选择行为有关，缺乏对各产业主体选择行为的考察，就会将城市空间演化的许多事件与过程解释为偶然的历史因素及种种不确定性，或者将城市空间演化行为所产生的集聚效应、竞争力获得、可持续性等解释为市场条件下必然自发形成的结果。诸如此类的理论判断无助于深刻地理解城市空间演化问题，也不能科学地指导城市空间演化的实践。此时，城市价值链理论是理解城市空间演化的关键。

首先，城市空间演化概念关注城市中的产业主体。已有的城市经济发展的研究对主体的假设讨论不充分，且主体维度单一。现实中的主体可以在企业、产业、城市、城市群以及城市经济区等不同的维度上结网互动而形成，由于能动性的发挥而呈现出极为复杂的特点。城市空间演化具有行为主体能动性的特征，与城市主体对发展目标的设定和努力是密切相关的。因此，挖掘城市空间演化中的相关主体进行合作行为时的内在动力与可能性，也是本书特别关注的问题。

其次，城市空间演化关注多层次多目标的整合问题。城市空间中的产业、企业、城市空间固然以个体利益及特有目标为基础，但是在价值链层面上也存在不同单个个体的目标——价值链整体的共同利益。因此，在城市空间演化研究中不能以企业、产业和城市的分析完全替代在此基础上形成的各类集群的分析。这就需考察微观主体对目标的设定与整体层面集群目标的差异，以及如何更好地协调。目标迥异的各微观主体如何形成推动集群系统发展的合力，也是城市空间演化所必须考虑的问题。

最后，城市空间演化研究关注共同目标的实现途径——考察集群系统中的主体如何通过价值链在不同的条件下实现个体目标与集体目标的统一。而且，目标实现的途径依赖于一定的方法和策略，即具备可操作性。为实现基于价值链的城市空间演化提供具有可操作性的策略也是本书研究的内容之一。

总之，现实的城市空间演化，需要城市经济发展理论回答三个关键问题：（1）城市经济发展的目标是什么——应该做什么，同时又可以做什么；（2）推动和实现城市空间演化的主体是谁——在没有确定主体的情形下如何寻找合适的主体，在明确主体的情况下如何寻找较好的组织；（3）如何保证城市空间演化的效率——对具体的城市空间发展案例，能否有针对性地提出并实现理论上所预测的应有的功能的机制与方法。对这三个问题的持续系统思考贯穿于本书的始终，而理解这三个问题的关键，就在于将产业理论与空间理论统一到基于价值链的城市价值链演化机理及经济效应的系统分析框架之中。

第五节　城市发展与现时代

城市是区域经济新的竞争主体，城市群与城市群之间的竞争将成为区域经济新的竞争力源泉。追求城市价值的不断增值，是现代城市管理具有战略指导意义的基本目标之一。增加城市价值、提高城市效率，能使城市在与其他城市的竞争中占据更有利的地位，从而更好地为城市内外顾客服务。因此，识别并管理城市内部的价值增值机会和环节，特别是放眼地区乃至全球城市产业的价值网络，识别并管理城市的价值增值机会和环节，以产业集群为动因和纽带，促进城市价值的网络化发展，成为城市发展战略的基本思路之一。

一　"新常态"下的高速城市化

要深入理解"新常态"思维下的城镇化发展，需要先回顾我国改革开放以来城镇化所走过的历程。

第一阶段是 20 世纪 80 年代至 90 年代初的工业化发展主导时期。在此阶段，城市化迅猛发展。该阶段体现出以下几方面的特点：一是农村经济改革成功，农业的发展为城镇发展提供了良好的物质基础；二是发展工业成为社会经济活动的主导，工业主导着整个城市化的推进，大量的工业城市涌现，分工与专业化成为城市产生与发展的直接动力；三是对外开放促进了工业与城市的发展，城市由此成为一个开放的系统，形成传统意义上的"中心—外围"结构；四是土地有偿使用制度使土地收入成为城市建设的重要经济来源，土地财政催生了城市空间扩张。

第二阶段是 90 年代中及以后。在这一阶段，强调第三产业兴起的作用，专业镇涌现，城市数量激增。一系列经济活动的变化反映在城市空间的变化上，各市开始重视中心区和新区的建设，城市中心和中心城市在城市区域中扮演着主角。在这个时期另一个值得注意的特征是，工业开始向乡村扩散，乡镇企业崛起，城乡一体化的趋势逐步呈现。在经济发展较快的发达地区，大量专业镇出现，中心镇作为核心城市的外围城形成了功能互补、特色鲜明和分工明确的城市体系。

第三阶段是从 2000 年以后一直延续到现在。此阶段关注生态格局，加强区域协同发展，强调城市社会管理、基本公共服务。无论是国家战略还是地方实践，都更加关注整体的生态格局和城市本身的基本公共服务职能，尤其是将山水自然地理要素作为保护的重要对象。这个阶段区域竞争加剧，区域和跨区域合作成为区域经济中的主要特征，以城市群、经济区和经济带等为特征的更高形态的空间经济组织成为区域经济的主导。

二　"新常态"下的城市发展

中国城镇化在改革开放以来，经过了 30 年快速城市化的进程。2015 年以来，我国经济保持中高速增长、迈向中高端水平，进入"新常态"运作模式。"新常态"表现为国民经济实现中高速、优结构、新动力、多挑战的状态。中国经济已经进入了"新常态",新型城镇化将成为这一阶段最大的发展动力。从产业带动经济发展的角度,在经济高速增长过程中,带动经济增长的主要动力是第二产业。而在经济转入中速增长之后,则会以第二、第三产业并重,随后转向主要依靠第三产业来带动经济增长。从我国现在的人均收入水平来看,第三产业应达到60%左右的比重,目前该比重却仅达到49%。以城市定位、生态文明及可持续发展理念为核心,对建设发展新型城镇化具有多方益处。其中,首要前提和出发点是,在城市规划和产业建设层面明确设定城市自身定位。如今在城镇化建设过程中,"重硬件,轻软件""重地上,轻地下""重面子,轻里子""重外延,轻内在"的现象逐渐显现且日益严峻。推进新型城镇化建设离不开产业发展,任何一个城市都必须有产业支撑。对于不同规模的城市来说,大城市、都市型城市要防止产业空心化;中小城市要防止出现产业空洞化;资源型城市则要防止出现产业误导化。

在"新常态"下,区域性的大城市或核心城市要走"高精尖"的路子,下大力气推动产业优化升级,提高发展的质量效益。必须处理好"舍"与"得"的关系,走内涵发展、集约发展之路。"新常态"下,城市发展转型方向应强调几方面的转变,即:注重从粗放的发展方式向更加重视低碳生态的发展方式转变;注重从传统管理模式向更加重视信息化、智能化建设转变;注重城市活力的提升,从传统产业向新兴产业发展转变;注重城市文化特色和传统文化的传承;注重空间价值开发、空间整合与重组实现空间创新,激发空间活力;注重以人为本和社会公平发展。

三　共建"一带一路"背景下的城市发展

当前,中国经济和世界经济高度关联。共建"一带一路"顺应世界多极化、经济全球化、文化多样化、社会信息化的潮流,秉持开放的区域合作精神,致力于维护全球自由贸易体系和开放型世界经济。共建"一带一路"旨在促进经济要素有序自由流动、资源高效配置和市场深度融合,推动沿线各国实现经济政策协调,开展更大范围、更高水平、更深层次的区域合作,共同打造开放、包容、均衡、普惠的区域经济合作架构。"一带一路"贯穿亚欧非大陆,一头是活跃的东亚经济圈，一头是发达的欧洲经济圈，中间广大腹地国家经济发展潜力巨大。根据"一带一路"走向，陆上依托国际大通道，以沿线中心城市为支撑，以重点经贸产业园区为合作平台，共同打造全球范围内的"空间—产业"互动格局。

（1）"一带一路"倡议的主角是城市。沿线各城市资源禀赋各异，经济互补性较强，彼此合作潜力和空间很大。沿线城市应按照空间价值链进行布局，优化产业链分工布局，推动上下游产业链和关联产业协同发展，鼓励建立研发、生产和营销体系，提升城市（群）产业配套能力和综合竞争力。扩大服务业相互开放，推动城市（群）服务业加快发展。探索投资合作新模式，鼓励合作建设境外经贸合作区、跨境经济合作区等各类产业园区，促进产业集群发展。

（2）在"一带一路"背景下，我国城市应该从全球化和本地化的双向互动的张力中寻找更多的战略机会。首先是"单元激活"，增强城市社区、乡村和农村社区的特色优势，培育和发掘更多的地区价值生长点；其次是以城带乡，发挥城市的形象、财政、行政、人才、知识和社会资本等方面的优势，积极推动美丽乡村建设和乡村价值的增长；最后是从经济市场化运行和丝路文化特色彰显的要求出发，加强跨界、跨域乃至跨国的城市空间价值链整合和重组，实现"一带一路"区域经济一体化。

（3）城市要走出去，宣传推广只是表面形式，对地区发展真正具有实质性意义的，是城市竞争能力的成长。其中，促进城市硬实力成长是基础，包括加强投资、旅游和人居环境的基础设施及相关项目建设，以及促进城市经济的规模、产业结构优化等。而增益城市空间价值是当务之急，如塑造城市品牌魅力、凝聚城市精神、推进城市空间创新、优化城市公共管理与公共服务、助益城市文脉传承、激励城市文化创意、提升城市对产业价值链的控制力等。尤为重要的是，如何最大化利用和协调城市空间价值链整合与重组，实现全球范围内的"空间—产业"互动发展，推动城市可持续发展。

（4）"一带一路"倡议蕴含着丰富的空间生产与空间创新的逻辑。资本创新导致了空间资本化，迎来了全球性的空间生产与空间创新，其表现形式便是全球范围内的空间竞争。"一带一路"沿线国家和地区的空间竞争主要表现在城市层面的竞争。地理区位与行业生产具有明显的空间特性，依据最高利润率原则的互动引起了经济活动的空间分异，形成了空间竞争，进而在区位空间内开始了行业组合和空间集聚的自我强化，构建出差异性的城市功能，因此，城市可被视为"建成环境"，是一种经过空间生产和社会关系再造所形成的物质和政治经济系统。可见，"一带一路"即是城市竞争的拓展和延伸。

四 产业集群与城市发展

产业集群是工业化过程中的普遍现象，在所有发达的经济体中，都可以明显看到各种产业集群。产业集群是指集中于一定区域内特定产业的众多具有分工合作关系的不同规模等级的企业与其发展有关的各种机构、组织等行为主体，通过纵横交错的网络关系紧密联系在一起的空间积聚体，代表着介于市场和等级制之间的一种新的空间经济组织形式。克鲁格曼从经济地理的角度探讨了产业聚集的成因，他指出，产业地理集中可能是由当地历史中的"偶然事件"引致的，对于重要的继起的累积因果关系，其理论的基础是规模收益的递增。熊彼特在1934年提出了经济创新的思想，认为区域创新系统是由区域创新网络和区域创新环境有效叠加而构成的动态关联系统，该系统具有开放性、本地性、系统性和动态性等特点。该理论还认为，区域是企业的"群"，这些区域由通过合作和竞争联系在一起的企业网络构成，区域经济发展不是潜在利益现象的简单集合而是系统有效的整合。区域创新理论实际上是马歇尔产业区理论中"创新来源于某种无形的氛围"观点的进一步发掘。该理论强调了创新对企业发展的重要性，指出了产业集群追求的不仅仅是企业地理上集中带来的规模经济和范围经济的好处，更是在一种特定的区位环境中企业学习能力的提高。

从产业结构和产品结构的角度看，产业集群实际上是某种产品的加工深度和产业链的空间延伸，在一定意义上讲，是产业结构的调整和优化升级。从产业组织的角度看，产业群实际上是在一定区域内某个企业或大公司、大企业集团的纵向一体化的发展。如果将产业结构和产业组织二者结合起来看，产业集群实际上是指产业以城市内部价值链或城市间价值链进行布局。也就是说，在一定的城市内或城市间形成的某种产业链或某些产业链。产业集群的核心是在一定空间范围内产业的高集中度，这有利于降低企业的制度成本（包括生产成本、交换成本以及运输成本），提高规模经济效益和范围经济效益，提高城市、产业和企业的市场竞争力。

产业集群与城市发展相互促进，相得益彰，已成为现阶段中小城市发展的主流业态。产业集群从整体出发挖掘不同城市的竞争优势。产业集群突破了城市和单一产业的边界，着眼于一个特定区域中，具有竞争和合作关系的城市、企业组织的互动。这样使它们能够从一个区域整体来系统思考经济、社会的协调发展，来考察可能构成不同城市竞争优势的产业集群，考虑临近城市间的竞争与合作，而不局限于考虑一些个别产业和狭小地理空间的利益。产业集群要求各级政府重新思考自己的角色定位。产业集群观点更贴近竞争的本质，强调通过竞争来促进集群产业的效率和创新，要求各级政府专注于消除妨碍生产力成长的障碍，从而推动市场的不断拓展，繁荣区域和地方经济。

第四章　城市空间演化概述

第一节　价值链

　　相互联系是一切客观事物、现象之间关系的法则，城市的各个组成部分及构成要素是相互联系的有机整体，价值链是反映客观事物众多联系中的一种。价值是人类对事物的主观判断，是经济学对人类物质利益的一种抽象。随着分工的深化，价值链分工日益成为国际分工的主要形式。价值链即企业创造价值过程的各个环节的完整组合。创造价值活动包括研发、设计、生产、营销和服务等。价值链既存在于单个企业内部，也存在于上下游企业之间。价值链分工具有增值性、非独立性、不平等性和区域性等特点。20世纪80年代以来，产品价值链分工逐渐成为国际分工的基本趋势，城市特色、城市核心竞争力日益成为城市发展的焦点。进入21世纪，国际分工由产业层面进入了空间层面，产品内分工逐渐表现为城市内分工。所谓城市内分工是指特定产品生产过程的空间分工，在不同工序或区段通过空间价值链组成城市内部或跨城市的生产链条或体系。面对全球化，每个城市都必须找准、保护、创新自己的特色，不断提升自身的核心竞争力，走差异化的、独特的发展之路，以使自己在未来的竞争中立足。

　　在传统的城市经济研究中，一般认为，经济因素、市场力量导致城市规模的无限扩张，人口、资源与环境力量导致城市向紧凑型、有限性发展，缺乏对空间资本的认识和研究。近年来，以列斐伏尔和哈维为代表的新马克思主义的兴起，使空间生产问题被广泛关注，也为价值链理论注入新的活力。在对产业价值链系统的剖析之后，本书提出了空间价值和空间价值链的问题。空间价值链既存在于一国（地区）内部，也可以跨越国（地区）界，形成了全球价值链推动下的不同空间尺度的空间价值链。城市之间的相互作用通过城市价值链的整合与重组来体现，可以预见，随着空间分工的进一步深化，不同空间尺度下的空间价值链会进一步向空间价值链网络方向演化。

第二节　空间价值问题的提出

所谓经济空间是指人类进行经济活动的载体和场所。城市空间是典型的经济空间。根据马克思的劳动价值理论，广义的经济空间既是人类劳动的结果，其本身也是人类的劳动成果，更一般意义上来自人们的劳动创造。根据劳动的特点，可将空间分为实体空间和虚拟空间。实体空间主要由体力劳动作为构成要素，虚拟空间由脑力劳动作为运作环境。狭义的经济空间是指植根于产业之中的人类从事生产活动的有形场所，可见，在传统的马克思主义理论中蕴含着空间价值的思想。为了使空间模型简化和便于实证，本书在狭义的经济空间层面探讨城市空间问题。

经济活动不仅受到社会、宗教、政治、文化、政府以及各种制度运行方式的影响，而且还受到自然、生物等条件的影响。[①] 空间经济学认为空间是由各层次的战略性区域节点构成，这些节点可以按照等级和支配力进行分类。这些节点同时也是一个运输互联的价值网络，因而也是一个填充了各等级层次的有机网络。最早对这一动态有机体产生的生态学过程的本质做出实质性关注的是美国经济学家沃尔特·艾萨德，他从区域发展演化的一般过程出发，将投入、产出、价格及成本的地理分布纳入一般均衡分析中，建立了区位与空间经济的一般理论，提出了区位与空间经济的垄断竞争论，提出了区位与空间经济的动态演化方法。在现有区域发展理论和实践中需要重新认识空间要素的差异性、分割性，以空间价值和能力的互补性为前提，从关注发

---

① ［美］埃思里奇：《应用经济学研究方法论》，朱钢译，经济科学出版社 2007 年版。

展水平向关注发展能力转变。他在《区位与空间经济》一书中提出了自己的问题：是什么决定了任意一块土地的用途？商业批发、零售、文化、教育、政府与行政管理、工业、社区以及服务业，哪一类活动会出现在核心区，哪一类活动会位于在城市各个阶段出现的各种类型的次中心和卫星城？几个城市区域间的专业化以什么形式出现？是否存在这样的力量，它们遍及城市内部结构和城市之间的结构中，使得尽管以有意义的方式确定的所有城市和节点中，个别城市和节点的等级一直在不断重排，整个城市和节点体系的规模分布却体现出某种稳定性？服务业在城市的集聚不仅是产业结构调整问题，也是空间资源配置问题，产业与空间存在着映射关系，城市产业结构调整问题也是城市空间演化过程。① 空间结构特征与社会发展水平、福利水平有着密切关系，金凤君从经济、文化和环境三个方面提出功效空间和福利空间，指出城市和城市区域是进行空间组织的最基本的两类功效空间。福利空间是构成空间福利的基础，是以满足人类或群体安全、健康和发展需要为目标的功效空间，包括物质空间和关系空间。在人的作用力主导下，形成以功能、效力和效率三者有机结合为主要特征的实体空间集合。福利空间可以划分为人造自然空间、人工自然空间和人化自然空间三类（见图 4 - 1）。前两类是主要福利空间。功效空间和福利空间的相互联系和作用构成了动态演化的空间级联系统。② 从城市人本主义出发，空间价值不仅具有经济学上的意义，还包括了非经济学含义，比如生态系统的价值要比任何其他形式的价值更高。适当的经济激励机制对城市环境的保护是非常重要的。在城市经济发展中，城市应该设计什么样的制度和政策来协调经济发展和环境保护之间的关系，如何在自然与市场中构建生态价值链等问题是未来经济学的重要任务。我们也深信，尽管市场机制在促进经济发展的同时也可能带来环境破坏，但只要政策手段得当，人类完全可以协调好经济发展与自然环境保护的关系。

---

① 黄繁华、洪银兴：《制造业基地发展现代服务业的路径》，南京大学出版社 2010 年版。

② 金凤君：《功效空间组织机理与空间福利研究：经济社会空间组织与效率》，科学出版社 2013 年版。

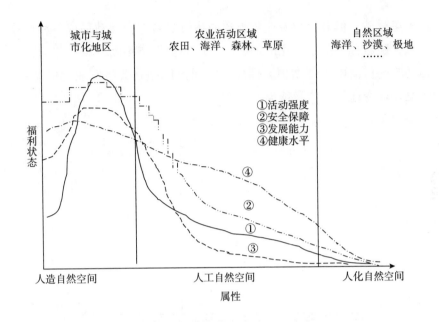

图 4 - 1 人类空间活动与空间福利

随着信息技术的深化与区域合作领域在更高空间尺度和更深分工层次的拓展，传统意义上的城市空间布局已经不能满足竞争的需要。整合城市空间优势，充分利用不同城市的空间资源，形成互补优势，以价值链整合的形式在全球城市竞争中获得竞争优势已成为区域发展在新历史时期的内在要求。区域三次产业结构的变迁过程也是空间价值不断调整的过程，制造空间（区域、城市）向服务空间（区域、城市）的演进规律同样体现了空间价值的变迁。制造空间与服务空间的转化与互动过程也是空间价值不断重组与整合的过程。

空间差异性是绝对的、无条件的，空间均衡是相对的、有条件的。经济发展的空间非均衡性是空间价值的体现，要素与产业在地区间的梯度转移的核心是对空间价值增值的诉求，空间价值是依附于空间中的资源价值的空间表现，本质上是空间资源要素的空间增值能力，空间价值引致了产业区位的重构。就资源本身来讲是没有价值的，只有当其被空间运用于具体经济活动时，才具有价值。空间能力最重要的作用是识别、获得、发展和配置资源。图 4 - 2 说明，空间

虽不可移动，但分工与专业化引致的物质要素空间流动形成各种产业
形式，随着分工与专业化的加深，其产业价值链不断升级，作为其载
体的空间价值则不断增值，因此，空间价值是分工与专业化的基础，
也是产业变迁的载体和依据。

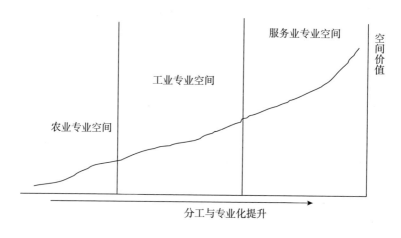

图 4 - 2　空间价值的增值

对于空间一体化的现代城市而言，区域的空间功能分工明确。城
市空间职能的差异说明居住区、商业中心区、产业园区等空间价值是
不一样的。城市空间演化的进程蕴含了空间价值的动态性和阶段性，
这主要是由空间资源要素的流动方向来决定的。因为空间资源要素既
可以由低价值空间流向高价值空间，也可以由高价值空间流向低价值
空间。

产业内生增长形成的服务业扩张的原因可以归结为需求与供给两
个方面。需求主要来自恩格尔定律所反映的最终需求因素，即随着经
济发展和人均收入的增加，人们对高附加值产品的消费将超过低端制
造的物质产品的消费，从而推动社会向服务经济阶段发展；供给因素主
要包括服务业自身产生的中间需求、技术进步、城市化水平等。美国产
业结构变迁的规律表明，随着科学技术的进步，产业价值链在区域中不
断向高端价值环节攀升，服务业的快速增长是制造业升级的结果（见表
4 - 1）。制造业人口向服务业转移也是必然趋势（见图 4 - 3）。

表 4 - 1　　　　　美国各产业全日制员工就业比重变化　　　单位:%

产业＼年份	1929	1939	1947	1959	1969	1977	1985
服务业	55.13	59.94	56.61	61.66	64.91	68.40	70.48
生产性服务	5.85	5.83	6.06	8.23	10.03	11.96	14.80
分销服务	15.66	12.90	13.54	12.15	10.97	11.36	11.93
零售服务	11.93	12.22	12.57	12.70	13.00	14.18	14.28
政府服务	9.07	17.19	14.16	18.58	20.48	19.57	18.33
消费服务	10.77	9.61	7.67	6.47	5.75	4.99	4.24
非营利性	1.85	2.19	2.61	3.52	4.57	6.34	6.94
农业	8.35	6.59	4.31	3.18	1.74	1.90	1.63
工业	36.52	33.46	39.08	35.16	33.35	29.70	27.89
制造业	29.51	27.75	32.27	28.91	27.66	24.10	21.83

资料来源: Joseph F. Francois, "Producer Services, Scale and the Division of Labor", *Oxford Economic Papers*, 1990, 42: 717.

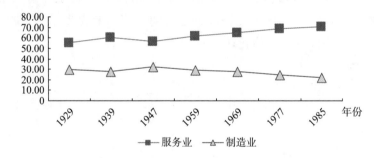

图 4 - 3　美国制造业和服务业全日制员工就业比重变化趋势

　　大城市在城市价值链重组中培育更多的高附加值产业，向外转移附加值低的成熟产业，从制造空间转向服务空间，起到核心带动作用；中小城市应积极承接成熟产业价值链的制造环节，吸收在大城市滞留的额外劳动力，使城市要素集聚发挥乘数效应，实现城市可持续发展，最终形成专业化分工的城市群。在现代城市经济中，城市空间价值的实现与增值建立在与其他城市空间分工合作的基础之上，从价值链角度来研究城市产业构成及差异，从而解释由此导致的城市空间演化无疑是具有现实意义的。如果将基于产业价值链的分工扩展到城市经济发展中，可以认为城市空间演化是城市在产业价值链基础上的结构性分工裂变的动态过程。

基于上述认识，本书认为，空间发展理论需要从"要素论""功能论""能力论"再到"价值论"寻求突破。价值理论的核心是价值分配，把城市与价值结合起来思考，显然是一个内涵丰富且系统的研究领域。对城市经济发展而言更需要引入空间因素，在继承传统空间经济学分析的基础上，需要对空间属性进一步剖析。"空间价值"作为融合了经济学、地理学、管理学、生物学和空间规划学等多学科内涵的词汇，在新的经济发展时期，既是一个解释性概念，也是一种规范性构想。城市是由不同价值空间组成的空间价值系统，是空间价值在特定地域的集聚，系统的各组成部分在空间价值链驱动下形成多功能、多层次、多模式的有机体。城市群、城市经济区是城市发展到一定阶段的高级形式。在全球价值链竞争中，资本在角逐空间价值过程中，超越了单个城市范围，空间价值由城市内部空间上升到城市整体、城市集群，再到城市经济区，是空间价值不断谋求增值的结果，反映了城市空间的动态演化轨迹。

第三节　对空间"价值属性"的再认识

一　已有经济学理论之不足

（一）空间

经济学中的空间不同于物理学中的"绝对空间"，也不同于几何学中静止的"纯空间"，而是一种资源，空间结构特征是区域发展状态的重要指示器。空间作为一种要素被发现，最早可以追溯到杜能对独立国（城市）的描述、对地租和土地利用的分析，对一个主要从事农业活动的社会来说，杜能环具有启发意义。韦伯用演化的方法分析了工业区位布局问题，提出了一个有关区位结构转变的理论。普雷德尔利用地方条件性替代原理把一般均衡方法系统地运用于区位分析，他主张经济活动都要使用一组要素，经济活动的空间分布问题也就是确定后的生产要素组合，而确定后的生产要素组合的空间分布反过来又是一般生产要素分布的一个特例。① 于是，生产的问题就变成了选择合理的资本、劳动力、土地和运输投入组合的问题。魏格曼把空间经济当成一个空间市场充分展示的整体来观察，运用一般均衡理论方法对经济过程的空间结构、市场的空间范围和联系全部经济数量的空间关联的问题进行了分析。以上学者的静态均衡方法受到了帕兰德的强烈批评，他主张放弃瓦尔拉斯经济学分析范式，转向隆哈德—韦伯的传统，他把精力集中在分析经济起点、一段时期内企业的调节、同一时期内要素的流动，以及伴随而来的技术、制度和消费者的变化。然而，奥古斯特·勒施并没有接受这些观点，他超越了局部分析，不仅认识到经济因素复杂的空间联系，还通过一组初等方程简洁地描述了一个高度简化的、在垄断竞争条件下运行的空间经济的静态模型，这些研究局限于一国范围内。俄林与李嘉图将区位与国际贸易联系起来，开拓了贸易与区位理论的新领域，空间因素虽然得到了优先考虑，但最后都被成本替代了。② 艾萨德在《区位与空间经济》一书中从区域发展演化的一般过程出发，建立涵盖经济活动的空间和时间的一般理论，该理论包括运输指向的企业区位均衡、劳动力指向的厂商区位均衡、市场区与供给区分析及竞争区位均衡、集聚与农业区位理论、区位与贸易理论等。以克鲁格曼为代表的新经济地理学派在前人的基础上运用 D-S 模型、冰山成本、动态演化等理论解释了经济空间集聚的现象，建立了空间经济学的三种基本模型：区域模型、城市体系模型和国际模型。目前对空间的理解，分析单位大多是企业，是企业利润最大化理论的延伸。没有将空间从生产中分离出来，其基本结论是：在一个特定的市场中，企业最佳的位置是产品成本加运输成本最小的地方；在不完全市场中，企业的空间选择必须在收入最大化和成本最小化之间进行平衡。这些认识都局限在艾萨德的区域层面，通过一般均衡分析来解释专业化与均质性、分层结构以及自组织能力问题，其研究的视角一直没有离开流动要素的空间属性问题，并非空

① 转引自［美］沃尔特·艾萨德《区位与空间经济：关于产业区位、市场区、土地利用、贸易和城市结构的一般理论编辑锁定》，杨开忠等译，北京大学出版社 2011 年版。

② ［瑞典］伯特尔·俄林：《区际贸易与国际贸易》，逯宇铎等译，华夏出版社 2008 年版。［英］大卫·李嘉图：《政治经济学及其赋税原理》，周洁译，华夏出版社 2005 年版。

间本身之属性。对空间本质的理解，笔者认为需要借鉴演化经济学家和生物学家的一些视角重新刻画，破除机械论思维的藩篱，才能从更深层次回答"艾萨德疑问"。正如意大利学者罗伯塔·卡佩罗所说，空间不再仅被视为一个简单的地理载体，而应界定为一种经济资源、一种独立的生产要素。空间是企业静态优势和动态优势的来源，也是地方生产系统竞争力的一种关键因素。当空间被认为是企业发展的有利条件和内生因素的时候，城市发展中的空间作用需要重点关注。城市与城市空间是集聚经济——地方化经济和城市化经济产生的地方，因此，任何区域的经济发展植根、建立于城市空间之上。

（二）范式

长期以来，主流经济学一直坚持机械论思维传统。机械论范式的第一公理认为现实是由物质—能量组成的"硬"存在，不会运用特性来区分不同的研究对象，其行为是由不变规律决定的。第二公理认为，现实存在是相互独立的，个体之间的行为不会产生交互影响，也不会因此改变自己的行为模式，各自使用其不变的信息，不会输出信息。第三公理认为，在系统中，只有连续运动（动态）或者静止（静态），系统内部才不会发生突变。达尔文的立场撼动了古典教条的本体论逻辑，后来的熊彼特、纳尔逊、梅特卡夫、多普弗在他们的研究中构建了经济发展的演化分析路径。后来演化人类学、生物学和经济学都对是什么造就了理性人提出了各种猜想和假设。演化生物学和演化心理学都告诉我们，人脑是生物演化的产物，而正是这一点，使得文化与制度的演进和遗传具备了可能性和可行性；并且认为，经济过程从人的活动开始，人的行为的目标差异致使经济社会沿着各种反应向前发展，最后达到某种亚稳定状态。这个一般性的轨迹由规则的创造、采用和保留来完成。循着演化范式的发展进程，未来经济理论研究的重点将会从以资本为中心转为以人为中心的方法，主要研究人的认知、行为及全面发展问题。空间价值链重组正是在演化理论的基础上来探讨空间发展问题。

二　空间属性的新发现

（一）异质性

从经济学角度来看，空间是相对独立的区域单元，从现实经济世界出发，任何空间都应包含核心区域（城市）或体系。不同的空间在自然环境、人文地理、文化制度、分工与专业化以及自组织能力方面具有明显的差异，这也是空间演化的基础和前提。从某种意义上说，空间也具有企业特征，不同规模的城市也类似于"城市公司"。空间不仅在规模、内部组织形式、产业专业化和多样化程度上不同，在投入产出及福利水平方面表现的绩效水平也存在明显差异。可见，城市空间价值链重组是指区域核心城市为了追求城市价值提升、实现可持续发展，利用其自身优势在空间尺度上重构城市等级体系、重新布局城市功能的过程，在这一过程中，整个区域的价值布局都将会出现新一轮调整，各类城市内部和城市之间的价值连接关系都会发生变化，经济的可持续发展和增长也正孕育在这些变化之中。

（二）动态性

人类社会的发展处于动态变化之中，空间中心及其腹地同样也是一个动态的有机体。空间是一个多尺度的研究范畴，空间组织一直处于整合与重组的动态演化之中。一般来说，集聚中心最初呈小而密集的块状，在收益递增的向心力驱动下不断增厚，集聚空间不断拓展，规模也越来越大，但是也越来越松散，有时甚至是向四处蔓延，看起来杂乱无章而缺乏内聚力。伴随着空间的扩张，土地利用强度不断增加导致了收益递减，人口倍增又导致了不经济和拥挤，离心力效应愈发明显。例如，在冯·杜能圈层的每一种作物种植带的边缘，上述过程使得土地利用从一种类型转变为另一种类型。而这种转变显然不是骤然无序地发生，相反，空间文化、制度、规则等制约着转变的方向，促成每一块土地利用方式的更替，并有序地使这种转变平稳过渡。由于区域的空间结构始终处于向心力和离心力两种力量的相互作用下，就不能使用单稳态的一般均衡模型来分析，而需要借助韦伯等人开创的演化方法来深入探析空间经济的复杂动态关系。

（三）价值重组与可替代性

所有的经济活动都是在特定的空间中进行的，不同经济活动的特定空间构成了不同功能、不同价值的"经济空间"，这些经济空间如同宇宙中的行星一样遵循着某种规律而不是无序地散布在区域中。探寻经济空间的运行规律，需要从经济空间的属性入手，结合空间主体的行为来深入分析。如果把空间看作一种稀缺资源，城市就是拥有这种稀缺资源的企业，空间中的中心城市等同于价值链上的核心企业，各次级区域及城市体系可以被认为是该价值链上的特定环节（成员），其共同构成了空间城市圈层结构并在环境变化中不断演化。在这个过程中，空间中的组织是关键的（但不是唯一的）知识库，这些知识大多包含在组织运作惯例之中，而组织"更高层面"上的行为准则及战略（如它们在创新性搜寻、多元化等方面的"元规则"）则随时间的推移不断地对这些知识进行修正和重组。空间中的一切规范、惯例和文化也能够被不断复制，也具有互补性与可替代性。用数学语言表达，互补性以要素的边际替代率为基础，刻画的是一个变量的边际收益是另一个变量的增函数，空间价值具有互补性，且具有显著的可替代性。

三　空间价值与产业价值链

空间具有价值属性，价值本身属于经济范畴，因此，要具体刻画空间价值就必须与空间经济主体的行为联系起来。商品的价格告诉我们，当商品的供给量小幅增加（或减少）时，社会福利增进（或损失），这在经济学中就代表着"价值"。价值的经济学意义是指一种商品的市场价格，或者是从市场价格中衍生出来的价值。空间经济主体从经济组织角度来讲，主要有企业、产业等经济组织，从经济组织角度来研究空间经济问题也是目前的传统思路。区位级差地租是空间价值的基本形式，因此，城市空间演化只有结合城市产业变迁才会有意义，城市空间价值是产业价值链在特定空间上的映射，其对应关系如图4-4所示。空间再利用、再生产的过程就是空间价值形成的过程。

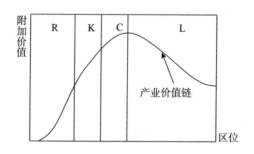

图4-4　城市中的区位在某一产业价值环节上的对应关系

（1）R区域的特点。这些地区总体比较落后，产业单一，产业发展以农业为主，城市化水平较低，自我循环、相互封闭，市场发育迟缓，生态环境欠佳，没有现代意义上的地域分工，是一种低水平的均衡结构。区域发展一方面要培育自身潜力，另一方面要以生产要素为导向，承接劳动密集型生产制造职能。通过采用新的生产方式，新的技术工具充分利用后发优势释放增长潜能。

（2）K区域的特点。这类地区较前一类地区而言，已经发生了质的变化，以制造业为主导的第二产业占国民经济的份额日益增加。专业化和集聚水平显著提高，产业由以农业为主转向以工业为主，已经形成了一批现代化的中小城市，这类地区一般采取投资导向，承担技术密集型生产制造职能，接受成熟地区的产业转移，也可以有重点地导入某些高技术层次的产业。这类区域一般出现在城市外围地区或发育较早的城市群区域。

（3）C区域的特点。在这类地区，工业已占主导地位，城市体系比较发达，有现代化的基础结构，交通方便，农业生产比较集约，产业结构比较复杂，高附加值产业、服务业占较大比重，人口的文化素质较高，技术水平、吸引和消化新技术能力较强，区域各项功能比较健全，投资效果明显大于其他地区，吸引外部投资的能力也较大，直接表现为工业点、工业枢纽、工业地域综合体、工业经济圈和工业带的形成。这类地区一般是采取创新导向，以信息和知识为特征的新兴产业孵化地，承担较多的区域服务职能，服务业占主导地位。这类区域一般出现在城市内部或次中心城市地带。

（4）L区域的特点。这类地区节点、域面、网络相互交织，跨空间交易频繁，区域一体化加深，能量、物质和信息的空间交换更加频繁，多极化、分散化、网络化是其基本特点。该区域收益递增主要表现为特定行业的地方化，是区域空间结构的高级形式，是国家、地区经济成熟的主要标志。因曾经代表发达地区参与产业国际分工，经济增长面临新的门槛效应，需要靠技术进步、创新生产方式等进行产业升级。一方面，可通过产业空间重组等形式整合外围要素来提升自身在区域价值链中的地位；另一方面，通过建立城市价值链战略联盟来巩固核心影响力，实现可持续发展，避免陷入"富裕陷阱"[①]。这类区域因经历了工业化的高级阶段，发展中积累的矛盾较多，通常所说的"大城市病""路径锁定"或"依赖"都是这类区域的突出问题，如果不能实现价值链的升级，则面临衰退风险。

四　空间价值的形成

空间价值是空间演化的基础。空间价值的形成是各种因素交互影响的结果。影响空间价值的因素基本可以分为以下四类：一是要素禀赋因素，包括资本、劳动力、原材料；二是市场因素，即供给与需求状况；三是运输费用；四是外部经济、公共政策等。根据史密斯区位理论[②]，空间价值由具体企业的收益与获利情况来决定，因此，空间价值等于空间收入减去空间成本。总收入超过总成本最大点是价值最大空间。空间差异对于生产者来说十分重要。图 4 - 5（a）表示，需求量一定，价格（p）不变时空间价值的产生。AC 和 TC 分别表示平均成本和总成本，P 和 TR 表示价格和总收入。O 点是单位成本极小点，M_a 和 M_b 表示平均成本等于价格时的生产空间，在 M_a 和 M_b 之间空间收入大于空间成本，阴影部分表示空间价值。图 4 - 5（b）与图 4 - 5（a）相反，表示在成本一定的情况下，空间价值的产生。O 点同样是价值最大空间。M_a 和 M_b 是空间价值盈亏分界点，表示空间价值的可能性边界。图 4 - 5（c）表示成本和需求同时变化时对空间价值的影响，从图中可以看出，A 点的空间成本最低，B 点的空间收入最大，M_a 和 M_b 是企业空间价值可获得区域。由图 4 - 5（c）可以看出（$A''-A'$）大于（$B''-B'$），也就是说 A 点的空间价值大于 B 点的空间价值。从以上分析可以看出，空间价值是由空间效用和稀缺性共同决定的，另外，空间价值与空间可达性呈显著正相关，凡是可达性较高的区位，其空间价值必然提高。

---

① 长期依赖进口，因创新不足而陷入经济衰退的情况。

② Smith，D. M.，*Industrial Location：An Economic Geographical Analysis*，Wiley New York，1981.

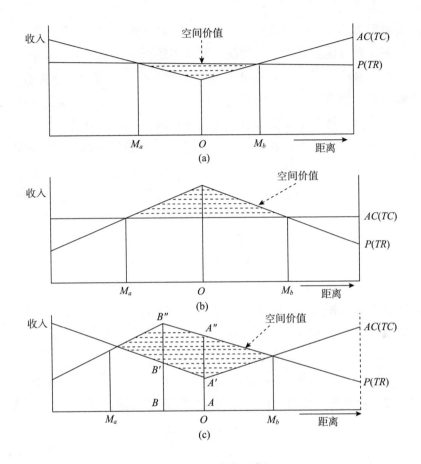

图 4-5 空间价值形成机理

第四节 已有演化理论评述

演化经济学认为，基因是有机体持久不变的惯例，虽然实际的行为受到来自环境的影响，但惯例却决定着有机体可能的行为。从属性上说，惯例具有继承性，今天的有机体生产出来的明天的有机体（创造一座新城区或成立一个分公司）具有许多相同的特点；惯例也具有选择性，因为具有某些惯例的有机体可能比其他有机体做得更好。正是由于惯例的遗传和选择特性使得有机体在群体中的相对重要性就会随着时间推移而增强，这也符合优胜劣汰的自然法则。

一 对传统空间论中"空间不可组织性"的批判

新古典的空间或者说是区位理论是建立在完全竞争、收益递减、空间均质、完全理性和效用或利润最大化的理想状态中，虽然后期的行为经济学、结构主义揭示出了区域市场的复杂性和市场性，但并没有深入论述空间要素的竞争性本质。当然，从新古典经济学空间理论中我们可以得到的可能推论是，城市或区域的演化过程是空间要素参与经济组织的过程，空间要素在参与经济发展中逐渐上升为具有价值特征的经济要素。如果忽略空间的价值特征，就很难揭示出空间的可组织性，此时的商品与要素就不具有空间弹性。直到 Krugman（1991）新经济地理学的出现，才为认识空间提供了新的思路。在全球经济一体化和区域竞争日益激烈的背景下，应该更多地关注空间价值的形成机理和如何实现空间价值增值，需要对城市空间演化问题进行更深入的研究和解释。

二 空间要素的价值发现

所有经济活动都是在特定的空间进行的，不同的空间具有不同的生产要素以及各类资源，因此，研究空间经济问题，就必须认识空间的独特价值。空间价值的发现使得空间摆脱了被动选择的处境，空间价值的大小成为组织生产活动的主要依据，并为空间演化创造了条件。空间要素的价值与一般要素的价值不同，具有不同的层次和表现形式，而且是一个不断实现价值增值的动态主体。[①] 经济主体在空间生产活动中也在"生产空间"，因为，不同的生产活动所创造的价值是不同的，这些生产活动所映射的生产空间也就有了不同的空间价值。经济主体对空间价值的争夺反映在企业与产业的变迁、人口流动、就业结构调整等过程中。

经济活动在特定的空间中产生、成长和发展。现实地理空间被划分为不同尺度的"区域"，区域被认为是类似于国际贸易中的"小国"，而非国家概念。"小国"在开放经济条件下，其特点是生产要

---

① 胡彬：《长三角城市集群：网络化组织的多重动因与治理模式》，上海财经大学出版社 2011 年版。

素的流动性是外部开放的。不同层次的"小国"之间通过大规模的协同效应与累积反馈作用在区域层面上交互运行，空间竞争优势得以产生。空间因素在资源配置中的作用往往被忽视。应该构建包含"空间"维度的逻辑体系、法则和模型。将空间作为一种经济资源并且作为一项独立的生产要素纳入地区增长模型。

三　企业基因重组

企业基因重组理论是演化经济学的微观基础。在纳尔逊和温特的演化理论里，一切规则和可以预测的企业行为方式都被冠以"惯例"。[①] 惯例承担着基因在生物进化理论中所起的作用，通过模仿、习得、遗传等形式，保证了其内在的一致性和传承性。企业的惯例可以看成企业竞争力的载体，包括决策规则、技术、技巧、标准操作程序、管理实践、政策、战略、信息系统、信息结构、程序、规则和组织形式等。企业基因重组的模式有两种：一种模式是企业在分工与专业化的驱使下专注于单个能力要素，在现有资源基础上最大限度地挖掘这类能力要素的价值潜力，这也是企业核心竞争力的来源；另一种模式是基于价值链的能力要素战略，为了避免能力要素单一化造成的风险和把握更多机遇，创建最具竞争力的能力要素组合，以创造最优质的产品和服务，这也适应了模块化与一体化制造的新要求。这两种模式并不相互排斥，甚至可以存在于同一次重组活动中。[②] 在目前的企业研究重点方面，更多关注的是企业作为个体如何积极地影响企业所在地的环境，特别地，企业也能够选择环境，而不仅仅被选择，被动地适应环境。[③] 从经济决策者来说，可以通过改进空间福利来引起组织间空间偏好的重组。

四　产业链基因重组

产业链本质上是一条价值链，各价值环节的竞争力也是企业能力

---

① ［美］理查德·R. 纳尔逊、悉尼·G. 温特：《经济变迁的演化理论》，胡世凯译，商务印书馆1997年版。

② ［荷］约翰·C. 奥瑞克等：《企业基因重组：释放公司的价值潜力》，高远洋等译，电子工业出版社2003年版。

③ ［美］阿尔弗雷德·D. 钱德勒：《透视动态企业：技术、战略、组织和区域的作用》，机械工业出版社2005年版。

水平的体现。为了构造一个合适的类比，可以把构成产业的一群企业看作具有种群性质的有机生物群体，构成行业的企业群体当中的组织惯例库跟物种的基因库一样，尽管两种情形下实际的复制机会是不同的。基于对企业基因的认识，产业链基因利用产业内多个企业之间为取得最大的竞争优势、适应激烈的竞争环境的状况，运用信息技术、价值关联，将各企业的核心能力和优质资源集成在一起，形成一个有机的能力要素网。具有演化特征的产业链是一个敏捷的动态组织，也是价值链竞争的必然要求。[①] 其本质是，为了提高整体产业链的竞争力，核心企业利用自己的能力优势整合和优化链上各企业的基因（能力要素），以最大限度增强产业链素质的一系列活动的过程。产业链基因重组显然是多条产业链在竞争中的博弈，是实现产业网络集成发展的表现。

五　城市与城市群基因

城市是各类经济要素集聚的场所。城市的发展也是经济、政治和文化等各类关系共同作用的结果。从空间价值角度来看，城市也具有如同企业的一系列属性，城市群具有产业的一系列属性。在经济运行系统中，城市与城市群也表现出一些类似于生物成长的属性。在现实的例子中，我们可以发现在同一个发展环境中，城市发展是各不相同的，城市的特色也努力寻求差异化路径，城市文化、城市品牌、城市形象都是各城市价值的具体体现。从各个城市内部发展过程来看，其路径具有历史依赖性和基因传承性。城市发展路径基本遵循着生物进化的一般规律。基于此，对城市空间演化问题需要借助于演化经济学的观点，对更深层次影响城市发展的因素进行剖析，如文化、制度、精神等方面进行考量。显然，城市发展也是有基因遗传性的，这些因素在城市发展过程中更多地表现出稳定性。根据基因重组理论，城市基因是影响城市空间演化能力的内在因素，决定单个城市的发展方向；城市群基因是更高空间尺度上的基因描述，决定城市群的发展方向。城市内部价值链重组是城市自身基因重组的体现，城市间价值链重组是城市群基因重组的体现。

---

① 周韬：《基于企业基因重组理论的供应链模型构建》，《开发研究》2009 年第 4 期。

第五节　空间演化分析框架

空间演化是空间发展的结果，这里的空间发展就是熊彼特所定义的执行新的组合。新组合的实施是对经济系统中现存的生产资料的供给进行不同的利用。本书在基础理论研究的前提下，以价值链为切入点，通过产业时空变迁来分析城市空间演化问题，试图构建一个基于演化视角的城市空间分析框架。一个完整的理论框架应该包括定义、坐标系、核心概念、构成要素和生成条件。

一　定义

本书所探讨的空间是与人的需求相联系的经济组织，空间的发展是短期的获利与长期的价值增值的统一。首先，空间价值是一个复合函数，价值链的重组与整合涉及空间发展的所有方面，当然，这里面的核心是区域福利的最大化，人本主义是空间价值存在的基础。空间价值的积累、复制、选择和遗传机制决定了空间发展能力的大小。如果将空间看作一个生物有机体，空间价值则等同于"果实"，从基因与成长性的角度看，空间价值更深层地指向包含了"种子""土壤""地理""环境"等要素。考察空间的价值属性，就需要对空间产品重新认识。传统的产品观点认为产品分为有形产品和无形产品，但在现实的经济环境中，产品和形态兼具有形与无形的双重属性，城市空间便是这样一种产品，这种产品也被称为观念产品，例如，房地产开发、城市综合体建设等都体现了城市空间的观念产品特征。

二　坐标系

要得出真实的命题，建立一个合理的问题分析框架，需要把问题的思考放在一个理想的坐标系中。对于空间价值问题的思考，需要将人的自身价值和福利结合起来。在一个空间价值重组的完成式中空间价值和福利能力的完善与人的全面发展是等价的①，因此，对空间价

---

① 姜安印：《区域发展能力理论——一个初步分析框架》，《兰州大学学报》（社会科学版）2012 年第 6 期。

值的研究，需将空间发展与人的全面发展统一在价值与福利导向的二维坐标系中。

三　核心概念

（一）空间

对空间的探讨可见于所有学科领域，因空间问题的复杂性，不同的分析角度对空间有不同的理解和定义。城市空间主要是一个由各种要素混合而成的建成环境，既包括工厂、路桥等生产性建成环境，也包括住房、超市等消费性建成环境。本书将价值链引入空间发展问题，首先，假定空间是一种生产要素，与劳动力、资本等要素的不同之处在于空间内集成了几乎所有的生产要素，这也是其复杂性的原因。其次，只有处于价值链上的空间才是有价值的，因为本书将空间认为是价值链中的一个部分（环节），不在价值链中的空间不是本书探讨的对象。空间发展也具有特定目的，并在此指导下处于不断重组与整合之中。

（二）空间演化

对空间问题的研究，需要演化视角，随着生产力的发展，空间既处于物理运动之中，也处于复杂的社会关系的变迁中。在空间演化理论里，空间将被看作由经济发展和人的全面发展共同推动的，并寻求途径去增进其福利。空间演化实质上就是空间内组织的变迁导致的空间形态（功能）的演进，具体表现为"生产的空间区位"的演变。区际贸易和生产相互关联替代在特定区域进行的劳动分工，尤其是外国直接投资在一些国家增值活动的集聚，直接导致了不同国家的这些活动特别是创新活动的空间集中，被一些学者认为是马歇尔集群经济学的复兴。为了将演化动力学的新发现整合起来，笔者坚持这样一条广义斯密定理：分工受市场容量、资源多样性和环境波动的影响。

（三）空间基因

虽然我们已经了解并接受了关于有机体的基因概念，但给出空间基因的完整定义仍然是件很困难的事情，我们不妨从最基本的问题开始透视空间基因：现实的空间是怎样被选择的，又是怎样演化的？我们需要撇清空间中的要素与空间本身的关系，否则，我们又会回到起点。空间基因显然是与空间的先天条件、空间价值和发展潜力等密切相关。既然空间也是和企业、产业等相似的经济组织，我们不妨将空间基因定义为：一切规则的和可以预测的空间演化方式和惯例。从这个意义上说，城市功能的重新定位、城市等级的重新排序和区域的空间形态变迁等同于经济的空间基因重组。同时，我们所研究的空间基因，一定离不开"空间价值"和"空间所擅长的方面"，空间基因差异及未来变革的有关方面，倾向于空间内部全部行为规范或惯例。空间利用中的主体功能区划分的实践便是该理论的体现。空间基因使"空间"要素真正引入经济学研究之中，突破了传统观点认为的空间仅是以"空间上"要素的流动、集聚来显示"空间"的存在，空间发展能力是导致区域差异的决定因素，可见，空间发展理论需要建立在空间基因的差异性基础上，城市基因与城市群基因都是空间基因的具体体现。

（四）空间价值

若空间的资源观关注企业拥有什么，那么空间价值观则关注空间在做什么。在此观点中，空间可以像其他的组织一样由一组活动的集合以及施行活动的方式来确定。资本逐渐从空间中事物的生产转向空间本身的生产，与一般商品一样，空间也可以用来交易，从而具有价值，"不动产业"的"动产化"是"空间生产"的直接体现。空间中的城市、企业也可认为是空间价值的"价值组合"。依附在空间的各类要素资源中，更多的时候不是被定义，而是被发现。空间价值观与资源观是互补的，就资源本身来讲是没有价值的，只有当其被空间运用于具体活动时，才具有价值。空间最重要的活动就是识别、获得、发展和配置资源。不同的价值环节对要素和空间有不同的要求和偏好，如表4-2所示，这种偏好因空间价值所处的具体位置而不同。

表4-2　　　　　　　　不同价值环节对要素和空间的偏好

增值环节	要素偏好	城市及空间偏好
研发环节	科学、技术、人才、知识、金融等高级生产要素	城市群的核心城市，核心城市的核心地区
制造环节	廉价劳动力、便宜的土地、低成本的原材料和零部件、便捷的交通运输条件	大型、中等城市
销售及售后服务环节	市场、信息、通达性	城市的核心地区

　　人类的经济与社会活动存在于空间中，并按照"趋利"的本质特性在空间中演进，形成一系列空间景观形态和价值关系表征的空间关联模式，不同的空间具有不同的空间价值（见图4-6）。这种空间价值在整个经济系统的演进中始终处于动态调整之中，一般来讲，高价值空间在空间价值整合中会不断增值，低价值空间也会在经济整合中演化为高价值空间。当然，因空间价值的竞争性，高价值空间如果不能发挥应有的作用或失去适应性也会退化为低价值空间。

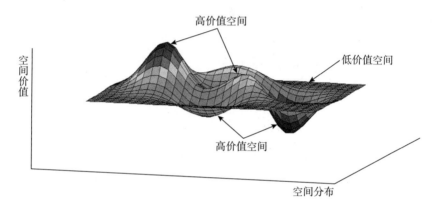

图4-6　空间价值示意

（五）空间发展能力

　　空间竞争力是由其经济系统配置资源，进而使其比较优势最大化的能力来决定的。空间发展能力主要是空间再开发能力，其识别包括两个维度：（1）资源保障能力，即现有资源禀赋，影响福利绩效水平，包括资源的投入数量与配置效率；（2）创新发展潜力，即快速提高质量和福利水平等绩效的能力，包括技术可获得性、价值创造与增值潜力。可以借助波士顿矩阵分析法确定不同空间的优先级，并制定与特定空间相适应的空间发展策略（见图4-7）。

　　图4-7说明了基于资源保障能力和创新发展能力刻画的四类空间类型。Ⅰ类空间发展能力最弱，属于待开发空间；Ⅱ类空间的资源保障能力较弱，但创新发展能力较强，属于选择性投入空间；Ⅲ类空间的资源保障能力较强，且创新发展能力较强，属于重点开发空间；Ⅳ类空间的资源保障能力较强，但创新发展能力较低，属于适度投入的

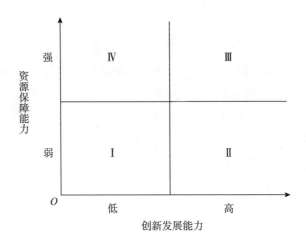

图 4 – 7　空间发展能力的波士顿矩阵

空间。空间的轨迹和多维的位置优势能影响其能力表现。空间能力是空间组织中惯例的集体属性，这些能力可能"锁定"进而导致空间的永久差异，也有可能在复杂的环境变化中出现基因突变。因此，空间能力很大程度上是本地的，具有路径依赖性、累积性和缄默性，在特定环境中可能具有突变性。

四　构成要素和生成条件

（一）构成要素

资源配置模式同空间发展能力的关系一般通过资源禀赋与发展能力的关系属性来刻画，资源禀赋优越的区域通常具有较大的空间价值，也具有较大的空间发展能力。但空间发展的实践证明，空间发展中还存在着大量荷兰病问题和资源诅咒现象，说明在某些条件下高资源丰裕度与空间发展能力呈负相关，因此，二者的关系较为复杂。从人文关怀的空间属性角度，可以把空间价值重组能力看成是资源、资本、文化和制度四个变量的函数。基于空间基因的空间价值和空间发展能力取决于空间要素的禀赋结构、空间资源开发强度、利用效率；资本包括物质资本与人力资本；文化与制度一般包含感知和认知、价值判断、技能与经验、规则等内容。可以通过空间人力资本、产业结构、技术水平等与空间价值的增值关系建立分析路径。

（二）生成条件

如果空间价值是"果实"，各类资源要素条件是空间价值的"种子"，那么，空间价值产生的"土壤""地理"和"环境"则是空间价值的生成条件。空间价值从成长视角看，其生成条件包括特定区域内自然资源、人力资本、物质资本、产业状况和技术环境。对于空间价值与福利增长而言，如果没有全新多样性的持续创造，选择就失去了作用的基础，价值重组与整合也会失去意义。

五　基本原理

根据达尔文主义命题，空间价值重组与整合的基本原理可以总结如下：

（1）空间多样性：内生力量模糊性规律；

（2）空间变化：非连续规律；

（3）空间适应：关联性规律；

（4）空间选择：导向性规律；

（5）空间保留：亚稳定规律。

空间价值重组与整合可以被看作一个从前述达尔文命题（1）到（5）的完整序列。一旦出现了从一个空间演化体到另外一个空间演化体的一种或多种转型，空间价值重组与整合就发生了。重组的分析单位是一次价值的转型，价值的转型可以被定义为从（5）发展到（2）的过程。不变性或亚稳定性是指（5）和（1）之间的联系是既定的。重组与整合的开始是亚稳定状态中的多样性（1），从初始状态经过（2）转化为一种新的多样性模式，这个过程就是重组与整合。重组与整合遵循演化体价值能力（基因）的各个阶段顺序进行，最终在阶段（5）形成一种新的多样化体系。

六　需要重点关注的几个问题

由上述分析可以得出，空间经济发展处于动态演化之中，是一个包括自然选择、社会选择和个人选择的多重选择过程的统一，追逐空间价值增值是资本进行空间选择的根源。但在不同尺度的空间环境中，空间演化的内容和方式也不相同，空间价值重组与整合是在价值链视角下分析空间演化问题，尤其在工业化、城镇化、城乡一体化的各类空间利益博弈的发展环境下，重新认识空间发展、创新空间发展思路、推动各类区域协调发展将显得十分必要。在价值链的空间分析框架下，需要重点认识以下几个问题。

（一）空间竞争力

虽然经济科学正面临着从均衡思维到演化范式的大转折，但从本质上看，两种思维是互补的，机械论方法可以被看作更广义的生物学方法框架的一个特例。这种稳定性和复杂性的关系需要新的解释，反映在空间价值重组与整合理论中，可以认为是空间竞争力问题。空间竞争力作为一个影响区域和国家竞争力的变量，首先是基于政府的宏观经济和组织政策；其次是空间内各类主体的创新和市场战略；再次是获得人的全面发展的意愿和能力；最后是互补性资产的可获得性和质量。这种能力将成为联盟经济时代最重要的区域和国家特征，将决定特定空间的竞争优势。空间竞争力也直接影响空间福利增长和经济绩效。

（二）政府在空间价值重组与整合中的作用

在帕累托最优的世界里，市场不会失灵，只有在结构扭曲时政府干预才是必要的。政府的宏观组织行为在减少市场失灵方面也是最有效率的，这一点已经被认可。显然，最有可能受到政府宏观调控影响的是一些创新行为、高风险投资行为和那些长期依赖互补资源的组织。从功能和战略上看，政府的行为可能影响空间特征、资源配置、结构和性质，尤其在城市空间发展过程中基本都带有政府主导的深刻烙印。

（三）空间集群

空间或者区域集群在大多数国家和地区经济中扮演着重要的角色，"硅谷""中关村""第三意大利""底特律"等可以使人马上联想到这些地区的特定产业。对空间集群的解释得到确认的包括独特自然资源的存在、生产与购买中的规模经济、劳动力池、当地产业链的发展、共享的基础设施以及其他地方化的外部性。虽然文献提供给我们大量关于空间集群发展的解释，但是并没有告诉我们为什么特定的集群产生于特定的空间。事实将不断证明，基于价值链的空间演化策略是解决城市问题、人居环境问题、区域发展问题的科学方法和有效路径。

（四）城市化

城市化是城乡空间在城市价值链推动下不断整合与重组的过程。其既表现为城市内部空间功能的变迁、规模的扩大，又表现为城市之间分工的深化和城市数量的增加，同时还表现为作为城市腹地的农村参与城市价值链，进而将农村空间纳入城市价值链形成城乡价值网络体系的过程。所谓"郊区化""非都市化""逆城市化"实质上是城市内部价值链整合与重组的结果，不是城市中心的衰退，而是资源要素和社会经济活动向以城市中心为核心的更为广阔的空间集中。郊区化具体表现为低附加值的资源要素向城市外围腹地迁移的过程；大都市区化则是高附加值的资源要素向城市中心集聚的过程，二者都是城市化的表现形式。基于价值链的城市空间演化理论主张构建高密度综合性卫星城的城市化发展模式，以此来破解"大城市病"，实现城乡统筹发展和区域可持续发展。

（五）生产要素

古典经济学家从物质方面来定义生产要素，生产所需要的投入一直被认为是物质资源。然而从一个制度主义者的观点来看，资源非天然，乃使然。资源并不是物品、材料或者原料，它们是一组能力，人类最无与伦比的资源是知识，因为它是其他资源之母。处于空间中的人类是积极的行动者，有知识、有思想，他们用这些知识和思想来改变空间能力，使其为人类服务，可见，空间资源跟其他资源一样是人类能力发展的结果。

七　城市经济新视角

城市究竟是如何出现的？为什么在人口和企业不断流动的情况下，城市仍然持久不衰？为什么城市会形成不同层级？经济究竟是如何从单一中心地理向多城市地理发展的？形成城市层级体系的组织结构是如何演化的？一个优化的经济体中城市规模应有多大又该如何分布？这都是空间经济学中城市模式所探讨的问题。40 多年前，W. 艾萨德（W. Isard）就抨击经济学分析是"在一个没有空间维度的空中楼阁中"进行的。1969 年，Jacbos 出版了 *The Economy of Cities* 一书，新城市经济学在 20 世纪 60 年代末 70 年代初风靡一时。它的研究对象是城市系统、城市的内部空间结构。但是，对城市是如何形成的这一问题并没有进行很好的解释。这样的文献有着和冯·屠能的经典模型同样的基本缺点，那就是假设存在一个中心，但没有解释为什么存在一个中心商业区，在它的周围形成了城市，尽管也可以用集聚经济来做些说明，但总不是那么令人满意。要解决这些问题，就需要将空间经济学与演化经济学的观点统一在一个框架中。

空间经济学是在区位论的基础上发展起来的多门学科的总称。它研究的是空间的经济现象和规律，研究生产要素的空间布局和经济活动的空间区位。空间经济学是一门区域科学、城市经济学、国际贸易学、经济地理学、经济史学等众多学科融合和交叉的学科。日本京都大学的藤田昌久、美国普林斯顿大学的保罗·克鲁格曼和英国伦敦政治经济学院的安东尼·J. 维纳布尔斯于1999年出版的《空间经济学：城市、区域与国际贸易》一书在空间经济学发展史上具有里程碑意义，该书在前文的文献梳理中已谈到，这里不再赘述。

演化经济学是研究经济演化发展过程的经济学，研究动态开放系统，关注变革、学习、创造。早在1898年，凡伯伦就向经济学家们提出"经济学为什么不是一门进化的科学"的问题，马歇尔也宣称，"经济学家的麦加应当在于经济生物学，而非经济力学"。演化经济学用动态的、演化的方法看待经济发展过程，看待经济变迁和技术变迁；强调惯例、新奇创新和对创新的模仿在经济演化中的作用，其中，创新是核心；以达尔文主义为理论基础，以达尔文进化论的三种机制（遗传、变异和选择）为演化经济学的基本分析框架；强调时间、历史等在经济演化中的地位，认为经济演化是一个不可逆转的过程；强调经济变迁的路径依赖，制度的演化遵循路径依赖的规律，今天的制度是昨天的制度甚至一个世纪前的制度的沿革；强调经济变迁过程中偶然性和不确定性因素的影响。

新城市经济学就是充分汲取空间经济学和演化经济学的合理部分，将空间问题与产业变迁统一在对城市认识的分析框架中，解释和应对城市发展中的问题。新城市经济学研究经济活动的空间差异，揭示城市空间的性质和演化的机理，从微观层次探讨了影响城市空间演化的因素，在宏观层次上探索现实中存在的城市群、都市圈和城市经济区等"空间—产业"互动发展现象与规律。

用新城市经济学的思维方式，研究世界发达国家和地区的城市（群）发展历程，深度思考：在中国为什么是在这个地方而不是在那个地方形成了诸如广州或上海或北京的经济体？为什么上海周边还会有诸如杭州、南京之类的次级城市？在中国应有多少个类似于珠三角或长三角之类的城市层级体系？随着人口增长和变迁，经济如何从单中心地理演化成多中心地理？中国目前的各大城市及城市群形成的特点是什么？

中国如今的城市空间结构与改革开放前相比，与新中国成立前相比，是如何演变的？与分工和工业化的关系是什么？未来趋势可否预测？新城市经济学通过引入空间与演化两大思维工具后，将会大大拓展空间经济学与演化经济学的研究领域、研究思路和研究方法。新城市经济学的核心主线是"空间—产业"互动，为什么一个特定的行业集聚在一个特定的地方？是分工与工业化的影响、循环累积的自我实现机制和预期的作用。分工与工业化是产业区位的决定力量，而循环累积过程犹如滚雪球般的效果导致产业长时期锁定在某个地方。城市的起源和成长也同理。现代城市是各种优质生产要素在空间上的集聚地，是分工与工业化的必然结果。

第五章　城市空间演化机理

在生产全球化、网络化和专业化发展的背景下，城市的成长被赋予了新的内涵，城市空间演化主要来源于城市角色的变迁及价值链的增值倾向。人口集聚和产业集聚是城市的突出特征。城市是社会生产力发展到一定阶段的产物，是人口和非农产业高度集聚的区域。城市区域以及大都市区都是产业价值链布局在空间上的整合与重组的表现形式，是产业分工的一种模式。国际分工及全球化充分发展、生产技术和组织革命性变革、交通运输和信息技术迅速发展、国内市场容量与自主创新水平不断提高的经济环境，促使了城市空间价值链的形成与发展。本章所研究的区域是一个由城市及其外围组成的空间体系。这里的城市包括单个城镇、城市群体和城市经济区。在生产体系网络化发展过程中，城市既是资源要素的集聚地，又以输出的方式创造新的城市空间，城市空间演化实质上是城市在城市价值链中角色的变化，具体表现为城市空间价值的时空变迁。

第一节　城市空间价值

城市问题本质是空间问题，城市空间是由一系列块状功能区组成的，如商业区、商务区、工业区等。从经济学的角度来审视城市空间，其具有稀缺性、价值性等一系列经济要素所具备的特点。因此，城市空间可认为是城市所具备的经济功能在特定空间尺度上的体现，城市空间价值是城市中的经济活动在城市经济发展中的定位，城市空间价值总是与相关产业价值联系在一起，因此，本书所界定的价值只局限于经济学角度。城市空间的内涵既包括城市内部的空间结构，也包含城市之间由于各种联系形成的空间结构。城市是一个复杂的价值系统，城市内部功能区的规划充分证明了城市空间价值链和产业价值链在空间上是重叠的（见图5－1）。各城市依据产业价值链的分工和协作，依据在城市价值链中的相对重要性而形成一个空间层级组织。从根本上看，城市价值链重组的路径表现为产业价值链空间重组，人口迁移更受制于城市价值链的整合与重组，在此过程中，生产性服务业和跨国公司发挥着极化城市体系的功能，中心城区较大的经济总量和人口规模形成了城市群的辐射力和带动力，各层次产业和特定产业不同环节在中心城区和外围卫星城之间的有机分工决定了城市空间演化的方向、规模和竞争力。城市或城市群依据其在空间价值链分工的不同，嵌入区域城市网络，在空间价值网络上扮演特定角色，从而形成层次错落、分工合作、互补共享、有机关联的城市网络系统。

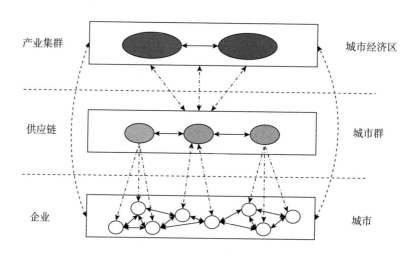

图 5 - 1　产业价值链与城市价值链重叠示意

　　城市空间功能结构表现为城市空间价值，城市空间价值承载着城市功能。因此，改进一个城市的空间功能与效用福利需要从改进城市空间价值做起。城市空间价值既存在于每个城市内部也存在于城市之间，如图 5 - 2（a），如果将所有的城市空间对应于地壳，空间价值的分布就好像是地球内部作用力引起的地壳凸起和凹陷的情形。如果

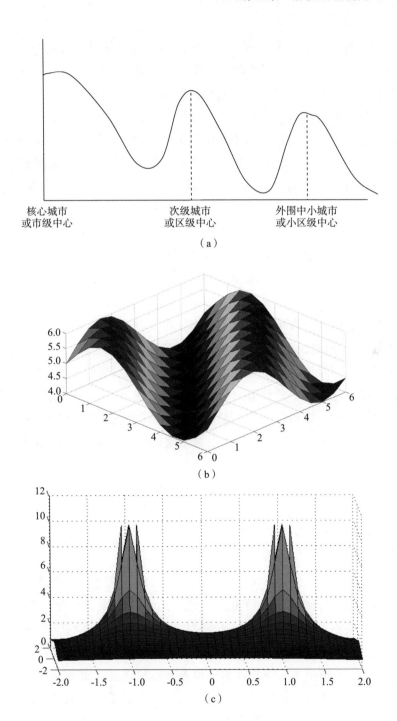

图 5-2　城市（群）空间价值分配示意

将特定土地的空间价值作为 Z 坐标，则形成与土地对应的地理平面坐标 X、Y 共生的三维空间价值立体图，如图 5 - 2（b）所示。在这一个三维图上，每一个高峰点的空间价值均可以模拟为地壳的隆起，每一个低谷点的空间价值均可以模拟为地壳的陷落，中间过渡带均可以模拟为地壳运动应力相互作用平衡所形成的地貌。很显然，这种空间价值分布差异与其所代表的城市空间价值链是相对应的，是城市价值链的空间投影。空间价值的分布根据其依托的城市价值链呈现点状、条状或台状的隆起。例如，一定长度的繁华街道可能构成空间价值的条状隆起；一个中心城市相对于城市群可能形成一个台状隆起。空间价值的这种分布必然对其区域产生作用。一般情况下，在无外界隆起影响的单隆起点（线、面）隆起的外力衰减在各个方向上是等密度的，且隆起应力在隆起中心周围呈漩涡现象，在周边有较大的向心强度，衰减较慢；随着半径的增大而向心强度减弱，衰减加快，达到一定间距后向心程度完全消失，隆起应力的辐射影响逐渐趋向于零。在特殊情况下，特定的城市空间也有可能由于环境变化、空间竞争、城市价值链重组引起空间价值的突变性陷落。在多中心的空间价值隆起中存在与单中心类似的机理，城市群正是空间价值在城市间价值链配置的结果，如图 5 - 2（c）所示。城市空间价值实现与增值是城市经济活动的最终目标。

第二节　城市价值链

纵观国内外研究，对价值链讨论的代表性的观点主要有两派：一派是以马克思为代表的劳动价值学说，另一派是西方各学派的"效用"和"均衡"价值论。西方经济学派的价值观点，本质上是马克思所说的交换价值。本书选用西方学说的效用价值论，这样在具体量化分析时，可以更为客观地找到价值参数。价值链是市场交易中的普遍现象，企业中有价值链，城市中也有价值链，更一般地，价值链存在于所有区域之中，不管区域的规模、范围与层次，除非区域脱离市场交易和远离分工。① 企业价值链与城市价值链既有联系又有区别。价值链的本质是创造价值，实现价值增值而不仅仅是分配价值。对城市价值链中价值的评估是一种价值增值性评估，按照马歇尔的观点，价值即均衡价格，可见，价格评估即是价值评估。由于城市中的中心区域、城市群中的核心城市与非核心区域和外围城市呈现出空间价值的"空间梯度"，城市价值链是"中心—外围"理论的具体反映。

随着城市的崛起和城市群的发展，城市群内部"积极竞争"与"消极合作"行为普遍存在②，城市空间的经济分析需要重新审视。城市的空间是有价值的，空间价值是城市存在的基础。城市价值链是城市内部价值链和城市间价值链的有机统一，在城市的可持续发展和城市竞争力提高方面扮演重要角色。阿尔恩特和凯尔科斯③使用"片断化"（Fragment）来描述生产过程的空间分离现象，认为这种生产过程（环节）在全球范围内的分离和重组是按照波特价值链理论来布局，城市在城市群落地位的高低及更替与城市所占据的价值链环节高低有关，同一价值链条生产过程的各个环节通过城市之间的生产网络被组织了起来，城市所占据价值链环节的转变与城市群体系结构的重构、再造以及城市之间产业转接等空间变化具有一致性。城市价值链依托产业链而存在，产业价值链中企业将内部各个价值环节在不同地理空间进行配置的能力问题与城市功能按照价值链布局有了共同的理论基础。城市群内在价值链上占据高附加值环节的城市即为城市群的中心。这些中心城市具有区域组织能力和资源配置能力，是区域参与全球经济分工与协作的核心，强调资源的整合，而不是单个城市的竞争，表现为一种区域竞争、集体竞争。在这一过程中，要素进行了新的流动和配置，形成了包括产业和空间在内的城市链。城市价值链是

---

①　Mitchell, W. C., *The Processes Involved in Business Cycles*, National Bureau of Economic Research, Inc, 1927.

②　赵曦、司林杰：《城市群内部"积极竞争"与"消极合作"行为分析——基于晋升博弈模型的实证研究》，《经济评论》2013 年第 5 期。

③　Arndt, S. W., Kierzkowski, H., "Fragmentation: New Production Patterns in the World Economy", OUP, 2001.

一个交互依存的活动系统，在特定的区域中，城市价值链深藏在一个更大的"价值系统"中，链条越长，城市群的价值空间就越大。城市价值链表现出明显的等级制特征，一个良好的等级制组织，不仅要内部运行良好，而且要在与其他方面的互动中也能表现良好。① 当城市群内城市体系各城市的职能形成价值链关系的时候，城市之间的网络化关系则更多地表现为战略联盟关系。在城市空间整合与重组过程中，城市内部与城市之间构成"链"状增值流程，这一增值流程即是城市价值链。根据不同的成因机制，城市价值链可分为城市内部价值链和城市间价值链，城市空间价值链体现了城市内部及城市之间的竞合关系，是产业集聚梯度在空间上的投影。

一 城市内部价值链

价值链视角下的城市空间优化、重组的过程就是追求空间价值最大化的过程。土地的价格、产业结构、要素集聚水平、收入和消费水平等都是空间价值的直接体现。在传统的城市空间里，"空间价值"与产业布局密切相关，且直接决定于以制造业、商业为主导的产业空间；现代城市空间价值，体现在空间价值链的功能定位和价值环节上。高新技术产业、服务经济引领了新产业价值链，在城市空间演化过程中，区域经济主体会依据价值规律、要素配置的最优化和空间福利的最大化来选择空间位置。城市内部价值链运行也符合佩第—克拉克、库兹涅茨等人提出的产业升级一般规律。

城市内部价值活动可以分为基本活动（Primary Aotivities）和辅助活动（Surport Activities）两大类。列在图5-3中最下面一行的是基本活动；辅助活动通过提供基础服务、技术、人力资源和各种城市范围的职能来辅助基本活动并支持整个价值链。基本活动是城市内部价值活动中最主要的和最明显的，作为一个城市首先是一个经济组织，其基本经济活动涉及生产、交换、分配、消费和公共服务等。辅助活动也是必不可少的，这是因为每一种基本价值活动都使用资源、人力资本和某种形式的技术来发挥其功能。从城市内部价值链空间布局来

---

① Tullock, G., *Economic Hierarchies, Organization and the Structure of Production*, Springer, 1992.

看，依据城市空间价值的差异，随着城市中心 CBD 的推移，将城市内部价值投影到地理空间上，形成了直观的城市内部价值链空间结构平面图（见图 5-4）。

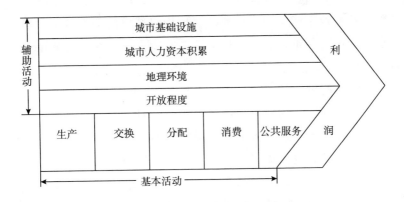

图 5-3　城市内部价值链模型

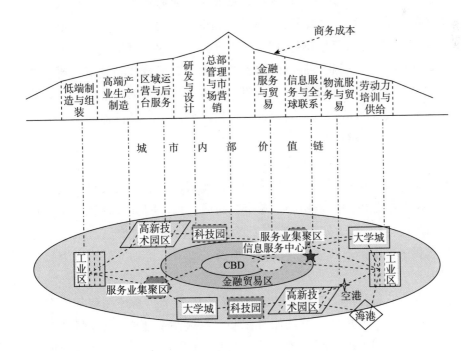

图 5-4　城市内部价值链示意

城市内部价值链体现了一个城市的空间多样性，是城市发展壮大的基础。同时，在开放环境下，是一个城市自生发展能力的"内因"。在日趋激烈的城市竞争中，城市内部价值链既是城市经济的内部稳定器，又是提高城市抗风险能力的基础。比如，单纯的资源型城市最大的风险就是产业结构单一，但如果合理构建城市内部价值链，增强对此价值链的整合与重组，不断挖掘新的潜能，就能够实现城市经济的可持续发展。

二　城市间价值链

一些高度国际化的城市，主城空间产业的主体为高端服务业，低端、低效、高能耗产业已被淘汰或强行关闭。从价值链的角度来审视城市空间布局，研发机构或部门倾向于集中布局在大学和科研机构的密集区，生产加工基地则布局在交通方便、土地便宜且产业配套能力强的区域，至于展示、营销环节往往布局在城市的门户和窗口地区。以北京、上海、广州等城市为例，目前城市矛盾陷入城市规模与城市福利的两难困境，主要问题不在于对城市规模的限制，而是突出表现为城市空间开发、利用不合理，进而导致发展的不可持续。为了解决人口无序扩张、产业布局混乱的问题，大多数区域核心城市已通过功能定位推动城市空间演化。高端服务业为主导的总部经济区、商业消费体验区在主城区集聚；商业、居住以及研发、创意机构围绕主城区形成多个次中心布局；郊区及外围城市承接了高科技产业园区、加工制造基地、物流基地等产业。以美国的汽车工业为例，主要集中在底特律及其周边城市，在更大的范围内，托莱多、俄亥俄玻璃制造业集聚，阿克伦是轮胎工业中心，城市之间通过城市间价值链联系在一起（见图5-5）。每个城市都有自身的地域特色和区位价值，在城市发展过程中价值链不断重组和整合，提高了城市可持续发展的能力和竞争力。

以长三角为例，上海市以金融服务、微电子、高技术装备等产业为核心，是长三角城市群的服务中心、高端制造业中心和创新中心。以南京、杭州为副中心，以昆山、苏州、无锡、嘉兴等作为制造加工区域，群内各城市充分发挥各自的比较优势，形成了上下游相互协调的空间价值链（见图5-6）。北京市目前采取的疏解非首都功能、推进

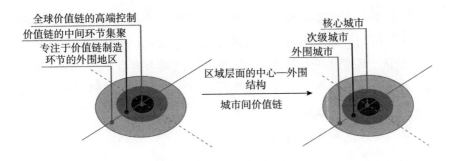

图 5-5 城市间价值链模型

京津冀协同发展，以产业疏解带动人口疏解，就地淘汰低端、低效、高能耗产业，加快通州城市副中心建设，推进顺义、昌平、房山等综合性新城建设，吸引社会资本，打造一批功能定位清晰、配套设施完善、生态环境优良的特色小城镇等措施也是对城市空间价值重新定位与重组的典范。这种分工和协作就是城市的价值链的延伸和拓展，链条越长，城市群的价值空间就越大。合理的城市分工使个体城市可专注于自己的核心竞争力塑造。而且，低成本的技术扩散带来的溢出效应，加速城市群内技术知识的积累，整合各类优势资源，从而增加整体创新发生的可能性。

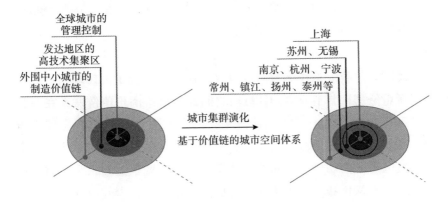

图 5-6 长三角城市群空间价值链演化格局

上海市城市价值链空间重组，符合国际产业分工的一般模式，即作为核心城市的上海越来越集聚了价值链的高端产业，控制着金融业与生产性服务业，紧邻核心城市的为高附加值的制造业区域，如苏州工业园，扬州、舟山则为相对边缘化的外围地区，专注于低附加值的制造环节。城市群并非单纯空间地理形态的城市组合。与城市个体相比，城市群通过实现城市价值链空间整合和重组，取得整体经济效益高于群内城市单个效益之和的效果。

三　城市价值链重组

从本质来看，城市价值链重组是企业、产业在空间上的分离及区位再选择的过程。在这一过程中，城市的产业结构、空间结构与承担的功能也发生了相应变化。城市价值链重组直接决定了城市空间演化的方向、规模和结构。根据城市价值链的两种运行模式，城市价值链重组分为城市内部价值链重组和城市间价值链重组。

（一）城市内部价值链重组

从城市的形成到空间价值的分化要经历几个阶段，其中新的空间价值链的重组导致服务业空间扩大，在空间资源有限的约束下，服务业会对制造业形成挤压，制造业扩张对空间的需求以及城市发展各类条件的制约促使工业企业向城市边缘地区转移，新的独立工业空间在新一轮集聚中形成，因此，城市空间演化的过程也就是空间价值链形成的过程，也是城市形成和集聚的过程。产业集群和城市集群在经济竞争中产生很强的竞争优势，其本质都是生产组织方式。纵观城市内部价值链重组过程，各类城市演化路径出现明显差异，大城市逐渐向高端价值环节攀升，中小城市不断趋于专业化生产，次中心城市处于二者之间，从单个城市来看，通过分工协作，实现了可持续发展。可见，城市各功能区作为城市内部价值链的一部分，只有突出空间特色，进行合理分工、优势互补，才能提高城市内部价值链总体竞争力。究其原因，由于城市空间的有限性，空间要素聚集的市场效应会造成城区产业内和产业之间的相互竞争，这些竞争的结果是城市产业结构的不断优化和城区产业的离心扩散，在生活成本效应和拥挤效应的驱动下，一些成本升高、比较利益低下或者缺乏竞争优势的产业就会自动退出城区，重新寻找发展空间，从而进入城市间价值链重组。根据国际经验，城市内部价值链重组在不同阶段对城市空间有不同的影响，会出现向心城市化集聚、城郊化、逆城市化和再城市化的周期性特点，甚至会导致内城区的衰落与新城区的形成，因此，城市内部价值链在技术、信息等要素的推动下会不断整合与重组，城市体系与格局将一直处于动态演化之中。

城市内部价值链实际上是一个资源池、能力池。在图 5 – 7 中，XYZ 构成了一个城市价值链系统。其中，小圆圈代表不同类型的城市空间资源要素。当城市空间演化出现时，某一要素根据需要，在城市空间要素系统中选择一组要素组成空间资源要素网。空间资源要素网通过数据流建立联系（图中的箭头表示数据流）。通过资源要素网形成有竞争力的城市价值链，最终实现城市价值链的重组和增值。城市内部价值链需要在城市所处城市间价值链的指导下进行重组和整合，认清与城市发展阶段相符合的价值链环节，在此基础上制定城市发展战略，然后布局城市空间，实现城市发展战略，具体决策见图 5 – 8。其中，对城市空间进行综合评价是组建城市价值链的关键环节。评价的理念要在城市发展战略的指导下充分考虑空间价值的增值性和可持续性，评价的方法应选用多指标综合评价，以期得到最优重组方案。城市内部价值链重组也是空间资源要素在城市内部不断重新配置和选择的过程，城市的功能区优化和变革本质上也是城市内部价值链重组与整合的结果。

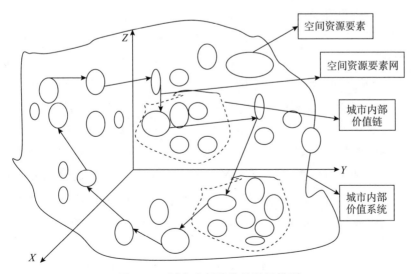

图 5 – 7　城市内部价值链重组模型

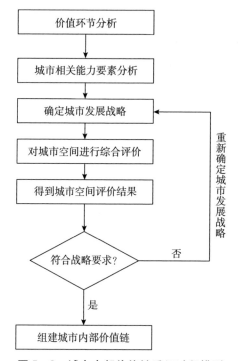

图 5 - 8 城市内部价值链重组过程模型

（二）城市间价值链重组

在区域发展中，大型城市立足核心竞争力，放弃低端业务，着力增强核心价值环节。城市空间演化模式由此从"单中心扩张"基于"量"的演化，转向"多中心，模块化"基于"质"的演化的高层次发展阶段。在现实的城市发展中，要重视城市规模的扩张，更要重视城市空间结构的合理性。城市间价值链布局，在空间上呈现出先进产业类型从高梯度经济区位向周围低梯度经济区位逐阶转移扩展的空间特征（见图 5 - 9）。这同时也解释了产业空间转移与承接的微观机理。空间中的中心城市等同于价值链上的核心企业，各次级区域及城市体系可以认为是该价值链上的特定环节（成员），其共同构成了空间城市圈层结构并在环境变化中不断演化。① 城市间价值链重组更多的是响应外部环境的变化，主要是对市场机遇的战略性把握，而城市

---

① 周韬、郭志仪：《价值链视角下的城市空间演化研究——基于中国三大城市群的证据》，《经济问题探索》2014 年第 11 期。

内部价值链需要响应城市间价值链的重组要求，因此，城市间价值链具有战略性、全局性，城市间价值链的发展方向决定城市内部价值链的发展取向。

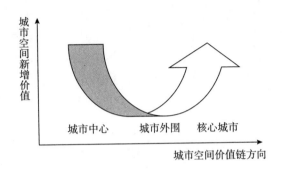

图 5 – 9　城市群空间演化微笑曲线

微观经济主体在市场机制下以产业集群增值的创造力和竞争优势为依托，对区位展开公平竞争，有必要赋予静态的区位以价值链为基础的流动性和成长性。企业、产业通过集聚发现和重塑空间价值进而引起区域空间结构演化问题，因此，城市空间演化的过程也是外部经济不断内在化的过程，城市空间价值成为城市空间演化的基本要素和出发点。

城市群空间演化微笑曲线是城市价值链定位的依据。城市间价值链重组与整合就是城市群中各个城市在城市群空间演化微笑曲线上找到价值最大化的位置，价值增值方向就是城市发展方向，也是中小城市向大城市演进的方向。核心城市空间演化趋势与价值增值方向相反（见图 5 – 10），因为，一方面，核心城市在城市（群）价值链重组与整合中扮演控制与枢纽角色，通过城市空间演化将低附加值环节向次级或外围城市转移，自身则集聚价值更高的高端价值环节，以实现更强的辐射力和带动性，保持城市群的国际竞争力；另一方面，核心城市的拥挤效应迫使低端价值环节转向次级或外围城市，使次级或外围城市实现价值增值，竞争力也随之提高。随着时间的推移，城市内部价值链和城市间价值链有不断向高端攀升的趋势，对于主导城市间价值链的核心城市来说，其城市价值空间也不断向外围城市演化，最终形成了两个循环相得益彰的城市发展格局。

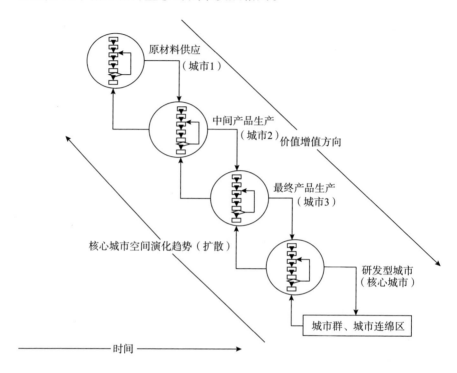

图 5 - 10 城市间价值链模型（城市群价值链）

城市价值链的不断分解，创造了许多相对独立的，具有比较优势的增值空间，一方面，在城市群层面将单个城市的专业化生产与城市之间的多样化生产有机结合起来；另一方面，在城市内部将单个城市空间的专业化生产与整个城市的多样化生产统一起来，构成了多层次复合型的城市空间演化格局。而城市价值链的整合就是城市通过市场选择最优的增值空间，构成新的城市价值链的过程。具有不同竞争优势的城市将城市内部价值链进行跨城市的整合和重组，从而形成更具有竞争优势的城市间价值链。从城市价值链空间整合的类型来看，一般有市场主导的功能性整合、政府主导的制度性整合和市场与政府协同模式下的价值链整合三种方式，具体特征见表 5 - 1。城市的壁垒在城市价值链的作用下将经历解体的过程。

表 5 - 1　　　　　　　　　城市价值链空间整合特征

整合类型	驱动因素	整合机制	整合目标	整合层次
功能性整合	市场主导	城市内部价值链	城市空间福利最大化	初级层次
制度性整合	政府主导	城市间价值链	区域经济一体化	中级层次
价值链整合	市场与政府协同模式	城市群价值链	城市可持续发展	高级层次

四　全球化与城市价值链

城区是中观层次的城市空间。城市基本都是一城多区结构。各城区很难形成完整的区域经济体系，城市各区也不可能都会成长为城市核心区（CBD），不同的城市区域具有不同的服务功能。只有淡化人口规模、强化区域特色、进行合理分工、优势互补和错位发展才能适应目前发展的要求，根据发达国家城市演化的轨迹，城市的差异化发展是城市空间演化的基本规律。随着全球化的发展，城市空间组织已进入价值链整合与重组阶段，城市空间已进入重构时期，大量城市承接同一个产业的竞争格局是城市价值链发挥作用的基础。城市内部空间功能的变迁（城市原有功能区的改造与更新）和外部空间的扩张（新城区的建立）是城市内部价值链整合与重组的空间表现。在全球化和信息化的背景下，新产业出现，旧产业退出与新产业承接，其中蕴含的是空间主体的逐利性本质，从而引发了空间对产业的竞争而不是产业对空间的竞争，产业的空间重组和城市空间演化成为必然。反过来，城市空间演化也是推动产业升级和变迁的直接动力，国际城市就是在这一背景下产生的。显然，国际城市处于全球城市价值链体系高端，在具有领导和控制功能的高等级城市，产业以现代服务业为主。可见，全球城市是那些在世界经济网络中控制或影响经济流量的城市。城市价值链的动态调整使得城市之间的联系增强，城市发展由单中心向多中心、网络化方向发展。

从根本上看，城市功能整合的路径表现为产业价值链的转移，中心城区的辐射力、带动力不仅体现在中心城区较大的经济总量和人口规模上，还体现在中心城区和外围卫星城之间的有机分工所内蕴的产业技术关联上。全球城市是区域性城市在外延上的拓展，其本质仍然是城市资源基于价值链在全球空间范围内布局的结果，在全球城市价

值链重组与整合下，世界范围的城市体系得以形成（见图 5-11），
这也是对经济全球化和一体化的一种诠释。

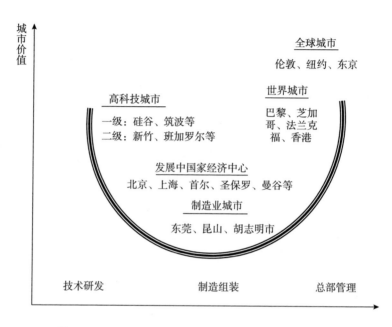

图 5-11　全球城市价值链中的世界城市体系

第三节　城市空间演化

一　相关概念界定

根据前文所述，城市空间不再是地理学意义上的空间单
元，而是有经济价值的稀缺资源。不同于一般的空间形态，其本质特征就是它
的载体是城市。本书对城市空间的基本定义就是被城市化了的区域单
元。如果把城市比作企业，城市空间可以被认为是企业生产中的某一
个环节，同样，如果把城市群比作企业联盟，显然，城市之间也存在
类似产业价值链的城市价值链，单个城市也就是整个城市价值链上的
特定一环。但城市价值链要比产业（企业）价值链更为复杂，任何城

市空间在城市发展过程中都要受到城市自身和城市群落的双重影响。当然，城市价值链与产业价值链有内在的耦合性。城市价值链也被认为是产业价值链的空间投影。城市价值链是以城市空间为核心的空间经济组织方式，是城市与产业互动发展的结果，也是经济发展与城市演化的高级形态，是未来城市发展的必然趋势。城市空间演化的过程就是城市价值链重组和整合的过程，在这一过程中伴随着城市空间功能的变迁和城市产业结构的调整。城市空间演化不是城市规模的扩张和城市面积的拓展，而是城市在全球价值链体系中不断实现价值增值和可持续发展的能力界定与提升。所谓演化，一方面，通过机构转型、组织再造、市场竞争等途径实现生产方式的转型，并在整合的基础上重振企业和产业的专业化、网络化体系，形成有竞争力的产业集群和产业带；另一方面，在产业链内部，要实现从低端价值环节向高端价值环节的升级，通过自主创新，培育、发展、壮大新产业，占据价值链高端。因此，城市空间演化可以定义为：城市在产业全球价值链布局中，为了提高竞争力和可持续发展，专注于一定的价值活动，在谋求价值链增值过程中采取价值控制行为，不断实现价值增值是其最终目标和根本动力。

新经济地理学从规模收益递增和不完全竞争的假设出发，把规模经济和运输成本的相互作用看作区域产业集聚的关键，产业区位形成机制是收益递增和不完全竞争、外部性和规模经济、路径依赖与锁定效应，而经济活动在向心力和离心力的相互作用下形成了不同的空间分布和集聚状态。城市本身的存在就是一种收益递增的现象，集聚与扩散这两种力量贯穿整个城市空间演化的始终，城市空间结构也一直处于动态调整之中。方创琳（2011）认为，中国城市空间演化的形式表现为逐级梯度推进，一般需要经历从城市、都市区、都市圈、城市群、大都市带的四次扩展过程。王鹏飞[1]基于后生产主义理论，讨论了北京农村空间的商品化与城乡关系问题。盛科荣、孙威[2]通过理论

① 王鹏飞：《论北京农村空间的商品化与城乡关系》，《地理学报》2013 年第 12 期。
② 盛科荣、孙威：《基于理论模型与美国经验证据的城市增长序贯模式》，《地理学报》2013 年第 12 期。

模型与美国经验证据探讨了城市增长序贯模式，认为城市规模分布呈"初级平衡型—初级首位型—高级平衡型"的分层特征和"倒 U"形演化规律。在全球化、国际化、市场化、生态化以及区域发展的竞争压力下，城市空间要素的增长变化促进了城市空间功能结构的分化，空间结构带状化、多中心化、分散化、破碎化趋势明显。① 在本书的视角中，可以将经济区域定义为具有价值属性的空间在空间价值链的作用下形成的经济组织。在这一定义中，居住区、商业区、农村地区都可归类于一种价值空间，而且这些价值空间可能有其自身的等级性。这些不同等级的价值空间在需求、收益递增和运输成本的相互作用下导致了经济活动的空间集中，推动产业地方化和区域发展差异化。

（一）城市空间演化

城市空间演化内在表现为城市空间价值的变迁，外在表现为城市形态的演进。就城市空间本身来讲，其受到城市内部价值链和城市间价值链的双重制约。城市空间在参与城市生产活动时，在竞争性与逐利性驱动下，一直处于动态演化中。城市空间价值的变迁主要是其空间功能的变更和福利的置换，其城市形态的演进主要表现为城市规模的扩张，城市向城市群、城市经济区方向的演进。在信息化和网络化环境中，城市空间演化的内在的空间价值变迁与外在的形态演进往往交互进行，表现出复杂性、集成性和网络性等特点。从时空角度来看，城市空间演化具有阶段性、整合性和动态性等特点，遵循着由低级向高级、由简单到复杂的演化路径。城市空间演化既包含城市结构的调整，也包含城市产业的变迁，最直观的表现是城市形态的变化，产业结构演进是城市空间演化的直接动力。城市空间演化的过程就是将新的生产要素和生产条件的新组合引入生产体系，建立新的生产函数的过程，其本身属于熊彼特式创新的范畴，是一个创造性破坏的过程。从城市内部空间演化来说，城市空间资源的空间配置和组织效率的提高是城市竞争力的源泉；从城市群或城市经济区的层面上看，当

---

① 周春山、叶昌东：《中国特大城市空间增长特征及其原因分析》，《地理学报》2013年第6期。

城市个体嵌入一个城市体系时，城市经济作为系统性的运行将实现和谐的、平衡的发展。

（二）城市空间基因

从生物属性来看，城市空间基因是城市空间演化的决定性因素，城市文明与形态变迁部分可归因于城市基因重组的生物学优势。城市空间基因也遵循着生物进化的一般规律，需要借助于演化经济学的观点进行剖析。根据企业基因重组理论，城市空间基因是影响城市空间演化能力的内在因素，是城市空间整合与重组能力的体现。结合城市基因的概念，城市内部价值链重组是城市自身空间基因重组的体现，城市间价值链重组是城市群空间基因重组的体现，关注的依然是"城市空间价值"和"城市空间所擅长的方面"。在城市空间基因差异及未来变革的有关方面，倾向于城市空间内部全部行为规范或惯例。城市的个性体现在城市空间基因中，城市空间利用中的主体功能区划分、旧城古建筑的保护等措施的实践便是该理论的体现。一般来讲，城市空间基因在城市参与经济活动中具有稳定性，但在激烈的竞争环境中，城市空间基因和各类空间基因一样具有突变性。高价值空间的陷落或低价值空间的崛起，中小城市向大城市的突发性演进等城市空间价值的质变可认为是城市空间基因突变性的表现。

（三）城市空间价值

空间生产由空间中物品的生产转向空间的直接生产。城市是空间生产的主要场所。从自然地理角度而言，空间即指地球的表面，是各种生物赖以生存的场所。地球表面不同位置的禀赋结构千差万别。随着经济社会的发展变化，商品多样性越来越丰富，空间在经济活动中的意义日益凸显，空间既是商品的交换场所，其本身又具有商品属性。空间的商品意义和交换价值体现在各类市场活动中，从其各种属性来看，本质上具有潜在的商品意义和可交换的价值，因此，空间价值在解释生产和人类活动的空间布局方面具有重要的意义。城市空间价值在参与城市价值链竞争中得以体现，在城市空间参与市场竞争中，城市空间价值的大小由其供给与需求共同决定。在城市价值链上，空间价值由其所处的价值环节来决定，处于高端价值链的城市空间价值较大，处于低端价值链的城市空间价值较小。

（四）城市空间边际

城市空间边际，又称城市空间盈利边际（Spatial Nargin to Profit-ability），最早由英国地理学家 E. M. Rawstron 于 1958 年提出，后来另一英国地理学家 D. M. Smith 进一步发展了这个概念，它是少数由地理学者提出的空间经济概念之一。城市空间盈利边际的推导如图 5 – 12 所示。

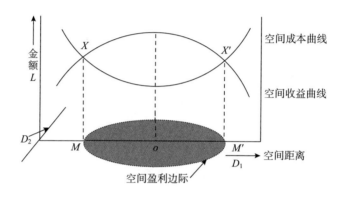

图 5 – 12　空间盈利边际推导示意

资料来源：Johnston，R. J.，*The Dictionary of Human Geography*，Oxford，Basil Blackwell，1986，pp. 95，326，448。

图中横坐标 D_1 表示空间距离，纵坐标 L 表示成本或收益的金额。城市空间成本曲线和城市空间收益曲线的交点 X 和 X' 处的成本和收益相等，其在横轴上的投影 M 和 M' 是城市空间盈利边际。当引进第二距离横轴 D_2，使 D_2 与 D_1 相交成一个平面时，空间边际表现为总成本和总收益相等的地点的合成区域（阴影部分），O 点为最优区位。空间边际概念之所以重要，是因为它准许了次优区位，承认了次优区位的合理性，取代了单一的最优区位理论，在空间边际内的任何区域都可以盈利，作为有限理性的经济决策者可根据自身需要而自由选择。空间边际的形状和大小将随成本曲面和收益曲面而变化。一些产业可以在广泛的空间边际内发展，而另一些产业只能在较小的空间边际内生存，后者受到很强的地域限制。空间边际除了受区位禀赋、市场因素的影响，企业家能力、区域潜力和政府政策也对其产生重要影响。企业家能力提高、政府经济援助、区域要素重组都会扩大空间边际。

（五）城市空间能力

空间竞争力是由其经济系统配置资源，进而使其比较优势最大化的能力来决定的。空间能力主要是空间再开发能力，其识别至少包括三个层次：（1）静态能力，即城市现有资源禀赋、福利绩效水平、城市品牌形象等；（2）改进能力，即响应市场变化的能力、参与城市价值链的能力；（3）演进能力，与以上能力本身的积累相关，指获取静态和改进能力（获取价值链增值能力的能力）的组织能力。城市空间的轨迹和多维的位置优势能影响其能力表现。城市空间能力是城市空间组织中惯例的集体属性，这些能力可能"锁定"并导致城市空间的永久差异。因此，城市空间能力在很大程度上是本地的且是路径依赖的，具有累积性和缄默性。

二　城市空间演化的内涵

城市空间演化不同于以城乡人口结构变动为基础的城市化，其基本特点是产业结构与空间结构的转化与匹配。城市价值链的高低与城市规模的大小不一定存在必然的正比关系，城市化水平和城市发展不再表现为城市数量的增加和大城市的个体膨胀，而是围绕城市价值链的完善和结构的提高，由一批不同等级规模和价值优势的城市在一定地域范围内，依托交通和信息网络，分工协作，形成相互依存、相互制约的空间经济统一体。因此，城市空间演化可以定义为：城市在产业全球价值链布局中，为了提高竞争力和实现可持续发展而专注于一定的价值活动，在谋求价值链增值过程中采取价值控制行为，不断实现价值增值是其最终目标和根本动力，主要表现在城市形态变迁和功能演变两个方面。目前的城市发展，集中体现在对城市空间资源的开发与利用上，各类竞争主体试图通过空间优势攫取超额利润，无论是在城市内部还是城市之间都存在复杂的竞争关系。城市内部的竞争必然会导致城市原有空间功能的拓展与更替，城市之间的竞争促进了城市之间功能的分化，表现为一些竞争力不足、生产成本较高、比较利益低下或者缺乏竞争优势的空间面临来自空间竞争的威胁和压力，就会自动放弃原有产业，重新寻找更有发展的产业。

三　城市空间演化驱动要素

城市空间演化依赖于全球化促进下的区域一体化，只有高效率的区域一体化才能推动城市空间演化。李少星、顾朝林认为，区际贸易是城市空间集聚的实现机制，所有降低区际贸易成本的措施都是城市之间增强联系进而实现网络化拓展的基础。① 作为背景驱动要素，需要以核心要素发挥作用为前提条件（见表 5 - 2）。只有在背景要素和核心要素双重驱动下，城市空间演化的增值效应才能实现。在城市空间演化过程中，同样存在着分散与集聚两种趋势，分散趋势使得制造业不断从上一级城市中分离出来，而集聚趋势使得企业高层管理机构加速向核心城市集中，分散与集中贯穿于城市空间演化的始终。

表 5 - 2　　　　　　　　城市空间演化的驱动要素系统

要素系统		主要内涵	主要作用途径
核心驱动要素	基础条件	地域单元在一定时间点所具有的能够影响其未来发展的要素集合	形成地域分工、改善贸易条件、影响集聚形态
	市场发育	社会需求的高级化或生产分工的必要化	推动地域分工演化
	制度演化	社会制度（包括文化）、生产组织方式、政策的变化	影响地域分工、区际贸易和空间集聚的发展
	技术进步	产品、生产技术或工艺的改善等	改变地域分工，改善贸易条件
背景驱动要素	全球化	生产要素的全球配置和全球价值链的形成	推动地域分工，改变贸易规模与流向
	信息化	信息技术的普遍应用与信息产业的发展	改变地域分工，改善贸易方式，影响集聚形态
	地方化	地方政府被赋予更大自主权的过程	改变地域分工，影响产品贸易及要素集聚
	市场化	资源配置由市场来决定	消除区际贸易壁垒，实现要素集聚自由化

四　城市空间演化的不同层面

（一）企业层面的城市空间演化

企业层面规模经济的存在是区域集聚经济的关键因素。② 无论是

---

① 李少星、顾朝林：《全球化与国家城市区域空间重构》，东南大学出版社 2011 年版。

② Fujita, M., Thisse, J. - F., *Economics of Agglomeration*: *Cities*, *Industrial Location*, *and Globalization*, Cambridge University Press, 2013.

以地方化经济存在的产业内外部经济还是以城市化经济存在的产业间外部性，都是企业规模经济的反映，为区域集聚经济的空间表现形式。企业组织在规模化经济和专业化分工的基础上使生产过程在地域空间上实现企业内部价值链的重组和整合，进而形成地域分工。以分工与专业化为动力的企业空间重组是城市形成与集聚的根本动力。企业的地域分工是一种高于企业内部技术分工的分工形式。以空间分散为主的地域分工使区域联系的程度不断提高，从而实现企业价值和城市价值的重叠和匹配（见图 5 – 13），从某种意义上说，城市是企业价值链集成与整合的场所。由于企业始终要寻求具有比较优势和竞争优势的生产要素，当一个城市失去优势时，企业就会选择更有优势的城市。企业的整个价值链与城市空间价值链一直在寻求匹配，企业将不同的价值环节设置在不同的城市空间，同时选择自身具有竞争优势的价值环节而放弃其中的劣势业务，其最终结果是企业不同的价值环节在不同的城市空间进行选择与集聚。要素向更具有竞争优势的空间移动是一个基本规律。[①] 没有永久的要素优势，也没有企业与城市的永久结合。

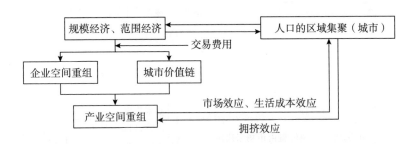

图 5 – 13　基于企业空间重组的城市化路径

（二）产业层面的城市空间演化

企业在区位选择时有向中心企业汇集的倾向，其结果就会促成产业集聚，进而形成城市，因此，企业空间区位选择是城市空间演化的源头，城市化是产业价值链整合效应的空间表现（见图 5 – 14）。无

论是斯科特对"后韦伯"工业区位活动的解释，还是奥沙利文对地方化经济和城市化经济的界定，都让企业和城市联系在一起。基于整合与演化的新产业集聚超越了"马歇尔式集聚"的局限性，表现出同一产业的空间集聚，不同产业之间在更大尺度的空间集聚，以及不同产业与不同尺度空间的纵横交错、协同集聚发展的新形式。产业价值链发展到空间价值链，由产业组织的生产网络系统演变成不同尺度空间下的空间价值网络系统，城市空间布局是产业空间分工的区域表现形式。产业集群的整合力主要来自有组织的市场制度，是一种"人工选择"；产业的演化力主要来自企业内部自生能力变迁，是一种"自然选择"。以金融业为例，城市群发展到一定阶段后，以信息服务为主导产业的城市会最终成长为区域金融中心，同时生产中心和信息中心出现空间的分离。①

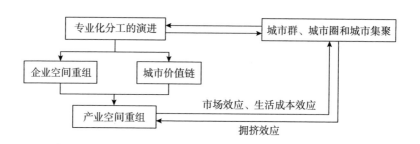

图 5 - 14　基于产业价值链的城市空间演化

一定的产业空间格局形成一定的城市体系，城市体系是产业价值链的空间载体。产业价值链的长度、宽度、灵敏度决定了城市空间体系的规模、结构和演化能力。产业价值链空间衍生和拓展使世界城市、跨国网络化城市体系的形成成为可能。在全球产业价值链整合过程中，处于全球价值链网络中的城市日趋专业化，如工业城市（汽车城、机器制造城、高技术工业城）、服务业城市（如金融城）和旅游城市等。

---

① 李伟军、孙彦骊：《城市群内金融集聚及其空间演进：以长三角为例》，《经济经纬》2011 年第 6 期。

（三）产业价值链空间重组与城市经济区

产业价值链空间重组地区节点、域面、网络相互交织，区域一体化加深，能量、物质和信息的空间交换更加频繁，多极化、分散化、网络化是其基本特点（见图5-15），是区域空间结构的高级形式，是国家、地区经济成熟的主要标志。高端价值环节不断在中心城市集聚，这种集聚的扩散效应必然会使低价值链环节向外围城市转移，集聚与扩散的力量也正是城市空间演化的内在动力。城市空间布局与产业结构布局在价值链重组过程中不断得到优化和整合，从而形成了复杂的城市网络系统，这种城市网络系统的演化形成城市经济区。

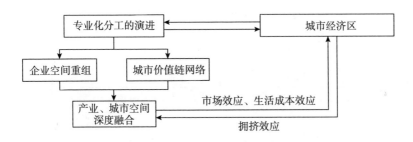

图5-15　基于产业价值链的城市空间演化

从区域层面看，区域竞争优势由于技术扩散效应、外溢效应和乘数效应等原因而与其他区域形成差异。区域的优势是有选择的，有的区域对产品设计、研发与营销等环节有利，有的区域可能对生产工艺、制造等环节有利。如果把某产业的商品生产的全过程放在同一个城市，其结果会导致优势与劣势的相互抵消，降低了效率。只有正确的城市空间与企业价值要素结合才能够产生乘数效应、空间外溢效应、产业升级效应及经济增长效应。城市经济区是由一群具有专业化分工性质的城市及相关产业组织在一定地域范围内的柔性集聚，是城市空间演化的高级阶段。与企业能力、供应链能力一样，城市经济区集聚能力的内涵界定也高度抽象。为了将价值链理论真正应用于城市空间演化的实践，需要将产业价值链与空间价值链结合起来，从产业与空间两个维度刻画价值链。基于以上对城市价值链核心内涵的把握，根据城市价值链在不同空间尺度的表现，经拓展和调整后构建起一个在操作中具有提示性意义的"三层面"城市空间演化框架（见图5-16）。该体系反映的是外部环境、核心能力和竞争优势在不同城市空间尺度下的契合与响应，城市、城市群与城市经济区域形成了由低级到高级、由局部到整体的演化机制。

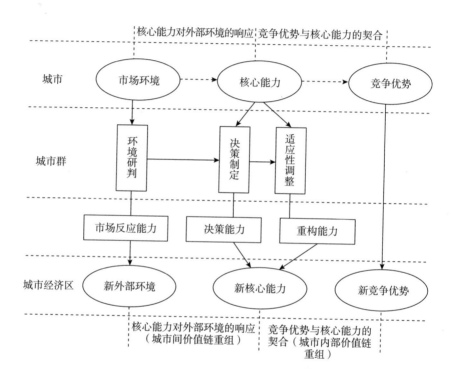

图5-16　城市经济区动态能力分析框架

　　根据核心能力理论，组织的竞争优势来源于核心能力，其是空间价值的表现，核心能力强的空间必然有较高的空间价值。城市的竞争优势是城市核心能力的产物。为了维护乃至强化竞争优势，对城市来讲，产业环境的改变要求城市建立与之相适应的核心能力，而核心能力最终要在城市空间整合与重组的基础上重塑，因此，城市空间演化的过程即是核心能力不断调整的过程，在此过程中，形成了不同层次的具有竞争优势的空间形态。城市价值链不仅作为状态而存在，也随着时间发生变化。这就需要城市体系规划不断修正、补充以适应变化了的实际。

五　城市价值链的形成与运行

(一) 城市价值链形成

为简单起见，本书只考虑城市价值链在两个城市之间的分工。假设两个城市都存在制造业和生产性服务业两个部门，生产多样化的产品，区别在于中间服务投入含量不同。M1 代表服务投入较多的城市，M2 代表服务投入较低的城市。两者对中间服务的需求是不同的。在图 5 – 17 中，横轴 r 表示服务业资本回报率，纵轴 p_s 表示服务产品价格。如果一个城市群从事不同制造业产品和服务产品的生产，在 A 点达到均衡，则 $r_s = r_{M1} = r_{M2}$，r_s 代表城市群的平均水平，r_{M2} 线要比 r_{M1} 线陡峭，是因为 M1 对中间产品的需求弹性更大，服务价格变化对资本回报率比较敏感。当资本存量增加时，原有的非专业化的均衡会被打破，各城市将只在价值链的一个环节来生产。因此，当城市群的总资本增加时，r_s 曲线将右移至 r'_s 处。当 $r'_s = r_{M1}$ 时，出现新的均衡，资本量将从 M2 流向 M1，这样，M1 将会越来越倾向于集聚资本回报率较高的服务业部门，M2 则逐步形成专业化的制造业城市。

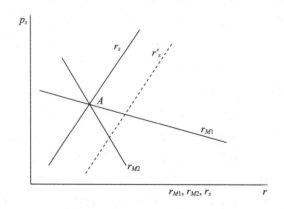

图 5 – 17　不同城市资本回报率与服务部门产品价格关系

城市价值链整合的动因是城市空间演化的微观基础，城市空间演化是城市价值链整合的结果。城市价值链整合也是城市发展的客观需要，一般来讲，中心城市的价值功能向外围地区转移低端价值功能，外围地区也可能由高端价值功能向中心市区转移，狭义的城市价值链整合主要是针对发达中心城市向落后外围城市转移其价值功能。所谓城市价值链整合，其实质就是城市功能区位再选择的过程。在城市价值链整合过程中城市价值链上生产活动的空间发生变化，即城市价值链活动中的部分活动或全部活动转移到其他地区。认识城市空间演化就要从城市价值链整合开始，在对城市价值链整合的主要影响因素的分析中，不难得出产业价值链是影响城市价值链整合的主要因素。

（二）城市价值链运行

在以价值链为基础的城市体系中，存在价值链高端势位城市的技术和产业的扩散和低价值势位城市对资源、要素的空间竞争这两类相反方向的作用力，由于城市内部发展的不均衡和城市之间的竞争关系，城市群中的城市因价值链赋予发展机会的不均等而存在空间整合与重组的可能。随着城市群规模的扩大和专业化程度的加深，城市内部价值链和城市间价值链都有中心化趋势。由于城市价值链各环节存在竞争关系，所有城市及城市体系的中心也不是一成不变的，在城市空间的动态演化中会衍生出新的城市中心，此时的城市和城市体系将由单中心结构向多中心结构演变，城市规模又会进一步扩大，新一轮城市价值链整合与重组开始，如此循环往复，推动了城市价值链不断优化和提升，使城市经济不断发展。伴随着产业链的价值裂解和在全球范围内的重新配置，城市功能将不断专业化和高级化，城市群嵌入价值空间的尺度范围将不断扩大，除了地区性和国家性城市体系，还会出现跨国城市体系和全球城市体系。可见，产业价值链中企业将内部各个价值环节在不同地理空间进行配置的能力问题与城市功能按照价值链布局具有共同的理论基础。城市群内在价值链上占据高附加值环节的城市即为城市群的中心。这些中心城市跟产业链中的核心企业扮演的角色一样，在对空间资源的整合与重组中，控制并影响着整条城市价值链的发展方向与整体竞争力。当城市群内城市体系各城市的职能形成价值链关系的时候，城市之间的网络化关系则更多地表现为战略联盟关系。事实证明，基于价值链的城市空间演化是改进城市环境污染、交通拥挤、资源短缺等大城市病的有效方法。

六　城市空间价值链重组

城市空间价值链重组是指区域核心城市为了追求城市价值提升、实现可持续发展，利用其自身优势在空间尺度上重构城市等级体系、重新布局城市空间功能的过程。城市空间价值链重组的本质是空间价值与产业价值的空间耦合。

（一）城市空间

城市的空间结构是由不同空间价值的空间组织如商业区、商务区、工业区等构成，是由一系列块状功能区拼接而成。城市空间是基本的城市组织单位，是经济空间竞争的微观主体，它们是相关功能主体空间集聚的结果，在城市中发挥着不同的功能角色。城市空间的演化是城市功能分化与城市空间价值整合与重组的过程，从城市空间角度研究城市经济功能的内在机制是满足现代城市集约、低碳生态和多样性等要求的必然趋势，将有助于促进城市空间结构的合理布局与优化。城市空间结构由一系列功能空间组成。根据城市空间产业布局的特点，城市功能空间有工业型空间、服务型空间、居住型空间。1964年，阿朗索在《区位与土地利用》一书中借鉴了冯·杜能的农业区位理论的"杜能圈"思想，提出了城市功能区划的地租竞价曲线。城市中的各类土地由于不同的预算约束导致使用者对于同一区位的空间价值评估不一致，形成了城市空间价值在由城市中心距离的递增中逐渐递减的城市"杜能圈"，在此结构中，各种土地使用者的收益也随距城市中心距离的递增而递减，边际变化率也不同。在此假设下可以得出，城市功能区（空间价值）是土地使用者在土地成本和区位成本之间权衡的结果，城市功能区划布局可以用一组竞租曲线来表示（见图5-18），曲线上任何一点都表示一种选址的可能性。

显然，阿朗索的分析方法是一种新古典主义的分析方法，城市空间往往会受到产业集聚与分散、区域环境、城市政策等多种因素的影响，城市空间重组等行为使地价呈现为锯齿形的梯度曲线（见图5-19），而不再是由市中心向郊区渐降的一条平滑曲线。

（二）价值链空间整合

城市群的本质是城市空间形态在区域一体化推动下的表现。城市群的不同城市形成基于价值链的产业特色和职能分工，进而形成具有

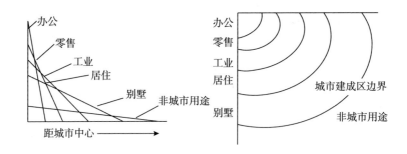

图 5 - 18　阿朗索的地租竞价曲线

资料来源：David Ley, *A Social Geography of the City*, New York：Harper & Row, 1983。

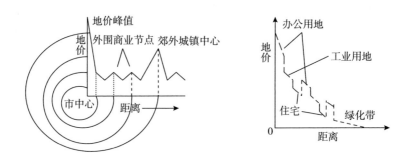

图 5 - 19　城市价值链影响下的地价曲线

空间维度的城市价值链。本书认为产业演化先于城市群产生，在城市化初期，产业圈层在决定着城市圈层的分布，但随着城市的扩张和资源环境的约束，城市也会影响产业市场潜能，城市空间竞争优势是厂商选址的重要依据，也是产业空间转移的依据。同时，产业转移又会促使城市空间圈层发生变化，从而形成产业与城市互动融合发展的趋势。当全球和区域经济一体化程度越来越高时，从企业内部看，企业动态能力演化与价值链整合是城市聚集的充分条件。价值链空间整合过程从空间角度看，在不同经济发展阶段有不同的表现。从图 5 - 20可以看出，极化阶段要素的空间极化效应会拉大极化中心与腹地的发展差距，增长极（高价值空间）向周边腹地（低价值空间）要素的扩散、转移能推动区域协调发展。城市空间功能整合或疏解是城市发展的需要，比如，中国一线城市已经发展到一个阶段，因为空间有限，不可能不停地添加新功能。在这种情况下要有增有减，对于城市空间来说，整合与重组是必然的。同时，在城市发展的过程中，有些曾经是核心，如北京首钢、上海宝钢，都曾是城市的支柱，甚至代表城市的科技高度，但现在不符合城市发展的方向。

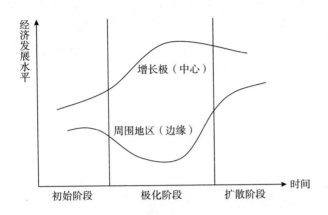

图 5 - 20　增长极对落后地区的影响

资料来源：Lumper, S. R., Bell, Ralston, B. A., *Economic Growth and Disparities*：*A World View*, NJ, Prentice - Hall, 1980。

柯拉基奥于 1974 年指出，极化效应关注两个方面：一是如何保证在产业集聚中推动产业的地方化；二是如何防止因产业空间集聚而形成飞地（孤岛经济）。当主导产业所引起的经济增长不在它所处的地域内，就出现了飞地情况：经济增长的乘数效应和诱发的经济活动都不在区内。[1] 这些飞地型的增长极并不能产生空间溢出、产业升级等效应带动地区经济发展。

七　城市空间演化机理

在空间价值链理论中，城市具有企业性质。城市化过程是要素集聚和时空秩序整合与演化的过程，通过资源和要素在产业间和城乡地域间的重新配置和组合，可以形成新的城市空间结构。城市经济是空

---

[1]　Coraggio, J. L., "Hacia una revisión de la teoría de los polos de desarrollo", *Eure*, 1972, 2 (4)：25 - 39.

间集聚中的经济，集聚是城市竞争力的本质体现。蔡孝箴[1]认为多样
化的厂商、居民及相关组织单位得以聚集是城市化的直接动力，企业
生产经营活动在地域上的集中，有助于企业间开展专业化协作，提高
生产效率。马春辉[2]对长三角和珠三角地区的产业集群发展与城市化
关系进行了分析，认为产业集聚有利于提升城市竞争力，从而加速城
市化进程。空间集聚实际上是把产业发展与区域经济有机结合起来，
在城市价值链基础上形成的一种有效的生产组织方式。产业的价值链
重组与整合推动了城市空间演化，城市价值链与产业价值链在空间中
的耦合关系如图 5 - 21 所示。

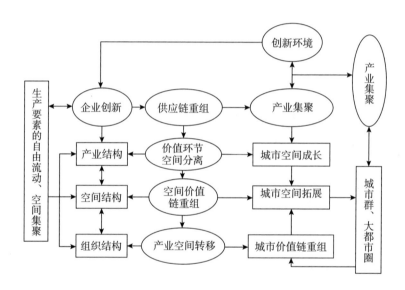

图 5 - 21 城市—产业空间价值耦合

从空间外部性的角度来看，在城市群内部，核心城市因具有某些
较强的优势而首先发展起来，高技术人才和高技术岗位密集，如港口
城市、交通枢纽、经济特区、省会、直辖市等。通过核心城市对周边
区域的辐射带动作用促进外围地区的发展。根据内生经济增长理论，

① 蔡孝箴：《城市经济学》，南开大学出版社 1998 年版。
② 马春辉：《产业集群的发展与城市化——以长江、珠江三角洲为例》，《经济问题》
2004 年第 3 期。

技术进步对经济增长起着主要的推动作用，一般来讲，城市的中心或者核心城市中的企业是城市群的技术中心或创新基地，处于价值链的高端位置。这表现为，周边地区资源、劳动力等生产要素在向心力的作用下向城市的中心或核心城市流动，高价值环节企业在城市中心和核心城市不断聚集。向心力使城市中心地区或核心城市规模迅速膨胀，形成循环累积效应，但是，当触及一定的规模门槛（阈值）之后，离心力的作用显现，集聚的优势就不再明显，扩散与溢出将会向相反的方向进行，城市外围地区或外围城市在扩散与溢出机制下取得发展。

城市间按照价值链布局时，核心城市倾向于集聚更多的生产性服务活动来协调整个城市价值链的增值活动。对核心城市来讲，随着城市价值链分工的加深，其中间控制性服务活动会不断扩张，对其他城市来讲，通过参与城市价值链的分工和合作，实现规模报酬递增。事实上，整个城市价值链正是在城市间的分工与合作中不断得到增值和提升，城市空间演化的过程也是城市价值链提升的过程。

本书借鉴 Francois（1990）模型来刻画城市空间演化的价值链增值效应。假设不同的城市通过雇用劳动力 L 来生产差异性的产品 x_j，对 x_j 的生产因为价值链重组和整合实现了报酬递增。用 v 来表示专业化程度，代表城市生产 x_j 在价值链的位置。x_j 的生产函数可表示为：

$$x_j = \beta_v \prod_{i=1}^{V} D_{ij}^{\alpha_{iv}} \quad \beta_v = v^{\delta}, \delta > 1, \alpha_{iv} = 1/v \qquad (5-1)$$

其中，D_{ij} 表示生产产品 x_j 所需要的直接劳动力的量，直接劳动力生产在城市价值链重组过程中产生了报酬递增的特性。δ 是反映规模报酬递增效应的参数。假设直接劳动力在不同的价值链环节平均分配，则直接劳动力的需求如下：

$$D_j = \sum_{i=1}^{V} D_{ij} = v^{1-\delta} x_j \qquad (5-2)$$

城市在生产 x_j 产品时，除了直接劳动力，还需要从事间接性的服务的劳动力，这一部分劳动力包括因价值链重组而增加的人员和因城市规模扩张而增加的人员。按照劳动力衡量的这部分服务成本表示如下：

$$S_j = \lambda_0 v + \lambda_1 x_j \tag{5-3}$$

其中，λ_0 表示因价值链重组而增加的单位服务成本，λ_1 表示因城市规模扩张而增加的单位服务成本。成本函数可以表示为：

$$C(x_j) = [v^{1-\delta} x_j + \lambda_0 v + \lambda_1 x_j] \omega \tag{5-4}$$

由此可见，随着 v 的不断上升和规模报酬递增效应，核心城市生产中的直接劳动数量会不断减少，而非直接劳动数量会不断上升。这也意味着核心城市在整个城市价值链重组过程中最终会形成价值链的不断攀升，次级城市在参与整个城市价值链分工过程中也会不断寻求自身价值链的增值。从城市产业层面来讲，核心城市由于集聚了高端价值要素，产业以现代服务业为主，次级城市则更多地集聚了制造业、生产性服务业等产业，因此，城市价值链布局有助于实体经济与虚拟经济的协调发展。城市间价值链重组与整合过程如图 5－22 所示。

八　空间生产与城市群分工的微观机理

工业革命以来，城市是为提高交易效率、降低商品交易的空间成本而出现的空间形态。空间生产具有强大的消化资本过度积累的能力，城市及其空间正是资本主义加速其流动性的据点。空间生产不仅是当代资本扩张的一种基本途径，更成为当代资本嬗变存续的主导历史形态。空间生产的本质是空间资本化，空间作为一种特殊的商品成为资本扩张的对象。城市空间演化的实质是城市空间的生产和再生产，在此过程中，资本对于城市空间资源选择性占用，空间资本对空间效率的追求，一方面从宏观上造成城市间发展的不平衡，最终形成城市群和城市经济区；另一方面从微观上造成城市内部空间的重组和整合。

作为生产要素的城市空间在产业资本的驱动下会产生较大的空间价值，空间价值的大小取决于产业资本的增值能力，通俗来讲，空间价值是城市"空间—产业"互动耦合发展的结果。

可以将城市化经济放在某一个城市群中进行分析，因为城市群中包含了若干个城市，每个城市的空间价值具有差异性，所以应在城市群层面进行产业分工，实现地方化经济与城市化经济的有机结合。下面，我们重点讨论城市群层面上的空间生产、分工以及区域空间一体化问题。

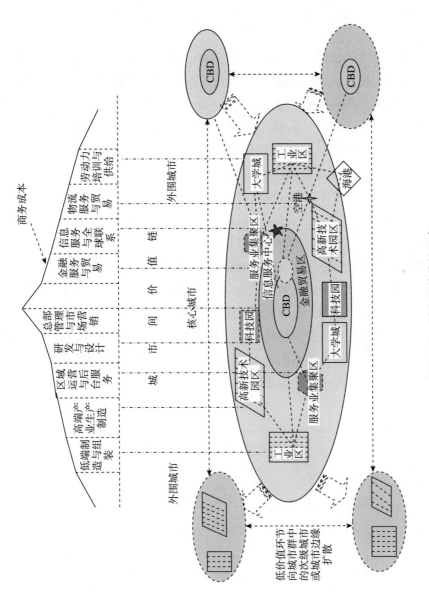

图 5 - 22 城市间价值链示意

第四节　全球城市价值链

　　城市价值链在理论中还处于探讨阶段,其思想的产生是与分工和专业化紧密相关的。对城市价值链思想论述比较早的当属 19 世纪 40 年代苏联科洛索夫斯基所提出的动力生产循环,他强调社会主义生产成群地围绕着主要生产过程,而且与之有各种联系。在此之后,苏联在"一五"期间提出了"地域生产综合体"的生产地域组织形式。其根本思想是地域生产专业化和综合发展相结合,根据特定地区特有的要素禀赋、经济条件来发挥组团式比较优势发展生产。美国区域科学家艾萨德于 1959 年提出了工业综合体(Industrial Complex)的概念,把一个特定区域上的一系列经济活动看作是工业综合体,由于这些活动相互之间存在着比较优势而带来很大节约。组成价值链的各种活动可以跨越组织和地域,既可以在单个企业内部,也可以分散于多个企业之间;既可以集聚于特定的地理空间,也可以分散于全球各地。全球城市价值链不仅包括大量的企业,还包括大量的城市,不仅要关注企业,还要关注城市空间,只有这样,才能全面刻画企业价值链与城市价值链的互动与耦合机理。全球城市价值链的区域布局如图 5 - 23 所示。

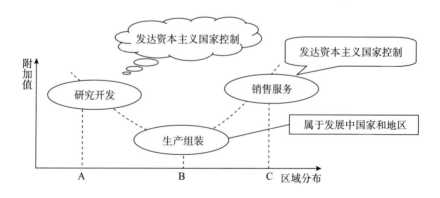

图 5 - 23　全球城市价值链区域分工模式

　　全球化的本质是全球生产系统的空间嵌入过程。经济全球化通过跨国公司形成国际生产网络，实现了全球价值链跨区域重组，城市成为世界经济的价值环节的空间载体。全球生产系统是由不同等级的城市"节点"构成的复杂的空间网络，大城市是城市网络中的"策略性空间"，对区域生产系统的运行和发展发挥主导和管理作用。城市价值链来源于劳动地域分工思想，劳动的社会分工，有着悠久的历史，劳动的地域分工，则是生产力发展到特定阶段的产物，经历了亚当·斯密的绝对优势理论、大卫·李嘉图的比较优势理论到赫克谢尔和俄林的要素禀赋的发展历程。城市价值链是劳动地域分工的空间表现，是指在专业化分工的基础上，每个城市是产业价值链上的空间代表，其被赋予了特定价值，各个具有特定价值属性的城市通过产业价值链而形成城市价值链。中心城区的辐射力、带动力主要为对城市价值链的驾驭能力和控制能力，而不仅仅体现在中心城区较大的经济总量和人口规模上。随着网络技术的发展，价值环节的高低与城市规模已经不存在正比关系，城市价值的高低很大程度上取决于其对整个城市价值链的控制和辐射作用。换句话说，一个规模较小的城市有可能成为一个城市群的控制中心，一个规模较大的城市也不一定必然具有同等规模的影响力。比较典型的例子就是发达国家的一些城市原有规模并不是很大，却因技术进步和信息革命，已经发展成为具有全球控制力的城市，如日内瓦，人口不足 20 万，却是航空、信息和文化的中心，成为全球城市价值链上的核心城市，并通过信息、服务辐射到其他国家和地区。昔日的"汽车之都"底特律的衰落也说明城市空间演化的竞争性和周期性给城市发展带来的风险和挑战不容忽视。可见，全球城市是区域性城市在外延上的拓展，其本质属性仍然是城市资源基于价值链在全球空间范围内布局的结果。

　　随着信息技术的发展，世界经济格局呈现出地理上的空间重组趋势，所有城市都必须以国际一体化为参照，重新界定自己的角色。但需要明确的是，全球化或区域一体化的意义在于将城市纳入全球经济体系当中，在城市价值链中明确其定位和应承担的职能分工，而不是把每个城市都塑造成全球城市。大量位于网络体系底层的城市，只具有专业生产职能；相当一部分位于网络体系中间层的城市，具有空间价值整合的控制职能；只有少数位于顶层的城市，才具有综合设计与服务职能。新技术革命引发的经济中心多样化的趋势对集聚经济和规模经济提出挑战。多样化、个性化和小批量的敏捷制造方式使企业规模小型化，企业空间布局也相应地分散化。

第五节　分工与城市空间演化

分工是城市空间演化的根本动力。从提高空间利用效率、吸收更多劳动力、减少环境负外部性的情况来看，大城市多样化集聚正效应显著，适合于服务业、非标准化制造业和研发活动的展开，这能为创新、发明、培育新公司提供有利的环境，从而将大型制造业迁移到外围地区。中等城市适合于成熟产业而非新兴产业的专业化生产。小城市单一产业集聚效应显著，适合发展大型制造业，制造产品并接受和重新安置大城市迁移出来的产业。这种城市空间与产业集聚的互动发展能实现城市之间的互补，推动大中小城市的协调发展和产业的空间合理布局，有效避免城市间产业结构趋同带来的无效竞争和资源浪费。如果在充分发挥城市群核心城市辐射带动作用的同时，能注重发挥政府在地区间空间生产中的财政支付的作用，加大对中小城市基础设施和公共服务的投资，增强中小城市对人口和产业的吸引力，可以减轻区域资源压力和环境负荷压力，从而有效化解大城市病。

城市跟企业一样，对城市空间的开发与利用是一种生产过程。斯密、杨小凯等人的分工理论对分工的好处有大量阐述，比较优势理论也有类似的观点。通过考察城市分工前后的一些变化，以此来说明城市分工在城市价值链重组中的地位。

先设定一个城市的生产边界 $g(x_1, x_2) = k$，表明一个城市只依靠自己的能力所能生产的两种商品的数量和其他可能性的投入。如果这个城市不存在与外界的贸易，那么它的生产活动的目标就是在生产约束条件下，达到效用最大化，即：

最大化

$U(x_1, x_2) = U$

满足

$g(x_1, x_2) = k$

该问题的拉格朗日函数为：

$\ell_1 = U(x_1, x_2) + \lambda[k - g(x_1, x_2)]$

其中，λ 是拉格朗日乘子。因此：

$\ell_1 = U_1(x_1, x_2) - \lambda g_1(x_1, x_2) = 0$

$\ell_2 = U_2(x_1, x_2) - \lambda g_2(x_1, x_2) = 0$

$\ell_\lambda = k - g(x_1, x_2) = 0$

根据前两个一阶条件可以导出 $U_1/U_2 = g_1/g_2$，该等式与第三个一阶条件（即约束条件）共同表明无差异曲线必然与生产边界相切，即图 5 – 24 中的 A 点。在没有贸易的条件下，城市生产多少产品，就消费同等数量的产品。进一步假设存在一个可交换这些商品的市场，城市一旦生产出来商品就可以跟其他城市在更大规模的市场中进行交换，用自己的产品来换取更多的其需要的商品。在这种情形下，城市生产具有最高市场价值的产品，一般这种产品不是消费所需的商品组合，它们会在市场上被交换以获取最大的效用。随着市场的扩展，城市可以达到图 5 – 24 中的 C 点，C 点的效用水平高于没有市场交换条

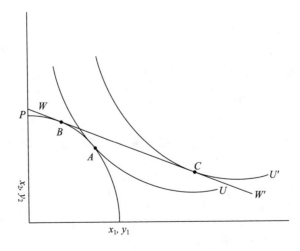

图 5 – 24　市场规模限制劳动分工

件下的效用水平（城市更为偏好 C 点，当然，城市也可以选择不进行贸易而仍在生产边界上生产）。通过分离消费与生产，城市就可以利用其比较优势，而不用担心它们是否只可以消费自己所生产的产品。在有效市场中，城市可专门生产具有最高市场价值的产品，即 B 点，并且以市场价值进行交换，从而达到更高的效用水平 C 点。

该模型的数学公式计算过程如下。在该模型中实际上有 4 个决策变量：生产的产品（y_1，y_2）和消费的商品（x_1，x_2）。对一个具体的城市而言，问题就是：

最大化

$U(x_1, x_2) = U$

满足

$g(x_1, x_2) = k$

$p_1 x_1 + p_2 x_2 = p_1 y_1 + p_2 y_2$

上式中，p_1，p_2 分别是两种商品的市场价值。通过引进第 5 个变量 W，即城市产出的总价值，即可以用以下方程刻画该问题：

最大化

$U(x_1, x_2) = U$

满足

$p_1 x_1 + p_2 x_2 = W$

$p_1 y_1 + p_2 y_2 = W$

$g(y_1, y_2) = k$

从后两个约束条件可以看出，对于任意满足生产约束条件的 y_1 和 y_2，都可以确定 W。问题可以简化为在满足一般约束 $p_1 x_1 + p_2 x_2 = W$ 的条件下效用最大化。在这里 W 取决于 y_1 和 y_2。假设非饱和性成立①，W 的增加也会使效用增加。因此，为了使效用最大，城市首先要决定产出组合（y_1，y_2）以使财富 W 最大化。图 5-26 中的 B 点则

---

① 非饱和性，或者说"多的总比少的好"。消费者在正的价格水平下所消费的商品都具有非饱和性，即在其他条件不变的情况下，对消费者而言，消费多的商品数量总比消费少的商品数量好。用数学表达式可表示为：如果 x_1，x_2，…，x_n 是消费者消费的商品，那么任何一种商品 x_i 的边际效用都是正的，即 $U_i = \partial U/\partial x_i > 0$。在保持其他商品不变的情况下，消费者增加任意一种商品 x_i 的消费，都会使消费者的效用指数增加。

是财富 W 的最大值点。城市在满足预算约束线 WW' 的条件下达到效用最大化，WW' 经过 B 点，且是与生产边界线相切的直线，由此城市达到 C 点的消费水平。

第六节　城市内部价值链与城市间价值链

基于空间价值链的城市空间演化路径，符合经济地理中"密度、规模、协同和扩展"的基本规律。因此，需要加快制度创新，打破各种体制机制壁垒，真正释放政策红利，改革红利和空间红利，走出一条提质增效的城市空间演化道路。

一　城市内部价值链形成机制

城市空间价值梯度变化曲线表明，城市中心的距离每增加一个单位，城市空间价值都有按一个不变的百分率下降的趋势。公式如下：

$$V_x = V_0 e^{-bx}$$

其中，V_0 代表市中心最高空间价值，b 为斜率系数，x 代表半径距离。这条曲线也只是对整个城市变化态势的描述。

由于不同的城市空间对应不同的空间价值，将空间价值链 V 带入上式可得关于城市内部价值链的梯度变化曲线。对于单个城市，假设由城市核心、城市次级功能区和城市外围三类空间构成，单核心城市是一个具有三元结构的典型区域，因此，引入三个斜率系数，即：

$$V_x = \begin{cases} V_0 e^{-b_1 x} \\ V_0 e^{-b_2 x} \\ V_0 e^{-b_3 x} \end{cases}$$

其中，V_0 代表城市中心最高空间价值，b_1、b_2、b_3 分别代表城市中心区、次级功能区和外围地区的斜率系数。由此可得城市空间价值梯度变化曲线（见图 5 – 25）。

从图 5 – 25 可以看出，由于城市空间的异质性，城市内部不同类型的区域具有不同的斜率值，表现出不同的空间价值规律。$b_1 > b_2 > b_3$ 表明城市中心空间价值大于次级功能区的价值，更大于城市外围地区的价值。事实上，城市空间的异质性与要素密度和产业布局联系在一起的，相比其他城市空间，城市中心区要素集聚程度高，是服务业集中布局的区域，因此处于城市价值链的高端，故空间价值较高。

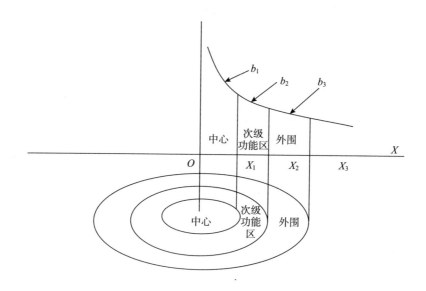

图 5 - 25　城市空间价值梯度变化曲线

由此，我们可以得出以下推论。

推论 1：当沿空间某一方向空间价值为零时或当空间价值梯度曲线呈水平状态时，该点在城市空间的地表映像即为城市空间沿此方向的边界点。

推论 2：由于城市空间的异质性，沿不同方向的空间价值表现出不同的变化规律，因而在距城市中心点具有不同半径的空间点上实现价值变化为零或空间价值梯度曲线呈水平状态。

推论 3：由沿不同方向边界点的包络线所形成的闭合空间即为城市空间，包络线即为具体城市空间边界，于是城市空间可测。沿不同方向的边界点距城市中心的距离（半径）不同，表明城市空间边界不是等半径的同心圆结构。

推论 4：城市空间面积与空间价值存在确定性数量关系，因此，城市空间面积可测。

推论证明如下：

图 5 − 25 即为推论 1 的证明图。其中，空间价值变化为零时沿 X 方向在城市空间地表的映射为 X_3，即为 X 方向的城市空间边界点。

为证明推论 2，将图 5 − 25 旋转 90 度，见图 5 − 26。沿 Y 方向城市中心区、次级功能区和外围地区空间价值变化的斜率分别为 b_1'、b_2'、b_3'，空间价值沿 Y 方向的变化为零时，即城市空间价值梯度变化曲线呈水平时的点在城市区域地表的映射为 Y_3'。由于：

$$b_1' \neq b_1,\ b_2' \neq b_2,\ b_3' \neq b_3$$
$$X_3 \neq Y_3{}'$$

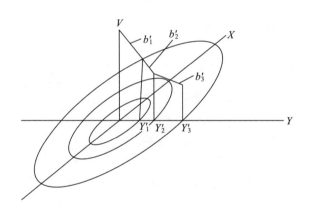

图 5 − 26　沿 Y 方向空间价值的变化

为证明推论 3，将空间价值沿不同方向的变化为零时的点在城市区域地表的映射连在一起，可得空间边界如图 5 − 27 所示，可见，城市空间边界呈现为非同心圆形状。结合图 5 − 27 可知，由于区域的空间异质性，表示具有相等空间价值的等值线不是同心圆式的结构，因而城市边界在城市区域空间地表上的映射也不是同心圆结构。

二　城市间价值链形成机制

当城市集群发展时，城市区域会出现多中心的空间结构，形成城市间价值链。城市群空间演化过程见图 5 − 28 和图 5 − 29。

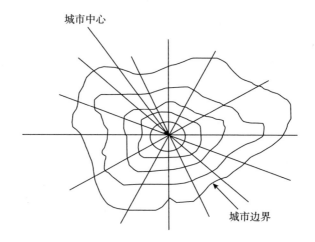

图 5 – 27　城市空间演化过程（平面）示意

注：圈层线为空间价值相等的等值线。

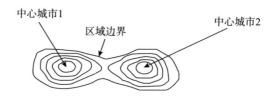

图 5 – 28　双中心城市区域空间（平面）演化示意

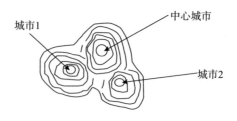

图 5 – 29　城市群（平面）的空间演化示意

　　从图 5 - 28、图 5 - 29 可以看出，由于空间价值的存在，两个城市的空间演化方向一致，当两个城市的边界线相交时，城市群的初级规模形成。因为中心城市处于不同层次，因此中小城市的空间演化方向要受到大城市的影响，表现出向大城市集聚的特征，如图 5 - 29 所示，当三个城市的边界相交时，三核心城市群空间结构得以形成。可以推论，多核心城市群具有相同或类似的空间演化规律。

为证明推论 4，假设：

（1）城市空间是均质空间，即认为城市空间上的各个区位具有相同的空间价值；

（2）城市空间是同心圆的圈层结构；

（3）存在考察期内关于空间价值的时间序列。

设 $xit(t = 0, 1, 2, 3, \cdots, n)$ 为考察期内空间价值增加的时间序列；设 $x0t(t = 0, 1, 2, 3, \cdots, n)$ 为考察期内空间价值减少的时间序列。考察期内的平均增加量为：

$$A = \frac{\sum_{t=0}^{n} xit}{n} \qquad (5-6)$$

考察期内的平均减少量为：

$$B = \frac{\sum_{t=0}^{n} x0t}{n} \qquad (5-7)$$

净增加值为：

$$\lambda = A - B \qquad (5-8)$$

考察期内的城市空间价值总量为：

$$V = \lambda T (T \text{ 为考察期}) \qquad (5-9)$$

$$dV = \lambda dt \qquad (5-10)$$

单位面积的空间价值为：$v = \dfrac{V}{S} \qquad (5-11)$

其中，v 为单位面积的空间价值，S 为城市区域面积。根据假设条件，v 为常数，则

$$dS = \frac{1}{v} dV \qquad (5-12)$$

将式（5-10）代入式（5-12），城市空间面积在考察期内随时间变化的关系为：

$$S = \int_0^T \frac{\lambda}{v} dt \tag{5-13}$$

根据式（5-6），在城市总空间价值不变的情况下，城市空间面积是城市空间价值的函数，则：

$$\frac{dS}{dv} = -\frac{V}{v^2} \tag{5-14}$$

$$dS = -\frac{V}{v^2} dv \tag{5-15}$$

根据城市空间价值梯度函数：

$$v = V_0 e^{-bx} \tag{5-16}$$

对 x 求导：

$$dv = V_0(-b)e^{-bx}dx = -bV_0 e^{-bx}dx \tag{5-17}$$

将式（5-15）、式（5-16）代入式（5-17）并整理，得：

$$dS = \frac{V \cdot b}{V_0 \cdot e^{-bx}}dx \tag{5-18}$$

根据图 5-26 求积分，可得城市中心区面积 S_1、次级功能区面积 S_2 和外围面积 S_3：

$$S_1 = \int_0^{x_1} \frac{V \cdot b_1}{V_0 \cdot e^{-b_1 x}}dx \tag{5-19}$$

$$S_2 = \int_{x_1}^{x_2} \frac{V \cdot b_2}{V_0 \cdot e^{-b_2 x}}dx \tag{5-20}$$

$$S_3 = \int_{x_2}^{x_3} \frac{V \cdot b_3}{V_0 \cdot e^{-b_3 x}}dx \tag{5-21}$$

此时，城市的总面积为：

$$S = S_1 + S_2 + S_3 \tag{5-22}$$

三 空间势能

空间价值是由空间所代表的价值链地位决定的。空间价值衡量在某种意义上只是一种比较，而不是具体的衡量。这里可以借助物理学中的"势能"概念来说明城市空间价值的比较问题。由于空间非均质以及空间梯度的存在，不同的空间价值对应不同的空间势能。一般来说，特定空间与发达空间的产业、技术差距越大，空间势能就越大，显然，这种势能影响着相对应的区域经济发展的后劲和活力。空间势能的作用机制如下：

（1）集聚。较高势能的空间对周边要素的吸引与集中。

（2）辐射。较高势能的空间要素向周边区域的转移与扩散。

（3）增值。城市价值链各环节的空间增值和整个城市价值链整体升级的统一。

（4）优化。通过空间价值链的整合与重组，使区域内的资源要素有效配置，布局更趋合理。

当然，城市空间势能是一个动态的概念，随着时间的推移而演变，空间势能变化的结果，在一定程度上形成城市空间结构形态。

考虑到对技术要素的处理方法，需要将空间这一要素内生化到城市生产函数中，因为在现实的城市经济增长中，索洛"余值"不仅仅是技术要素的贡献，空间要素也是很重要的方面。如果不考虑空间要素，生产函数就很难解释报酬递增的区域产出现象，难以解释价值链的空间影响。本书建立的城市生产函数为：

在既定的技术水平下：

$$Q = A^\theta f(K, L) = A^\theta K^\alpha L^\beta, \ \theta 、 \alpha 、 \beta > 0$$

其中，A 为空间要素。如果 $\theta = 1$，A 为常数，上述函数就变成 CD 型生产函数。

现假定 $\theta > 1$，A 为自变量，K、L 为常数，函数形式变为：

$$Q = A^\theta f(\bar{K}, \bar{L}), \ \theta > 1$$

设 $f(\bar{K}, \bar{L}) = \mu$，上式可以简化为：

$$Q = \mu A^\theta \tag{5-23}$$

式（5-23）的经济含义是空间要素被视为唯一可变投入要素的生产函数，并且是一个边际报酬递增的生产函数（见图5-30）。这是一种极端的假设，有助于解释空间的价值增值机理及由此带来的报酬递增效果。总之，空间价值的差异性越大，越容易形成垂直一体化的空间价值链，空间竞争程度也越低；反之，空间价值的相似性越高，越容易形成水平一体化的空间价值链，空间竞争程度也越激烈。

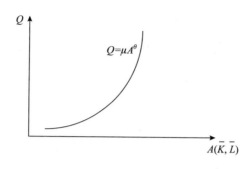

图 5 – 30　空间要素投入的生产函数

第七节　城市空间演化各阶段特点

　　城市空间演化是在城市价值链驱动下完成的，在对人口就业和产业结构分析的基础上，本书认为，城市存在典型的三元经济结构，即制造部门、中间服务部门和现代服务部门。城市空间演化过程分为两个拐点三个过程（见图 5 – 31）。W_0 为制造业工资，W_1 为中间服务业工资。OL_1 为第一阶段，在该阶段城市大量劳动力集中在制造业部门，$N_1 Q_1$ 为此阶段的生产可能性曲线。$L_1 L_2$ 为中间服务业阶段，在这一阶段，城市价值链提升到生产性服务业，实现了第一次升级，制造业向城市外围地区转移，$N_2 Q_2$ 为此阶段的生产可能性曲线，这一阶段的明显特征是劳动力工资由 W_0 提高到 W_1 水平，增加的劳动力转移到了生产性服务业领域，广大外围城市形成了基于价值链的格局，城市集聚与竞争逐渐增强，现代意义上的城市群得以形成。OL_2 结束后整个城市价值链提升到更高水平，城市进入现代服务业阶段。劳动力工资水平突破 W_1 时，新一轮城市空间演化主要由现代服务业来驱动，城市之间价值链形成价值链集成网络，城市群开始向城市经济区方向演进，城市之间竞争加剧。我们把 M 点称为城市空间演化第一拐点，把 A 点称为城市空间演化第二拐点。理论上城市空间演化各阶段转折点被定义为一个时点，但作为一个长期的过程现象，很难用一个具体时点来描述，在实际应用中，更多地表现为一个区间。另外，城

市空间演化过程也是"可逆"的，城市价值链重组会受到经济周期的
波动性影响，在经济处于繁荣时期，由于技术进步和资本积累的长期
作用，城市价值链会跨越"拐点"，当经济处于衰退状态时，城市空
间演化和价值重组能力削弱，导致经济回到"拐点"之前的状态。

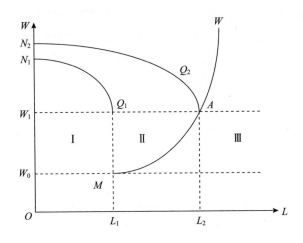

图 5 - 31　城市空间演化三阶段示意

　　从城市形成初期到城市经济区的整个城市化的过程中，其价值构
成、部门基础、规模报酬、产业边界和专业化形式都有明显差异（见
表 5 - 3），说明城市空间演化是一个动态的产业价值链重组和整合的
过程。在发达的城市群内，处于核心和首位城市的超级城市重点发展
公司总部、金融、研发、设计、技术服务等高价值环节，广大外围城
市和小城镇则专门发展一般制造业和零部件生产；处于二者之间的特
大城市作为二者的过渡则侧重于发展培训咨询、营销、批发零售、商
标广告管理等生产性服务业。城市群是一个按照价值链布局的有机系
统。伴随着产业链的价值裂解和在全球范围内的重新配置，城市群嵌
入价值空间的尺度范围将不断扩大，城市功能将不断专业化和高级
化，除了地区性和国家性城市体系，还会出现跨国城市体系和全球城
市体系，城市价值链进一步向更高层次的区域价值链演进。比如，欧
洲传统的制造业带跨越了法国、比利时、卢森堡和德国的边界，加拿
大的安大略省通常被经济地理学家看作美国制造业带的一部分，而爱

达荷州则是外围的一部分。

表 5 – 3   城市空间演化各阶段特点

阶段	城市化初期	城市形成	城市规模扩大	城市焦聚	城市经济区
价值表现	企业能力要素	企业价值链	产业价值链	全球价值链网络	全球价值链网络
描述	服务于乡村的单一城市	单一的制造业城镇	拥有郊区的制造业城镇	多个城市专业化分工	复杂的分工体系
部门基础	农业	农业—制造业	制造业	服务—制造业	服务业
增长动因	农产品的转型	劳动力分工的发展	劳动密集型产业的发展	资本、技术密集型产业的驱动	资本、技术密集型产业的转型
劳动力分工	企业和部门内部	企业内部和部门之间	企业之间、部门之间	企业内与企业间、部门内部	企业内与企业之间、部门内与部门外
规模报酬	内部递增	内部递增、外部不变	内部递增、外部递减	内部递增、外部递增	内部递增、外部递增
产业结构	趋同	趋同	趋同	趋异	趋异
空间分异	不同产业在空间上的分离	不同产业在空间上的分离	同一产业不同产品在空间上的分离	价值链的不同环节、工序、模块在空间上的分离	价值链的不同环节、工序、模块在空间上的分离
诱发因素	地区比较优势、资源禀赋	地区比较优势、资源禀赋	产品差异、消费者偏好、需求重叠、规模经济	产品差异、消费者偏好、需求重叠、规模经济	规模经济、产业关联经济
产业边界	清晰	清晰	较清晰	弱化	弱化
专业化形式	部门专业化	部门专业化	产品专业化	功能专业化	功能专业化

第八节　城市群的内涵与特点

根据以上分析，城市群是指在产业价值链基础上形成的基于城市价值链的城市"集合体"，具有枢纽性、高密度性、网络性和共生性四个基本特征①，是以城市价值链为纽带建立起来的空间经济组织。城市群是一种先进的生产组织，城市集群是价值链空间分割和"片断化"，最终经过市场力量进行重组和整合的结果。城市群中的核心城市、次级城市和卫星城市分别分布在城市价值链的高端、中端和低端。产业、城市和网络（交通、信息等）共同构成了城市群的物质基础。城市集群式运行依赖于信息及其在社会成员之间的有效传播。信息以及传播信息的方法对所有城市都有一种根本的、普遍的影响。作为经济资源的信息，其复制的成本相对较低，且会产生乘数效应和空间溢出效应。信息对于研究经济系统的运行来说，就像空气对于研究人体功能的发挥那样，处于中心地位，为供给信息而建立起来的传播系统，可能比信息本身对制度相互作用的本质特征产生更大的影响。根据 O. E. 威廉姆森（O. E. Williamson）的观点，交易成本源于有限理性、机会主义和资产专有性，也就是信息不充分、沟通失灵和高度的不确定性。因为市场交易过于复杂，而且成本高昂，纵向和横向的一体化就更有效率，通过避开市场，城市群中的核心城市就会在更有利的位置上进行控制，更有效地供给它们的产品。显然，在对城市群经济活动的协调中，大规模的计划工作是优于市场的。

一　城市群是一个市场组织概念，表现为产业的空间组织

城市群是一个复杂、开放的巨系统，具有边界模糊性和城市辐射范围的阶段性，是城市空间聚集的高级阶段。城市群是以产业价值链为基础，在单个城市发展面临挑战和规模门槛的情况下的必然选择。在产业、城市价值链重组过程中，传统城市等级体系将会弱化，网络

---

① 汪阳红、贾若祥：《我国城市群发展思路研究——基于三大关系视角》，《经济学动态》2014 年第 2 期。

协作关系不断得到强化，呈现市场一体化和利益协同化特点。城市群是在市场主导下进行生产、经营活动的单位，是将市场失灵导致的外部性进行内部化的组织制度。这既节约空间交易成本，又产生集聚经济效益，实现规模报酬递增。城市群运行的关键是城市价值链的合理布局，以中心城市为核心覆盖整个城市群的城市价值链是城市群存在和发展的本质。城市价值链也符合制度经济学理论研究的企业与市场之间的一种中间性组织的性质，是一种建立在契约关系上的互相依赖、共担风险的交易模式，是城市应对外部变化而采取的一种新的制度安排。在城际空间约束下，产业链客观上要求跨城市布局，呈现出地理空间布局的分异，每个城市成为城市产业链上的节点，城际空间价值链各环节的协同发展是整个区域价值创造和效率提高的关键因素。可见，城市群是建立在城市价值链基础上的介于市场组织和企业层级组织之间的新的组织形式。城市空间结构是城市形态和城市相互作用网络有组织的空间表达形式，其相互作用原理可分为聚散效应、传输效应和组织效应①，城市空间演化是三种效应相互叠加的动态过程，因此，城市群可以看成是由跨区域的在地理上互相连接的城市在城市价值链作用下形成的经济区域。其主要特征有二：一是地理上互相连接，二是城市群不同城市之间在产业链上紧密相关，彼此之间以分工协作为主。城市群通过大规模的协同效应与累积反馈作用在各类城市空间上交互运行，城市集群的空间经济优势得以产生。

二　城市群是企业网络的空间扩散

在向心力和离心力的作用下，产业组织趋向于整合和重组，因产业垂直关系的需要、对马歇尔集聚效应的追求，产业价值链出现了空间的选择和调整，城市规模与结构也随之改变和形成。这个过程也可以被认为是群体内各城市产业转型、优化、升级的过程，也是产业专业化程度加深和多样化效率提高的过程。城市群作为城市的集聚体，首先是基于空间上的近距性和连续性，其核心职能是价值链的空间联系，如果不具有价值链特点就无法称其为城市群，而只能称其为一群

---

① 王振坡、游斌、王丽艳：《基于精明增长的城市新区空间结构优化研究——以天津市滨海新区为例》，《地域研究与开发》2014 年第 4 期。

离散的城市分布。

三　城市群是利益主体博弈的空间均衡

在现行的城市管理体制下，城市间竞争与合作除了市场机制，还有政府的力量，而且，政府在城市集聚过程中扮演着重要角色。要素流动成本、产业政策、户籍制度等都会对集群效率产生影响。在目前财政分权制的城市治理环境下，城市群的形成和发展离不开政府的推动和自上而下的引导、规划。消费者、企业、政府在各自的利益中选择，城市群的利益主体广泛而复杂，其行为对城市空间演化具有重要作用，这种利益博弈改变了原有城市空间形态，竞争均衡普遍存在，城市集群是利益主体博弈的空间竞争均衡的结果。

全球化背景下，城市群内部各城市的发展除了整合自身资源优势，还要进行一定的泛空间、跨区域联合。城市联合是指两个或者两个以上的城市基于发展战略、资源整合和区域协同目的而形成的虚拟组织。城市空间演化是城市合作博弈的结果，是一种合作性超边界组织安排。城市空间演化的特征是以市场为机制、以利益共享为动力，有效促进各种资源的合理配置，从而提升关联城市的竞争力并达到关联城市多赢的局面。合作博弈强调区域内城市竞争的"集体理性"，在共同的战略目标下，通过合作竞争来实现。

四　结构趋同与专业化

产业结构趋同是指各地区产业结构相似的程度，从长期来看，呈现出不断提高的趋势。杜兰顿（Duranton）和普伽（Puga）通过对美国不同规模城市的产业专业化的研究发现，随着城市空间的扩张和规模的扩大，出现了产业结构趋同，大城市内部专业化不断减弱，在生产和管理方面的专业功能不断加强，而中小城市的生产制造专业化程度不断提高（见表5-4）。这也说明，城市价值、产业是在趋同基础上进行整合和重组的，基于产业链的城市价值链分工体系只能导致城市产业分工不断深化，在此基础上也必然会出现城市产业的升级，进而会出现结构趋同的情况，但一般来说，专业化城市出现在城市发展的早期阶段，产业趋同在城市进入价值链高端时可能出现。从价值链角度来说，城市产业结构趋同是城市内部价值链重组的结果，专业化是城市间价值链重组的结果。

表 5 – 4 美国不同规模城市的专业化特点

人口（人）	部门专业化			在生产和管理方面的功能专业化（%）			
	1977 年	1987 年	1997 年	1950 年	1970 年	1980 年	1990 年
5000000—19397717	0.375	0.369	0.348	+ 10.2	+ 22.1	+ 30.8	+ 39.0
1500000—4999999	0.287	0.275	0.257	+ 0.3	+ 11.0	+ 21.7	+ 25.7
500000—1499999	0.352	0.338	0.324	− 10.9	− 7.8	− 5.0	− 2.1
250000—499999	0.450	0.409	0.381	− 9.2	− 9.5	− 10.9	− 14.2
75000—249999	0.499	0.467	0.432	− 2.1	− 7.9	− 12.7	− 20.7
小于 75000	0.708	0.692	0.661	− 4.0	− 31.7	− 40.4	− 49.5

注：表中部门专业化为克鲁格曼专业化指数，按两位数 SIC 制造业部门就业计算；功能专业化为各地区每个生产工人拥有经营管理人员与全国平均水平的百分比差异。

资料来源：Duranton, G., Puga, D., "From Sectoral to Functional Urban Specialisation", *Journal of Urban Economics*, 2002, 57（2）: 343 – 370。

第九节 城市空间演化的价值链增值效应

城市空间的竞争优势通过产业来反映。生产网络的空间与功能的二维演化机制为城市空间演化提供了内生性激励。不同空间尺度的生产网络通过对空间资源要素的整合与重组促进了城市空间演化不断高级化。城市空间演化的本质是产业价值链整合与重组的过程，在这一动态过程中也必然伴随着以产业价值链为基础的城市价值链的增值，其增值效应的体现是复杂的。根据马歇尔的外部经济论、A. 韦伯（A. Weber）的工业区位论、波特的新竞争经济学的集聚经济理论和克鲁格曼的新经济地理学等相关理论，本书认为区域经济增长是空间价值链增值的结果，应将经济增长问题转化为空间增值问题，通过空间价值链的不断增值和升级来实现区域经济的可持续发展，在此基础上归纳了基于价值链的城市空间演化产生的增值效应，其增值的途径表现为附加值数量的增加和质量的改善，主要体现在经济增长效应、空间溢出效应、规模门槛效应、乘数效应和产业升级效应等几个方面。

一　经济增长效应

关于城市空间演化与经济增长的问题，经济学家进行了大量的研究。然而，对产业演化影响经济增长的微观机理方面的研究仍然比较少。按照新古典增长模型，由于边际报酬递减，经济增长存在收敛，而资本的流动、技术的扩散、政策干预等因素都会影响这一收敛的过程和速度。赫希曼在 1958 年的不平衡发展理论中主张集中资源发展要素禀赋较好的地区和产业，以此来带动后发地区；新古典增长理论认为在一个特征完全相同的国家和地区中，增长率与其离稳态的距离成反比，落后地区比发达地区具有更高的增长潜力，根据工业经济发展的一般规律，各个国家和地区之间存在着趋同或收敛的趋势；区域分工贸易理论主张发挥本地比较优势来进行生产和贸易；梯度转移理论主张优先发展高梯度地区和产业，通过产业和要素的分梯次转移来实现整体发展；增长极理论主张积极培育增长极，通过增长极的极化和扩散效应来实现区域增长；库兹涅茨的"倒 U"形曲线提出区域之间的差距随着经济发展水平的提高先拉大、后缩小，从长期来看，区域增长差异趋于收敛。[①] 保罗·克鲁格曼（Paul Krugman）以规模报酬递增和不完全竞争假设为前提构建了中心—外围模型，也被认为是集聚经济的空间演化模型。在这个模型中，需求、收益递增和运输成本的相互作用形成了处于中心或核心（Core）的制造业地区和处于外围（Periphery）的农业地区，集聚产生的外部性的实质是存在运输成本条件下的市场规模效应。由于规模经济、范围经济和外部经济的循环累积因果作用，产业纵向与横向一体化不断加深，产业的前向关联和后向关联使得生产商集中在离大市场更近的地方，形成了前后向联系密切的、连续的生产经营体系，最终会形成贸易的本地市场效应和本地偏好效应。

二　空间溢出效应

城市空间需要在价值链的不同层面进行整合和重组，这是实现城市经济可持续发展的必由之路。城市价值链的空间重组的溢出效应在

---

① Kuznets, S., "Economic Growth and Income Inequality", *The American Economic Review*, 1955, 45 (1): 1 - 28.

新经济地理学中有较合理的阐述。新经济地理学基本模型的数理分析表明，空间溢出效应发端于区域发展的不平衡，区域发展不平衡是根植于收益递增的，空间外溢效应的实质是存在运输成本条件下的市场规模效应，表现为跨空间交易带来的低成本，正因为如此，生产者有将产品和服务限制在有限区域的激励。城市的空间溢出效应取决于资源的合理流动及利用效率，而城市群的空间溢出效应的形成则有赖于城市群之间和群内成员之间的资源流动和经济协调与合作。核心—边缘模型中经济活动集聚的实现所依赖的市场接近效应也是影响城市空间布局的源泉。目前区域经济发展中的明显趋势和研究热点是城市化、城市集聚和区域经济体一体化，三者表面上是区域空间分层结构，实质上是区域产业要素在各层级空间整合与演化的外在体现。以演化理论为基础的产业集聚可为以城市化、城市集聚和区域经济体一体化为特征的经济空间结构的解释提供一种独特的视角。要形成城市群的空间溢出效应，首要的一点是打破城市之间的行政壁垒，消除阻碍城市间合作的体制机制障碍，增加城市群之间和城市群内部成员的合作和交流。

三　规模门槛效应

要素空间集聚因在规模经济的驱动下被认为是经济增长的有效方式。在一个地区或一个产业发展的初期，因规模经济、知识与技术外溢等产生马歇尔外部性，这种情况下的要素空间集聚能够促进经济增长和生产率的提高，这已经达成共识。随着经济活动在地理上的不断集中和集聚，交通、污染等供给紧缺造成的集聚成本也会不断上升，最终会超过集聚收益，要素空间集聚对经济增长和生产率的推动作用会减弱并逐渐变负，这种现象也逐渐被广泛认同。由此可见，要素空间集聚与区域经济增长和生产率之间存在着复杂的非线性关系。在区域一体化和模块化的发展进程中，在技术进步与人的全面发展的双重诉求中，在经济增长与环境改善的双重压力下，城市空间扩张和城市集聚不断出现已是必然趋势。我国许多小城市与大城市有相似的产业结构，但在经济效益上差异显著，城市价值链重组与经济效率之间存在着复杂的关系。根据张蕾等对我国城市规模和城市生产率之间的影响关系研究，我国中小城市从城市价值链的重组中获得收益存在门槛规模和最优规模，规模小于最低门槛值的城市即使有较高的服务业比重，由于其没有发挥价值链的优势，无法形成生产部门的规模集聚效应，其经济运行仍可能是低效率的。[1] 承接制造业的中小城市面临规模门槛。对中小城市来讲，在城市规模门槛值以下的城市服务业比例的提高并不能实现城市效率的提高。如果该假设成立，将证明严格限制大城市、适当发展中等城市、优先发展小城市的思路是不符合经济规律的。可见，可以把城市经济发展看成产业集聚或产业价值链重组的结果，人口规模的扩大，需要生产要素在某一区域集中才能实现。虽然对城市合理规模的争论还没有一个确定的结论，但有一点可以肯定的是，如果城市规模过大，则会带来一系列的负面影响。资源制约和基础设施不足往往会限制城市空间的演化能力，城市规模的扩大是城市价值链升级的结果，只有以制造业为基础的生产性服务业达到一定的阈值水平，城市规模才能扩大，因此，城市发展中的集聚效应在某种程度上可以被认为是规模门槛效应，城市应该通过产业结构调整和升级来实现城市规模经济。

四　乘数效应

随着城市空间演化，企业的前向联系和后向联系得到扩展，这种扩展本身可以催生新的产业，可以预期这些新的产业会引起自身的乘数效应，直至受到空间和其他成本的限制为止。在价值链的低端制造环节，产业一旦出现集聚，在"微笑曲线"的两端价值链高端环节也会出现逐级放大的情形。从需求和供给角度来看，城市空间演化是供求力量循环推进的过程，呈现出一个自我繁殖、复制和加强的轨迹。空间价值具有价值增值的倾向，低端制造环节一旦出现，就会不断产生对中间产品或服务的需求，各类需求又会滋生新的更大的需求，而且新产生的需求比原来的需求更高级，影响力更大，增速更快；而一旦最初的需求得到满足，就会形成下一个需求的供给，供给也会对新的需求产生影响。这也是城市由单一制造城市逐渐演化为生产性服务

---

[1] 张蕾、王桂新：《中国东部三大都市圈经济发展对化研究》，《城市发展研究》2012年第3期；柯善咨、赵曜：《产业结构、城市规模与中国城市生产率》，《经济研究》2014年第4期。

城市再到现代服务城市的动态轨迹，也进一步解释了城市空间集聚的价值链增值原理。本书认为，城市空间演化的乘数效应需要从制造业企业活动边界和组织结构变化角度来定义，主要表现为分工与专业化的加深增加了制造业对生产性服务业的中间需求，制造业和生产性服务业从企业内部逐渐发生裂变和分离，从而改变了外在的产业结构的空间形态。究其原因，在交易费用和冰山成本的作用下，企业内部的生产性服务需求增长达不到生产性服务的供给水平时，必然会突破企业自身的范围而出现外部化的结构变化，企业边界出现裂变，企业空间整合与重组也正是生产性服务从制造企业内部分工走向外部分工的过程，在这一过程中制造业对服务业的推动具有乘数效应。

城市从制造经济走向服务经济的转变是城市价值链增值的根源，意味着从内部需求增长到外部经济结构的根本变化。在产业层面上的制造业可以被认为是广义上的企业，发生在产业链内部的分工拓展活动与微观企业类似。城市服务业活动的中间需求产生于企业内部分工走向产业价值链分工的过程。当然，这些过程都是建立在前面章节所述的价值链整合和重组基础之上的。因此，城市空间演化产业乘数效应可以被认为是城市空间演化的基本规律。

五 产业升级效应

城市空间演化是产业驱动的结果，城市价值链的形成也是核心城市产业升级的结果，城市空间演化的过程必然伴随着产业的空间变迁和调整，因此，城市空间演化的产业升级效应主要是城市产业价值链升级，即生产活动由低价值环节向高价值环节延伸。产业价值链升级指在一个产业内部由价值链的低端不断向价值链"微笑曲线"的两端进行升级，即由低端组装逐步向更高级的零部件生产再到关键零部件的生产最后向研发和营销两段延伸。传统观点认为，产业升级即是产业结构由低级向高级的演进，主要表现为各产业内部要素配置的变化。劳动、资本、技术和知识等要素在各产业阶段发挥重要作用的根源正是技术进步，产业结构升级就是由低技术含量产业向高技术含量产业的演进。因此，这种基于价值链的产业结构升级是对威廉·配第、科林·克拉克、西门·库兹涅茨和钱纳里等人的传统产业结构变迁理论的进一步深化。从以上分析看出，产业升级包含两层含义：一是指产业结构的调整和主导产业的变化、更替,包含了国家或地区的产业结构及其内容不断变化的过程;二是指单个产业的进化过程,表现为某一产业中企业数量、规模、产品或者服务数量的变动。本书涉及的产业升级主要指后一种。

现代产业价值链是一条包括上中下游的"微笑曲线"。左端是以知识经济和知识产权为主导的知识服务性产业,是上游的设计、研发等活动;右端是高附加值的生产性服务业,是下游的销售、网络、品牌、物流等。处在"微笑曲线"弧底的是产品加工、产品贴牌和代工的制造业。随着制造业的全球分工布局,城市价值链的增值更多地来自其所依赖的产业链的延伸。产业链的延伸更多地表现为生产性服务业的发展。生产性服务业作为高级生产要素投入部分,延长了 GVC 在城市的价值链,有利于产业升级。宣烨[1]认为,制造企业为降低成本,追求规模效应和学习效应,通过对价值链进行分解,将价值链上的一些生产性服务业外包出去,实现了价值链中一个功能环节在专业化基础上的规模经济和升级。工业企业会通过内涵式的分工深化和演进,促进中间服务需求的不断扩张,企业内部活动的分工深化会刺激相应的网络控制性中间服务业不断增加[2],从而形成企业内部服务人员(活动)相对于制造人员(活动)的扩张,这便是从制造经济中内生的推动服务经济发展的根本机理,这种机理同样发生在产业链层面上。本书认为,城市产业升级体现在两个方面:一是既要有城市价值链的附加值数量的提高,也要有附加值质量的改善;二是城市对整个产业链的控制能力提高。任何产业升级都是由低级到高级逐级演进的过程,低端产业是高端产业的基础和动力源泉,企图跨越产业链层级实现区域跨越式发展的努力是不合理的,也注定是不可持续的。

---

① 宣烨:《本地市场规模、交易成本与生产性服务业集聚》,《财贸经济》2013 年第 8 期。

② Fujita, M., Krugman, P. R., Venables, A. J., The Spatial Economy: Cities, Regions, and International Trade, MIT press, 2001.

第十节　城市空间演化的因素分析

根据国内外的相关研究和实践，城市空间演化是城市发展的需要，受到区域经济发展水平、产业结构、区位特征和政府政策等多方面的影响。大城市空间演化与中小城市具有不同的演化路径，一般来说，大城市通过各种经济效应的"推力"实现城市空间扩张，中小城市则通过高端产业的"拉力"实现自身空间形态变迁。本书在相关文献研究的基础上，结合城市发展问题的实际，重点从以下几个方面开展因素分析。

（1）技术进步。我国目前的区域发展已经进入快速城市化、城市群和经济区阶段。单个的地区和单个的城市不足以取得规模报酬递增和持续竞争优势。根据新增长理论，技术进步是城市空间演化的根本动力。通过制度、技术和组织方式整合现有优势产业链和构建优势产业集群，不断孵化出以产业价值链为基础的"城市群"和新的"经济区"是下一阶段我国城市空间演化的可预见的趋势，也是区域经济可持续发展的根本途径。目前讨论比较多的创新问题其实就是追求技术进步，寻求实现区域经济竞争力的有效途径。

（2）专业化分工。专业化分工是城市空间演化的前提，其理论依据是比较优势。可以用两条不同的生产可能性曲线和一条单一价格曲线加以说明（见图 5 - 32）。假设可能生产两种产品，分别是钢铁（S）和纺织品（T）。每座城市的生产可能性曲线表示在充分利用有效资源情况下的两种产品的组合。A 城的生产可能性曲线是 $A_S A_T$，能够以减少较少的纺织品为代价来提高其钢铁产量。B 城的生产可能性曲线是 $B_S B_T$，必须大量减产纺织品才能提高其钢铁产量。也就是说，A 城在钢铁生产方面具有比较优势，而 B 城在纺织品生产方面具有比较优势。这两种商品的相对市场价格是直线 MM 的斜率。由于价格等于均衡状态中的边际成本，生产可能性曲线上的任意一点的斜率都等于生产这两种产品的边际成本比率，所以 A 城曲线的切点 S 和 B 城曲线的切点 T（斜率相等的两个切点）就表示每个城市在比较优势下生产的商品组合。因此，生产专业化和规模经济是城市价值链重组与整合的基础。

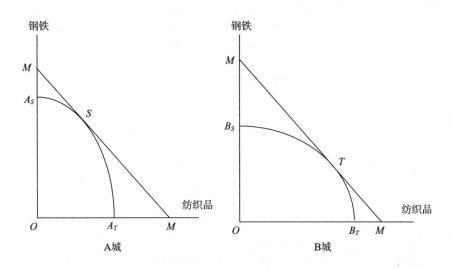

图 5 - 32　两座城市的比较优势分析

经典的单中心城市模型已不能解释现实中大都市的多中心体系。产业集聚的外部性产生的向心力与离心力能够更准确地描述现代大都市的多中心体系。城市规模存在不经济性，因此，把不存在相互溢出的产业放到同一个城市是不合理的，城市需要专攻一个或几个可以产生外部经济的产业，直到各类城市都有一个最佳规模，达到最佳规模时，各类城市都会产生相同的效用，当然，理想规模将因城市种类的不同而变化（见图 5 - 33）。①

不同的产业发展模式对应的城市化路径是不同的，主要原因是产业集聚过程中对空间要素的竞争性需求。表 5 - 5 中列出的温州模式、苏南模式和珠江模式的对比可以反映出产业集聚与城市空间特征的对应关系，从中可以看出城市化路径对地方生产体系有很高的依赖性。

---

① 苏华：《产业多样化结构及其演变规律——基于中国地级城市数据的非参数估计》，《湘潭大学学报》（哲学社会科学版）2012 年第 2 期。

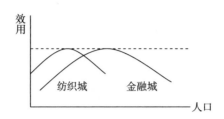

图 5 - 33　城市专业化

表 5 - 5　　　　　　温州模式、苏南模式和珠江模式的比较

	温州模式	苏南模式	珠江模式
小企业生产模式	原生型	原生型	嵌入型
小企业集群模式	马歇尔型（市场型）	中卫型	卫星平台型
要素条件	私人资本	集体资本	外来资本
市场条件	国内与国际市场	国内市场	国际市场
技术来源	技术模仿与创新	区域外的技术辐射	引进技术
发展机制	市场引导型	政府扶持型	外向经济型
产业竞争力来源	专业化与范围经济	政府优势与规模经济	成本优势与政策优势
地域根植性	强	较强	弱
产业联系	本土	区域外	境外
产业调整力量源	自下而上，企业主导	自上而下，政府主导	境外冲击，国际主导

资料来源：庄晋财：《区域要素整合与小企业发展》，西南财经大学出版社 2004 年版。

　　城市规划理论认为自上而下和自下而上的城市化都统一于点、线、网络和面的逻辑，由此组成的空间布局是逐步演化的，需要对不同层次城市空间的价值体系在经济发展过程中的职能结构、规模结构和空间结构之间相互作用进行动态分析；并主张在劳动地域分工中对区域内每一个城镇明确定位，即使是兼有多种主要职能的综合性中心城市，可以由分担各主要职能的若干城镇共同组成中心城市，形成多中心的城市片区或多中心的城市群组成的区域空间布局，规避地区间和城市间产业结构趋同、重复建设带来的问题。因此，现代城市的空间概念已不再局限于个别中心点，城市边界也不再仅限于用特定的空间规模来衡量，而是由许多互补功能的不同规模和类型的市、镇居民点和郊区所组成的城市体系。苏华（2012）使用局部加权回归散点平滑法测算了我国 286 个地级以上城市 2003—2009 年的数据，通过分析城市产业结构（产业多样化指数）与经济增长（人均 GDP）之间的关系发现，产业结构呈现非线性影响，城市经济增长随城市发展的不同阶段表现出不同的发展趋势，城市的产业多样化指数与经济增长呈现显著的"倒 U"形关系，并遵循以下演化路径：随着产业多样性程度的提高，"中心—边缘"结构逐步形成；随着城市增长极向心力和离心力的作用，区域间贸易加强，专业化分工提高，多样化程度下降，地区专业化与多样化趋势取决于城市的发展阶段。[①] 从以上理论分析中可以看出，只要能组建起"城市公司"，将大量人口迁移到最佳规模的新城市，就可以实现地区经济增长（获利）。我国的城市化进程、城市扩张、城市集聚的事实也可以证明这一点，规模庞大的开发商在城市发展的过程中也发挥了重要作用。

（3）城市化水平。城市化水平反映的是资源要素在城市的集聚程度。城市化水平较高的地区意味着交通设施、信息技术条件、各种服务业发展等都比较高，能够为企业带来规模经济、范围经济，为城市居民带来较高的效用水平。城市化水平是城市空间演化的外在拉力。

（4）人力资本。人力资本是一切资源中最重要的资源，比物质、货币等硬资本具有更大的增值潜力，具有创造性、创新性，是组织竞争力的源泉。内生增长理论认为，人力资本的投资是影响人力资本的重要因素，人力资本水平的提高对 TFP 的增长有正向的刺激作用。人力资本的积累是经济增长的源泉。城市空间演化与城市经济增长相辅相成。可见，人力资本是城市空间演化的重要因素。

（5）收入水平。收入水平的提高是产品需求多样化的条件，收入水平的提高会引致需求变动，需求的变动最终会促使多样化制成品和不可分服务品需求的上升，也促进生产活动和生产要素向第二、第三产业转移，最终形成企业集聚和城市集聚。收入水平的不断提高是城市空间演化的直接源泉。

---

① 彭翀、顾朝林：《城市化进程下中国城市群空间运行及其机理》，东南大学出版社 2011 年版。

　　（6）国际贸易。在开放经济条件下，城市应该结合自身条件与其他城市进行合作和对接，实现城市价值链在空间上的合理配置和价值增值，通过城市战略联盟实现共存共赢。积极参与全球价值链是城市经济发展的必由之路，国际贸易是城市空间演化的国际驱动力。同时，国际贸易的规模和强度也反映了区域的对外开放水平。

　　（7）制度因素。国家或区域的人口、环境政策、社会服务水平、产业政策和城市发展战略对城市空间布局有重要影响。在区域规划、次区域合作、区域开发与各类区域整合中，制度、文化以及区域政策都起着重要作用。

第六章　城市集聚的动力机制

　　对于区域开发的不同阶段，其空间布局一般都经历着从集聚到扩散的演化过程。城市是集聚经济的产物，表现为资本、人口、产业、土地、交通等要素的集聚。集聚经济是一种外部规模经济，集聚是城市的典型特征。城市化进程下的集聚存在边界和约束，这主要表现为基础设施的拥挤、资源价格的上升等。多数地区在工业化和城市化的初期与中期，集聚效应比较明显，空间集聚是主要倾向。但在中心城市由于过于集聚而出现交通拥挤、用地与供水紧张、区位成本上升和环境恶化等负效应时，其布局趋向扩散。城市群是城市之间由于生产要素的频繁流动，为了提升城市竞争优势、降低交易成本而产生的。具体来说，城市空间演化的集聚表现为两种路径：一种是城市内部的集聚，表现为从城市外围向城市中心的集聚；另一种是城市之间的集聚，表现为从中小城市向大城市的集聚。同理，扩散效应也存在两种途径：一种是城市内部的扩散，表现为由城市中心向城市外围的扩散，另一种是城市之间的扩散，表现为由大城市向中小城市的扩散，城市中的集聚效应与扩散效应共同推动城市空间演化。集聚动力机制通过影响城市产业布局以及人口的空间选择而影响着城市空间的演化轨迹。不同的集聚动力机制，形成了不同规模和类型的城市。在城市空间集聚的过程中，核心城市都起着领导和控制的作用：其一是由本地市场规模扩张触发的要素向城市内部集聚的向心运动，这表现为城市规模的扩大；其二是由于本地市场拥挤导致的要素向中小城市转移的离心运动，这是由核心城市单极扩张转为城市集聚发展的动力。[①]

[①]　胡序威：《区域与城市研究》，科学出版社 1998 年版。

第一节　自上而下的外生整合力驱动下的集聚

自上而下的外生整合力驱动下的集聚可以用凯恩斯的经济增长的乘数效应来解释。通过对某一区域的投资，可以使该地区的产出数倍于投资增量，体现了增加投资对增加收入的刺激作用。自上而下的外生整合力能产生投资乘数效应，是以投资工业增加收入以后必须用于消费为前提的。自上而下的城市空间演化与生产有关，一般遵循三大原则：最低临界值原则、初始利益棘轮效应和循环累积因果关系。

（1）核心区第三产业集聚程度提高，空间价值增值的动力来自服务业，工业空间受到挤压，服务型空间逐步占据主导。当城市化发展到一定程度，中心城市通过发展第三产业带动城市空间重组，通过金融、技术、信息等要素确立其在区域中的核心地位，而将一些低附加值的生产或功能转移出去以实现城市的转型，实质上摆脱了对第二产业的依赖。这从表面上看似乎放弃了第二产业/工业的高额利润，但实际上在产业向外拓展和内部升级的过程中可以双重获利，一举多得，发达国家向发展中地区进行的产业转移就是最好的例证。

（2）核心区工业外迁，过渡区工业集聚程度不断提高，工业空间外移。产业空间集聚的竞争条件是规模经济和范围经济，在竞争过程中，规模经济导致集中，避免规模不经济又阻滞集中，需求多样化和生产多样化背景下的范围经济，也必然导致产业分散布局。比较典型的模式是以日本为代表的集团式结构（卫星城所围绕的多个中心城，一般是属于同一产业集团的）和以中国台湾为代表的中心—边缘结构（卫星城以核心企业总部所在城市分散布局）（见图6-1）。中小城市的互补也为大城市实现产业升级与城市功能转型创造了条件，这种梯度式的分工关系最终提高了基于产业链的城市竞争优势。

一般来说，城市工业结构是指城市各工业部门的组成及其在再生产过程中的生产联系和比例关系。城市空间演化过程也是其产业结构不断调整的过程。随着工业化程度的加深和产业结构的高级化变动，新的工业部门和产业不断涌现，产业结构由单一趋于复杂。主导的推

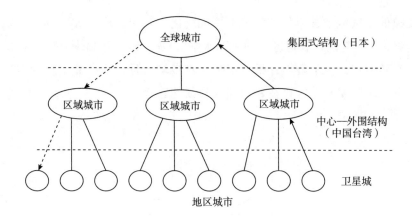

图6-1　自上而下的产业空间分工

动型产业不断由产品附加值低的部门向附加值高的部门转移。城市则由专业化向综合化发展。国际生产网络的形成，使生产过程出现空间分异，中小城市承担了价值链的低端环节的生产任务，大城市和发达的核心地区则集聚了价值链的高端环节。以价值链取向的空间需求在某种程度上决定了城市的空间重组。

（3）工业集聚带动居住空间外移，引导了新的服务型空间形成。与工业集聚相伴的是人口向工业外围转移，形成新的人口集聚区，由于人口集聚扩大了消费需求，围绕人口的服务型空间逐步形成。通过工业集聚带动要素集聚，由此实现集聚经济与规模经济。不管是三次产业结构演进规律，还是城市价值链重组规律，都说明产业空间发展和城市空间演化是有层次的，只有低层次的产业取得了发展，才有可能向高层次的产业演进；同理，只有低层次的城市空间取得发展，才有可能实现更高空间价值的增值与突破。由此可见，离开要素的集聚水平和要素区域积累的质量，片面追求跨越式发展是不可持续的。

（4）外围地区工业得到进一步发展，对要素的吸引力逐步增强。根据新古典增长理论，落后地区远远偏离稳态，对落后地区进行工业投资，可能诱使其他经济体同时出现大规模增长（一种新工业的建立可能刺激另一些部门的模仿和创新），新的投资产生的乘数效应会驱动外围地区稳态增长。图6-2是新古典区域增长模型的推导示意，反映的是区域增长率与其稳态水平成反比，其中，K_1^*、K_2^*、K_3^* 分别是地区 1、地区 2 和地区 3 的稳态水平。（$\psi + \phi n$）包括现有资本折旧和有效劳动，表示资本存量。根据新古典增长理论，在外生整合力作用下各个国家和地区存在着趋同或收敛的趋势。

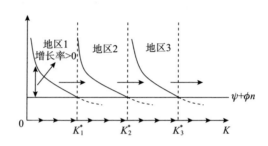

图 6-2　外生整合力集聚引致增长

第二节　自下而上的内生自然力驱动下的集聚

仅仅用内部规模经济和范围经济理论不足以说明相关的生产活动应在企业内部还是企业外部进行，还需要考虑交易费用问题。地区固有的技术潜力和市场潜力是地区增长的内生因素。这些潜力包括社会、政策、经济、文化、自然等多种因素。自下而上的内生自然力驱动下的集聚符合汉森—萨缪尔森模型的加速原理，所谓加速原理，就是用来说明收入变动将怎样引起投资变动的这种引致投资理论。大体来说，当某一区域收入（产量）的相对量（即本期的收入与上期比较的变动百分比）增长时，投资便加速增长，经济就会出现繁荣；反之，当某一区域收入（产量）的相对量（即本期的收入与上期比较的变动百分比）停止增长或下降时，投资便加速减少，经济就会出现衰退。

产业集聚与城市空间布局强调经济效率。在空间规模扩张受限的情况下，在现有基础上扩建、改建、集中建设会比分散布局取得更好的集聚经济效果。但当发展到一定程度之后，集聚已不能与资源供给和环境容量相适应。经济效率、增长速度与环境质量之间的矛盾日益突出，客观上要求趋向分散布局，开始由不均衡逐步转向均衡，呈现出由集中过程转向分散过程的"倒 U"形曲线。① 图 6-3 描述的是因地区自生能力引致的空间扩张，K_1^*、K_2^* 和 K_3^* 分别表示地区 1 在不同发展阶段的稳态水平，y_1^*、y_2^* 和 y_3^* 分别表示地区 1 在不同发展阶段的规模。可见，随着城市稳态水平的提高，城市规模也随之扩大。这说明城市经济增长伴随着城市规模的扩大，直到经济发展的稳态水平不变时，城市停止扩张，要实现城市经济的可持续增长，城市价值链重组与整合是必然路径。

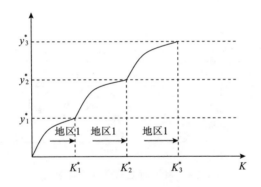

图 6-3　地区自身能力集聚引致增长

　　自下而上的城市化与需求有关，一个聚居区人口和收入的增长能够产生地方需求，地方需求能够刺激地方生产和增长，而城市增长又能增加就业，并由此增加人口密度。伴随着产业链的价值裂解和在全球范围内的重新配置，城市功能将不断专业化和高级化，城市群嵌入价值空间的尺度范围将不断扩大，除了地区性和国家性城市体系，还会出现跨国城市体系和全球城市体系。全球城市价值链不仅包括大量的企业，还包括大量的城市，不仅要关注企业，还要

　　① 王磊、田超、李莹:《城市企业主义视角下的中国城市增长机制研究》,《人文地理》2012 年第 4 期。

关注城市空间。全球城市处于全球城市价值链体系的高端，是具有领导和控制功能的高等级城市。城市价值链的动态调整使得城市之间的联系增强，城市发展由单中心向多中心、网络化方向发展（见图6-4）。

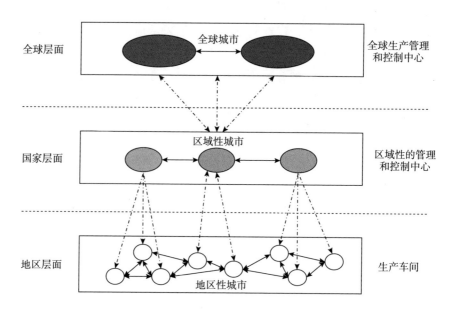

图6-4　自下而上的产业空间重组

第三节　整合力与自然力动态均衡分析

事物的常态是动态变化，且具有累积倾向，因此，需要从整体上分析城市空间演化的路径。一国乃至某一地区的产业发展不平衡是工业化进程中的普遍现象。这种地区差别，是两种力量共同作用的结果。

一　自生发展能力

在各地区之间，自然环境的优劣和自然资源丰度的组合状况不同，区域主体的基因有别，区位条件有差异；人文环境不同，特别是工业开发的历史基础和积累不同；人口密度、人口素质、劳动力成本不同。作为一种社会惯性，这些自生发展能力一直影响着区域经济发展。

二　生产要素的空间整合

现代区域都是一个能量、物质交换频繁的开放系统。生产要素流动的一般趋势是：劳动力向工资高的地区迁移，商品向价格高的地区流动，资金向报酬高的地区集中，新技术和创新成果向梯度差较小的地区推移。城市是信息流、资金流、物流等各种"流"的汇集地。

两种力量长期交互作用的结果是区域呈现出由不平衡到平衡、由低水平均衡到高水平均衡的螺旋式递进发展过程。将外部整合力与内生自然力两种力量结合起来，可以得到一个区域的城市集聚模型：

$$y_t = b(y_{t-1}) + [I_0 + a(C_t - C_{t-1})]$$

式中，y_t、y_{t-1} 分别表示某一区域本期和上一期的经济增长水平，b 和 a 分别表示边际消费倾向和加速系数，I_0 表示外部整合力驱动下的投资量，C_t、C_{t-1} 分别表示现期和上一期的消费水平（内生自然力）。模型表明，在假定 b、a 为既定的情况下，区域城市集聚程度取决于投资量 I_0 的变动（外部整合力），投资量 I_0 的变动，反过来又会加强集聚，产生诸如缪尔达尔描述的循环累积因果关系。可见，集聚区域城市集聚水平是外部整合力与内生自然力两种力量共同作用的结果。与生产有关的力量和与需求有关的力量相互作用可以产生乘数效应，按照乘数效应，地方产品需求增加，影响地方产出、就业、政府服务和收入，生产增长又会改变地方工业布局，这种改变又会吸引有新技能和新需求的人口。整合力与自然力的动态均衡可用图 6-5 所展示的逻辑框架来说明。图 6-5 反映的是经济地区是由一系列经济职能的亚空间（区域）通过一定的等级秩序和功能结构组织起来的。城市空间演化是工业化的必然结果，其实质是空间秩序再安排、经济组织再构建和空间相互作用再调整的过程。如何从空间组织和效率方面保证这一过程的良性发展是城市空间演化的关键。

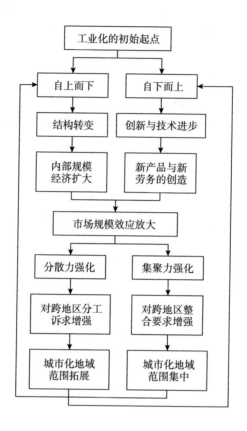

图6-5 工业化与区域城市化的均衡机制

第四节 效用最大化与城市空间演化

将城市空间演化行为假设如下：假设城市在发展过程中要在约束条件下实现空间需求最大化，最大化行为的目标是使式（6-1）最大化，即：

$$U = (x_1, x_2, \cdots, x_n) \tag{6-1}$$

其中，x_1，x_2，$\cdots$，x_n 表示实际使用的城市空间，$U = (x_1, x_2, \cdots, x_n)$ 表示城市使用这些空间所获得的满意程度，或者说是效用的主观评价。但是，在空间稀缺世界里，城市面临着决策问题，决

定自己将采取什么样的空间开发与利用计划。现在用城市决策者面临
一个预算约束这一表述来总结空间稀缺对于城市决策者的影响，并且
假设城市空间演化面临的约束是：

$$\sum p_i x_i = M \qquad\qquad (6-2)$$

其中，p_i 表示 x_i 空间的单位价值，M 表示城市发展在特定时期的
总预算。因此，城市空间演化的空间决策问题可以转化为：

最大化

$$U = (x_1, x_2, \cdots, x_n) \qquad\qquad (6-3)$$

使得 $\sum p_i x_i = M$

这一行为的必然结果就是下列拉格朗日函数的一阶导数为 0。

$$\ell_1 = U(x_1, x_2, \cdots, x_n) + \lambda(M - p_1 x_1 - p_2 x_2 - \cdots p_n x_n) \qquad (6-4)$$

其中，λ 为拉格朗日乘子，在这里是城市空间演化的边际效用。

为了更方便地说明城市空间演化的微观机理，现在我们只考虑两
个变量的情况。假设城市（C）要开发或再利用（也可以理解为消
费）x_1 和 x_2 两个城市空间，并且在竞争市场中分别具有恒定的空间
价值 p_1 和 p_2，任何企业来此投资，都要付出相应的成本。城市未开
发之前的城市收益是 M。在非饱和性的假定下，城市会用其全部收益
来消费城市空间 x_1 和 x_2。假定城市的行为是：

最大化

$$U = (x_1, x_2) \qquad\qquad (6-5)$$

并满足

$$p_1 x_1 + p_2 x_2 = M \qquad\qquad (6-6)$$

则 $\ell_1 = U(x_1, x_2) + \lambda(M - p_1 x_1 - p_2 x_2)$

其中，λ 是拉格朗日乘子。因此：

$$\ell_1 = U_1 - \lambda p_1 = 0 \qquad\qquad (6-7-1)$$
$$\ell_2 = U_2 - \lambda p_2 = 0 \qquad\qquad (6-7-2)$$
$$\ell_\lambda = M - p_1 x_1 - p_2 x_2 = 0 \qquad\qquad (6-7-3)$$

这样我们可以把研究的目标转向式（6-8）中的需求函数。这三
个等式含有独立变量 x_1、x_2、p_1、p_2 和 M。在给定 p_1、p_2 和 M 的情况
下，根据隐含数定理可以求出 x_1、x_2 和 λ。因为城市对 x_1 和 x_2 的消费

也受到城市空间价值和城市收益的影响，因此存在以下关系：

$$x_1 = x_1^M(p_1, p_2, M) \qquad\qquad (6-8-1)$$

$$x_2 = x_2^M(p_1, p_2, M) \qquad\qquad (6-8-2)$$

$$\lambda = \lambda^M(p_1, p_2, M) \qquad\qquad (6-8-3)$$

方程组（6-8）与方程组（6-7）具有同解。这里的主要变量有两个：城市价值和城市收益。式（6-8-1）和式（6-8-2）显示了城市对于给定的城市空间，在收益约束下所做的空间利用决策。因此，这些等式代表在城市收益约束下的空间消费的需求曲线，也可称为马歇尔需求函数。现在再来分析 M 给定下的城市空间需求函数。M 给定，说明 x_1 不仅由 p_1 决定，而且还与 p_2 以及 M 有关。图 6-6 所示的是 p_1 和 x_1 的关系，同一曲线上的点表明 p_2 和 M 给定的情况下，p_1 和 x_1 的关系，当 p_2 给定而 M 变化时曲线移动。

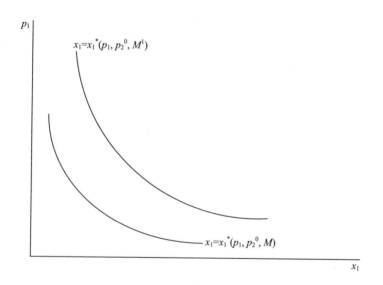

图 6-6　城市收益给定下的城市空间需求函数

图 6-6 实质上反映的是一个投影，即当 p_2 和 M 给定的情况下，把函数 $x_1 = x_1^M(p_1, p_2, M)$ 投射到一个与 x_1、p_1 轴组成的坐标平面相平行的平面上。"沿着需求函数 $x_1 = x_1^M(p_1, p_2, M)$ 移动"指的是当价格 p_1 变化时，城市"消费"城市空间 x_1 的变化。"需求函数的

移动"指的是当 p_2 或 M 发生变化时，需求的变化。尽管理论上可以从边际关系中求出最优解，但是这些边际关系是不可观测的，尽管如此，式（6-8-1）与式（6-8-2）的需求关系和可观测到的变量相关，方程仍具有潜在的意义。

如果把需求方程（6-8-1）和（6-8-2）代入 $U=(x_1, x_2)$，则可以得到城市空间演化的间接效用函数：

$$U^*(p_1, p_2, M) = U[x_1^M(p_1, p_2, M), x_2^M(p_1, p_2, M)] \quad (6-9)$$

值得注意的是，U^* 是一个只有两个变量的方程，这两个变量是空间价值和城市收益。效用函数 $U^*=(p_1, p_2, M)$ 给出了在任意给定城市空间价值和城市收益的情况下，城市空间演化所能达到的最大效用。因为城市空间 x_1 和 x_2，正是在城市收益预算约束下得到的最大效用的空间演化，这些预算约束条件在计算的过程中已经代入 $U=(x_1, x_2)$。

随着城市规模的扩大和经济的发展，城市产出与收益也会随之增大，这也就意味着城市会有较强的空间重组与整合能力，对原有空间的开发与利用会随之增大，城市空间的竞争也将会加剧。图 6-7 反映的是在城市收益变动下的空间演化路径。收益演化路径是由无差异曲线对不同的预算约束的切点组成的轨迹。也就是说，它是点（x_1, x_2）的集合。这些点满足 $U_1/U_2=P_1/P_2$ 的条件，并且无差异曲线的斜率等于预算线约束条件的斜率。该等式与城市收益 M 相独立，因为它代表了在所对应的 M 值下效用最大化问题的一阶等式，当 M 增加时，隐含的消费集会沿着虚线箭头所指的方向移动，到达对应于新的 M 值下的更高的无差异水平。

在这里我们假设城市是一个理性的经济行为人。对于特定城市而言，城市空间效用函数是指城市对于各种可供选择的城市空间重组的偏好集合。一个追求效用最大化的城市对于城市空间变化做出的反应，在理论上可以分为两个部分：一是城市内部价值链重组产生的空间替代效应，即城市在原有的效用水平下对于空间价值变化做出的反应；二是城市间价值链重组产生的空间增值效应，即在城市空间价值保持不变的前提下，城市通过变化在城市间价值链的增值使得预算线在新的效用曲线上达到切点。

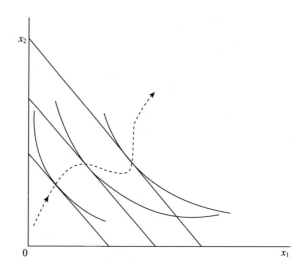

图6-7　城市空间演化路径

可用图6-8来演示这一分析过程。假设一个城市的效用可用图

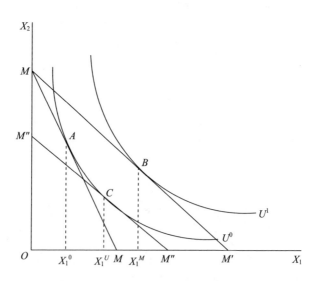

图6-8　城市价值链的替代效应和增值效应

中的无差异曲线表示，其消费的产品是城市空间，最初面临的预算约
束条件是 MM，并且在 A 点获得最大效用，此时消费 X_1^0 单位的 X_1 空

间。假设 p_1 下降，预算线将向右旋转，产生一个新的效用最大化点，即 B 点。城市对 X_1 消费的总变化量是 $(X_1^M - X_1^0)$。但是，消费的总变化量分为两部分：$X_1^M - X_1^0 = (X_1^U - X_1^0) + (X_1^M - X_1^U)$。第一项 $(X_1^U - X_1^0)$ 是指在效用保持不变的情况下，X_1 消费量的变化量。切点 C 出现在新的更低的价格水平上，也在更低的预算水平 $M''M''$ 上。所以，点 C 是消费 X_1 和 X_2 的集合，A 点和 C 点表示在新的价格水平下城市达到原来的效用水平所付出的最小成本。$(X_1^U - X_1^0)$ 是由城市内部价值链重组产生的空间替代效应。在预算线从 $M''M''$ 移动到 MM' 的过程中，产生了总消费量变化的剩余部分，即 $(X_1^M - X_1^U)$。这一过程中空间价值保持不变，因此是城市间价值链增值效应。

第五节　城市空间演化的价值链增值机理

随着技术的进步和信息化发展、各种先进设备和生产方式的使用，制造业中的具体生产环节不断走向价值链低端，相对而言，针对制造业的研发、金融、营销、价值链管理等变得愈加重要，这些生产性服务业是企业或城市价值增值的源泉。尤其是目前高铁技术、航空技术的不断进步，交通运输条件的持续改进，"距离死亡"将导致城市内部和城市之间的跨区域重组与整合。

本书主要讨论城市间价值链增值的机理。假设某个城市群按照城市间价值链进行布局，为叙述方便，这里将城市间价值链定义为各个城市所对应的生产过程，由前后连接的 N 个城市组成。上述定义的关系见图 6 - 9。在图中，沿着价值链条，城市 1 是一个资源型城市，具有原材料优势，原材料被城市 1 加工成中间投入品 A；城市 2 具有中间加工优势，中间投入品 A 在城市 2 中进一步被加工成中间投入品 B。价值链条越向前延伸，城市空间的中间品所包含的空间价值就越高。图中每个城市所对应的城市价值链上的具体生产环节可称为该城市的空间价值。城市既占有一定的空间，又是在一定的空间内存在的，就其中的单个城市如城市 3 来看，其价值环节仍然可以划分成若干更细分的空间价值环节，这部分空间价值链可以被看作城市内部价值链，与城市间价值链的运行原理一样。

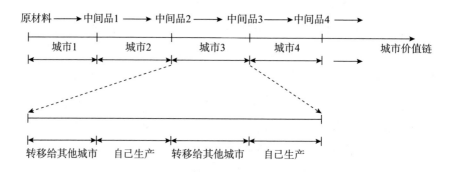

图 6 - 9　城市价值链与价值环节的概念模型

一　城市价值链的成本

在城市间价值链中，某城市处于该城市群的第 i 个价值环节，技术满足规模报酬不变假设，且商品和要素市场均为完全竞争市场。城市集群的单位成本函数为 C_i，w 是城市集群所在市场的要素价格向量，并假设 C_i 为凹函数。为了进一步明确空间价值的性质，假设某一城市 i 包含 N 个城市空间，代表 N 个生产环节，根据城市价值链的特点，不同空间尺度的空间价值具有可分性。假设各个城市空间的单位成本取决于其所对应的产业要素价格，则城市群单位成本函数可以定义为：

$$C_i(w) = f_i[\, C_i^1(w)\,,\ C_i^2(w)\,,\ \cdots\,,\ C_i^N(w)\,]$$
$$= C_i^1(w) + C_i^2(w) + \cdots + C_i^N(w) \qquad (6-10)$$

其中，$C_i^n(n = 1,\ 2,\ \cdots,\ N)$ 是第 i 个城市空间所包含的第 n 个生产环节的单位成本。假设城市间价值链的最终产出的市场价格为 P_i，该价格在实际中被认为既定。根据完全市场假设及零利润均衡假设，拥有城市间价值链的城市群的最优生产决策的条件为：

$$P_i = C_i = \sum_{n=1}^{N} C_i^f, \text{其中}, n = 1, 2, \cdots, N \qquad (6-11)$$

由于城市空间价值的差异，不同城市空间具有不同的生产效率，为了体现这一点，将生产环节 n 的单位成本进一步定义如下：

$$C_i^n = w^T \gamma_i \tau_i a_i^n(w) \tag{6-12}$$

式中，a_i^n 是该城市间价值链成本最小化时的单位产出，该产出是最低要素投入向量，w^T 是第 n 个生产环节的市场要素价格向量的转置。参数 τ_i 表示城市集聚的马歇尔效应，被称为"自生演化因子"，主要体现城市间价值链学习和增长因素（如自主创新能力、价值链整合带来的影响等）对城市间价值链（V）的生产效率和竞争力的影响；参数 γ_i 表示城市空间演化存在运输成本条件下的市场规模效应，被称为"外部整合因子"，主要反映城市间价值链以外的影响因素（包括运输成本、交易费用、道德风险等）对一体化决策与城市间价值链生产效率和竞争力的影响。为方便讨论，这里假设城市间价值链的自生演化因子 τ 和外部整合因子 γ 只与不同城市集群有关，而与单个城市无关。

由式（6-12）可以看到，要保证城市间价值链的正常运行，需要为任一生产环节 n 投入要素 a_i^n，那么 N 个生产环节的要素最低投入的加总就是整个城市间价值链的最低要素投入。由以上定义可以得出，城市间价值链的总成本是：

$$C_i = \sum_{n=1}^{N} C_i^F = \sum_{n=1}^{N} \gamma_i \tau_i w^T a_i^N \tag{6-13}$$

二 城市间价值链的实际价值

所谓城市间价值链的实际价值是就组成城市群的各个城市而言的，城市间价值链的成本和收益均是在城市群层面上讨论的，城市间价值链中生产与空间价值在城市间分离和转移的决策，建立在对城市间价值链的成本—收益分析基础之上。根据完全竞争市场的零利润均衡条件，价值环节 n 的单位产出的实际价值 π_i^n 可定义如下：

$$\pi_i^n = P_i - \sum_{g \neq n} C_i^g, \text{其中}, g, n = 1, 2, \cdots, N \tag{6-14}$$

如果该价值环节被 n 以外的其他城市（比如城市 g）承接了，则城市 g 的成本即是该环节生产的转移或承接的成本。式（6-14）的含义是，对于城市间价值链来说，第 n 个城市的单位产出的实际价值体现了该城市对于最终城市间价值链产出的贡献，是城市间价值链最终产出的价值扣除其他城市的单位成本后的剩余部分。根据此定义，由城市间价值链的最终产出价值反推可以得到单个城市的单位产出实际价值。这样无论城市间价值链是自主组织生产还是转移给其他城市群生产，该定义均适用。

第六节　交易费用对城市空间演化的
进一步解释

城市是要素空间集中的结果，可以将城市看成一个经济交易系统，这种交易既可以发生在城市内部，也可以发生在城市之间，跨空间的交易需要支付交易成本，交易成本与空间价值有关。工业革命以来，城市是为提高交易效率、降低交易成本而出现的空间形态。城市内部价值链重组行为和城市间价值链重组行为本质上都是要降低市场交易成本。

一　交易费用的静态分析

（一）研究假设与模型设计

假设城市 F 为最终产品生产城市，城市 M_i 是城市 F 上游的中间产品生产城市，城市 F 与城市 M_i 在特定地理区域聚集；假定城市 F 上游的中间产品生产城市数量为 n，那么，$1 \leqslant i \leqslant n$。

令城市 F 的反需求函数为：

$$P_F = a - bQ_F \tag{6-15}$$

式中，P_F、Q_F 分别为在城市 F 中生产的产品价格与产量，a、b 为大于零的常数。令城市 M_i 的市场总量需求为：

$$p_M = \alpha - \beta Q_M = \alpha - \beta \sum_{i=1}^{n} q_{M_i} \tag{6-16}$$

式中，P_M、Q_M 分别代表城市 F 上游产品的价格和总产量，q_{M_i} 为城市 M_i 的产量，α、β 为大于零的常数。

假定城市 M 按照不变的边际成本 c 进行生产，TC 为城市 F 的交易成本，令 t 为单位产出的交易成本，则 $TC = tQ_F$。

通过比较城市间分工（城市间价值链）与城市内部分工（城市内部价值链），诠释集聚城市间的纵向合作与横向竞争之间的关系以及对城市空间演化的影响。

（二）城市间分工

城市 F 以价格 P_M 购买城市 M_i 生产的中间产品，这时 P_M 就是城市 F 的生产成本。

城市 F 的决策为：

$$P_F Q_F - P_M Q_F - t Q_F = (a - b Q_F - P_M - t) Q_F$$

求利润最大化产量，则有：

$$a - 2 b Q_F - P_M - t = 0$$

城市 F 的均衡产出、价格与利润分别为：

$$Q_F = \frac{a - P_M - t}{2b}, \quad P_F = \frac{a + P_M + t}{2}, \quad \pi_F = \frac{1}{b} \left(\frac{a - P_M - t}{2} \right)^2 \quad (6-17)$$

城市 M 的决策为：

$$P_M Q_M - c Q_M = \left(\alpha - \beta \sum_{i=1}^{n} q_{M_i} - c \right) Q_M$$

假定中间产品生产城市 M_i 进行古诺竞争，城市 M_i 的均衡产出、价格与利润分别为：

$$q_M = \frac{a - c}{\beta (n+1)}, \quad Q_M = n q_M = \frac{n(a-c)}{\beta(n+1)} \quad (6-18)$$

$$P_M = \alpha - \frac{n(a-c)}{n+1} = \frac{\alpha + nc}{n+1}, \quad \pi_M = \frac{(a-c)^2}{\beta(n+1)^2} \quad (6-19)$$

令 Q'_F、P'_F、π'_F 分别为城市 F 的均衡产出、价格与利润，由式（6-17）至式（6-19）有：

$$Q'_F = \frac{a - P_M - t}{2b} = \frac{a - \dfrac{\alpha + nc}{n+1}}{2b} = \frac{a(n+1) - a - nc - t(n+1)}{2b(n+1)} \quad (6-20)$$

$$P'_F = \frac{a + P_M + t}{2} = \frac{a + \dfrac{\alpha + nc}{n+1} + t}{2} = \frac{a(n+1) + a + nc + t(n+1)}{2(n+1)}$$

$$\quad (6-21)$$

$$\pi'_F = \frac{1}{b} \left(\frac{a - P_M - t}{2} \right)^2 = \frac{1}{b} \left[\frac{a(n+1) - a - nc - t(n+1)}{2(n+1)} \right]^2 \quad (6-22)$$

（三）城市内部分工

根据科斯定理，城市内部分工可以节约市场交易成本，但会增加城市管理成本。延续城市间分工情形的假设前提，城市内部价值链重组节约的单位市场交易成本为 t，增加的管理成本为 g。城市 F 的决策为：

$$P_F Q_F - P_M Q_F = (\alpha - b Q_F - c - g) Q_F$$

求利润最大化产量，则有：

$$\alpha - 2 b Q_F - c - g = 0$$

设 Q''_F、P''_F、π''_F 分别为城市内部价值链重组后的城市的均衡产出、价格和利润，那么

$$Q''_F = \frac{a - c - g}{2b} \tag{6-23}$$

$$P''_F = \frac{a + c + g}{2b} \tag{6-24}$$

$$\pi''_F = \frac{1}{b}\left(\frac{a - c - g}{2b}\right)^2 \tag{6-25}$$

用 $\Delta\pi$ 表示城市间分工与城市内部分工的净收益，于是

$$\Delta\pi = \pi'_F - \pi''_F = \frac{1}{b}\left[\frac{a(n+1) - a - nc - t(n+1)}{2(n+1)}\right]^2 - \frac{1}{b}\left(\frac{a - c - g}{2b}\right)^2 \tag{6-26}$$

（四）模型的基本结论

从式（6-26）可知，当 $\frac{a-c}{n+1}\pi > g - t$ 时，$\Delta\pi > 0$，城市间分工替代城市内部分工。

由于 $P_F = a - b Q_F$，c 为城市 M_i 的边际成本，则有 $a - c > 0$；当 $\frac{a-c}{n+1}\pi > g - t$ 时，有 $g - t > 0$，即 $g > t$。

也就是说，当城市内部价值链下的城市内部分工的管理成本大于城市外部价值链主导下的城市间分工的交易成本时，城市间分工就会替代城市内部分工，这与科斯的论断是一致的。进一步讲，当 $g > 0$ 时，$(g - t)$ 的差额越大，即城市内部一体化生产的管理成本越高、城市间分工的交易成本越低，城市间分工替代城市内部分工的收益就越多。

城市内部一体化组织生产的模式会增加城市的管理成本，城市间

价值链重组模式使城市联系大大降低了交易成本，所以，以价值链为导向的城市集聚实质上是以城市间分工为特征的城市竞争与合作。

将式（6-26）对 n 求偏导数，有 $\partial\Delta\pi/\partial n>0$，$\partial P'_F\pi/\partial n>0$。可见，随着集聚城市间横向竞争行为的增加，即中间产品生产城市 M_i 的增加，城市间分工的优势也随之增加。

将式（6-26）对 g 求偏导数，有 $\partial\Delta\pi/\partial g<0$。显然，同样可以得出城市间分工替代城市一体化生产的结论。同理，当城市外部价值链主导下的城市间分工的交易成本大于城市内部价值链下的城市内部分工的管理成本时，城市内部一体化就会替代城市间分工。

二　城市空间演化的市场容量机理

城市空间演化的结果表明，城市价值功能区作为一种重要的交易对象，在城市价值链中的角色定位与功能变迁可从交易费用角度寻求解释。因为城市内部与城市之间的交易费用不同，是城市市场容量和经济一体化程度的差异决定了最终的城市空间布局结果，也决定了城市向综合化发展还是专业化发展的问题。下面以 Gallo（2002）的模型为基础，通过一个多城市跨期博弈过程来说明城市集聚的市场容量机理。

可以利用 Gallo（2002）提出的位置—数量模型来分析城市集聚机理。模型中，一个城市群总共有 n 个城市，分布于两个区位，其中，$N_1=\{1,\cdots,n_1\}$ 和 $N_2=\{n_1+1,\cdots,n_1+n_2\}$ 分别为城市群1、城市群2的城市集合，$n=n_1+n_2$。假设每个城市只能选择一个城市集群，那么城市群1、城市群2的城市集合是不交叉的，即 $N_1\cap N_2=\varnothing$。

假设条件如下：

（1）城市是同质的，城市的规模、技术、资源和能力等内在素质没有差别。

（2）城市集群中的所有产品是同质的。

（3）城市可以跨区位集聚。

（4）所有城市的生产技术一样，边际成本相同，令 c 是每个城市大于零的常数边际成本。

（5）区域生产与消费存在"冰山成本"：城市群内不存在交易费

用；城市群之间存在交易费用。令 l、k 是两个不同的城市群，"冰山成本" $t_{kl} \geq 1$ 的含义是：在城市群 k 生产的产品运到城市群 l 销售时，只有 $1/t_{kl}$ 比例的产品能够到达城市群 l，其他部分消耗在运输途中了。

（6）a、b、c 均为大于零的常数，且 $a > c$，$a > ct_{kl}$。

（7）各个城市集群的需求弹性相同，市场容量一样。

城市 i 的利润函数如下，

$$\pi_{il} = \left[a - b \left(y_{il} + \sum_{k=1, k \neq i}^{n} y_{k1}^e \right) \right] y_{il} - c y_{il} \qquad (6-27)$$

其中，城市 i 的逆需求函数为 $P_i = a - b \left(y_{il} + \sum_{k=1, k \neq i}^{n} y_{k1}^e \right)$，$a$、$b$ 均为大于零的常数。

假定城市 i 供应消费需求，且不存在交易费用，它对城市 k 在同一区位的产出预期为 y_{k1}^e，其中 $k \neq i$，且 $k \in N_1 \cup N_2$。

另外，城市 j 把产品销到城市 i 时存在着相当大的交易费用（如运输成本等），则城市 j 在城市 i 的利润函数如下：

$$\pi_{jl} = \left[a - b \left(y_{jl} + \sum_{k=1, k \neq i}^{n} y_{k1}^e \right) \right] y_{jl} - c y_{jl} \qquad (6-28)$$

其中，y_{k1}^e 是城市 j 对城市 k 在城市 i 的产出预期，且 $k \neq i$，$k \in N_1 \cup N_2$。

求此模型的古诺—纳什均衡解，在城市 i 中，城市 i、j 的产品供应分别是：

$$y_{il} = \frac{a - c + cn_2(t-1)}{b(1 + n_1 + n_2)}$$

$$y_{jl} = \frac{a - ct - cn_1(t-1)}{b(1 + n_1 + n_2)}$$

城市 i、j 在城市 i 中的利润分别是：

$$\pi_{il} = \frac{1}{b} \left[\frac{a - c + cn_2(t-1)}{1 + n_1 + n_2} \right]^2$$

$$\pi_{jl} = \frac{1}{b} \left[\frac{a - ct - cn_1(t-1)}{1 + n_1 + n_2} \right]^2$$

同理，城市 j、i 在城市 j 中的利润分别是：

$$\pi_{j2} = \frac{1}{b}\left[\frac{a-c+cn_1(t-1)}{1+n_1+n_2}\right]^2, \ \ \pi_{i1} = \frac{1}{b}\left[\frac{a-ct-cn_2(t-1)}{1+n_1+n_2}\right]^2$$

$$(6-29)$$

所以，城市 i 的总利润是：

$$\pi_i^T = \frac{1}{b}\left[\frac{a-c+cn_2(t-1)}{1+n_1+n_2}\right]^2 + \frac{1}{b}\left[\frac{a-ct-cn_2(t-1)}{1+n_1+n_2}\right]^2$$

城市 j 的总利润是：

$$\pi_j^T = \frac{1}{b}\left[\frac{a-c+cn_1(t-1)}{1+n_1+n_2}\right]^2 + \frac{1}{b}\left[\frac{a-ct-cn_1(t-1)}{1+n_1+n_2}\right]^2$$

总利润等式 π_i^T 和 π_j^T 中，等号右边第一项是每个城市在其所在区位获取的利润，右边第二项是每个城市在其他区位获取的利润。

对城市 i 的总利润等式进行微分求导：

$$d\,\pi_i^T = \frac{\partial \pi_i^T}{\partial n_1}dn_1 + \frac{\partial \pi_i^T}{\partial n_2}dn_2$$

其中，因为总的城市数量是 n，假设有两个城市群，一个是以城市 i 为核心的城市群（城市群 1），一个是以城市 j 为核心的城市群（城市群 2）。一个城市群城市数量的增加就是另一集群中城市数量的减少，即 $dn = dn_1 = -dn_2$，因为 $n_2 \geq 0$，所以，

$$\frac{d\,\pi_i^T}{dn} = -\frac{2c^2(t-1)^2(1+2_{n_2})}{b(1+n_1+n_2)^2} < 0$$

这意味着当城市群 2 中的城市加入城市群 1 时，城市群 1 中的城市的利润是严格递减的；而那些依然留守在城市群 2 中的城市的利润则是严格递增的。因此，无论交易费用的高低如何，只要城市开始于一个区位市场对称性的分散均衡，那么城市没有动力向一个区位迁移，就不可能形成城市集群。

现在放松第七个假设条件，假设城市 i 和城市 j 的市场容量不同，需求弹性不同，比如城市 i 的市场容量比城市 j 要大得多，并令城市 i、城市 j 的逆需求函数的斜率绝对值分别是 d、b，且 $d > b$，那么，d/b 越小，城市 i 的市场容量比城市 j 的市场容量越大。

根据前面论述，来求此模型的古诺—纳什均衡解。对于任何一个 $i \in N_1$ 和 $j \in N_2$ 的城市 i、j 而言，其在城市群 1 中的利润分别是：

$$\pi_{i1} = \frac{1}{d}\left[\frac{a - c + cn_2(t-1)}{1 + n_1 + n_2}\right]^2$$

$$\pi_{j1} = \frac{1}{d}\left[\frac{a - ct - cn_1(t-1)}{1 + n_1 + n_2}\right]^2$$

城市 i、j 在城市群 2 中的利润分别是：

$$\pi_{i2} = \frac{1}{b}\left[\frac{a - ct - cn_2(t-1)}{1 + n_1 + n_2}\right]^2$$

$$\pi_{j2} = \frac{1}{b}\left[\frac{a - c + cn_1(t-1)}{1 + n_1 + n_2}\right]^2$$

城市 i 的总利润是：

$$\pi_i^T = \frac{1}{d}\left[\frac{a - c + cn_2(t-1)}{1 + n_1 + n_2}\right]^2 + \frac{1}{b}\left[\frac{a - ct - cn_2(t-1)}{1 + n_1 + n_2}\right]^2$$

城市 j 的总利润是：

$$\pi_j^T = \frac{1}{b}\left[\frac{a - c + cn_1(t-1)}{1 + n_1 + n_2}\right]^2 + \frac{1}{d}\left[\frac{a - ct - cn_1(t-1)}{1 + n_1 + n_2}\right]^2$$

假定城市群 1、城市群 2 中城市数量的初始配置是 (n_1^D, n_2^D)，两个城市集群的城市重新定位后的配置为 (n_1^A, n_2^A)，且 $(n_1^A, n_2^A) = (n_1^D + d_{n_1}, n_2^D + d_{n_2})$，其中 $d_{n_1} = -d_{n_2}$。

如果在城市群 1 形成城市集聚，那么必须满足 $\pi_i^T > \pi_j^T$，这时城市群 2 中的城市才有加入城市群 1 的激励，要满足这个不等式的要求，需要

$$t < \pi_i^T \frac{(2a - c)\left(\frac{1}{b} - \frac{1}{d}\right) + c(n_2^A - n_1^D)\left(\frac{1}{b} + \frac{1}{d}\right)}{c\left[(n_2^A - n_1^D)\left(\frac{1}{b} + \frac{1}{d}\right) + \left(\frac{1}{b} - \frac{1}{d}\right)\right]}$$

这就得出城市集聚的交易费用临界值条件。只有跨集群的交易费用低于这一临界值，其他城市群的城市才有向市场容量大的城市群聚集的激励。

例如，假定两个集群的城市初始配置相同，即 $n_1^D = n_2^D$，城市群 1 的市场容量大于城市群 2，有一个城市从城市群 2 加入城市群 1，则两个集群的新的城市配置是

$$(n_1^A, n_2^A) = (n_1^D + 1, n_2^D - 1),$$

所以，$n_2^A - n_1^D = -1$

代入上面不等式，可以得出城市群的交易费用临界值：

$$t < \frac{a}{c} - \frac{d}{b}\left(\frac{a-c}{c}\right)$$

从以上的模型分析可以得出：随着区域市场容量的扩大，只要满足交易费用在一定临界值的必要条件，城市必然向市场容量大的城市群集聚。城市在分工与专业化过程中，不断提高交易效率、降低交易成本，从而实现了更高水平的分工均衡。我国传统城市集群崛起的原因就在于低交易费用背景下的市场容量扩展。

第七节　从制造城市到服务城市的演进

根据斯密的界定，分工有两种表现形式：一是企业内部的生产分工，体现在企业内部的生产流程中，二是企业间的经济分工，后来被认为是超越企业边界的力量使交易内部化的结果。在分工与专业化加深的进程中，格鲁伯和沃克（1993）认为人力资本和知识资本是能大大提高最终产出增加值的资本，生产性服务业实质上是在充当人力资本和知识资本的传送器，最终将这两种资本导入生产过程之中。这个观点是对奥地利学派的生产迂回学说的推进。在"后工业化"发展阶段，生产性服务业的发展正是企业、产业之间中间需求扩张的表现，是产业分工体系的深度拓展和复杂化。那些认为生产性服务环节是"纯粹消耗"和"非生产性劳动"的观点是从最终需求的单一角度对生产性服务业的认识，不再适用于现代经济增长的现实。随着产业技术的深化，第一、第二、第三产业加速融合，传统的三次产业之间的界限日益模糊，物质生产投入和服务业不断融合与互动。当前的全球制造业产品的价值越来越多地依赖于服务的功能、质量、效率和网络。一种曾经属于第二产业的加工制造经济活动，也属于第三产业的生产性服务业，因价值链不同环节的相对收益的差异，劳动力向收入更高的价值环节转移，推动了服务型制造的发展。生产的服务环节是从原有的生产制造体系中衍生出来的，这些活动之所以能够以比较快的速度发展壮大，是因为其促进了制造业产业链的扩展、生产效率的提升和附加值的提高。

我国的很多中小城市由于只是产业价值链的片断化和分散化的分工，在产业结构调整和升级的动态变动中，容易出现产业空心化、路径依赖和锁定等问题，城市经济转型也容易陷入困境，在资源型城市中尤为突出，究其原因，就是没有形成城市价值链。城市价值链是一条由制造环节和为制造提供中间支持的服务环节构成的空间价值链。显然，城市价值链是从供给角度来解释城市经济发展的一般规律。城市发展的产业导向需要向价值链导向转变。制造业活动外置分工产生的引致需求加剧分工深化和价值链高端环节的进一步分离，以高端价值环节控制、引导并提升制造生产，逐渐实现从"制造低端"向"高端服务"的转变。城市价值链有两种表现形式：一种是城市内部价值链，即制造企业的生产环节在城市内部的空间布局；另一种是城市外部价值链，即建立在产业基础上的不同生产环节在城市间的空间布局。城市价值链本质上是产业分工活动深化所引致的中间需求力量和中间产品环节不断扩张、叠加、重组和整合的结果。现在的城市越来越表现出企业的特性，各个国家的城市纷纷采取了企业主义的发展战略，主要表现在一系列基于地方的（Place - Based）城市发展战略。[1] 城市企业主义更为根本的内涵体现在提升城市的结构竞争力。[2]虽然有很多经济学家已经注意到了城市企业化这一现象，并开始把"城市"转向"企业"的视角进行研究，但因为城市的空间特性和复杂性等因素，使得这一研究停留在理念层面，深入的微观研究还十分欠缺，尤其是对城市空间演化、功能结构演变、可持续发展方面的微观机理研究无法满足现阶段城市发展的现状。从企业行为入手来寻求城市行为、城市结构、形态和兴衰更替是本书的突破性尝试，并在此基础上提出了城市价值链概念，试图从产业价值链供给角度而不是从最终需求角度来理解城市价值链问题。

---

① Peterson, P. E., *City Limits*, University of Chicago Press, 1981.

② 安筱鹏：《制造业服务化路线图：机理、模式与选择》，商务印书馆 2012 年版。

一　企业生产方式衍生生产服务机理

现代生产服务的专业化日趋明显，从产业变迁历程来看，生产性服务业的发展以制造业为基础，是在制造业内分工不断加深和复杂的进程中产生的，也是提高企业产品附加值和竞争力的主要手段，制造生产过程中日益复杂的中间产品环节，在分工与专业化以及规模经济的驱动下，衍生出对诸如专业的技术研发、物流管理、法律咨询、金融保险等中间服务的需求。生产环节的增多和分工的深化使生产服务从制造业的中间需求链条中不断分化和独立出来。只要分工存在自我繁殖的情形，分工一旦开始，就会不断产生对中间产品和服务的需求。因此，生产性服务业的增长来自制造企业将服务环节外部化给专业服务企业的结果。

二　城市价值链的形成

城市与城市空间是集聚经济（地方化经济或城市化经济）产生的地方，因此，整个区域的经济发展植根、构建于城市空间上。正如克里斯塔勒和廖什的模型所示，是否存在先进的、有效率的城市以及网络状的城市体系，可能决定着一个地区的发展成就。垂直和水平联系的城市网络体系可以更有效率地配置生产要素。一个平衡的城市体系应该是大城市、中等城市、小城市和城镇有规律的组合，其间有高效率的运输网络联结，其内部更深层次的联系是分工和专业化。这样的城市体系，使得我们可以利用城市个体的独特型，为家庭和企业提供一个广泛的、多样化的选择集合。城市中的企业、产业内部和企业、产业之间因分工的深化使生产服务功能活动显性化。生产服务的活动最终会在价值链不断整合和重组过程中从工业领域分离出来，形成附加值较高的生产性服务业，直接作为工业企业的中间投入来对整个生产体系进行空间上的协调和控制，实现价值链效益最大化。企业组织的边界对城市价值链结构和形态产生重要影响。在服务业不断向制造业渗透的背景下，城市的经济体系和功能结构也要不断转型，将城市价值链融入全球产业价值链，使城市价值链不断向高端攀升，以保持或重新形成在全球或区域经济中的领先优势。

三　城市价值链影响下的城市空间演化

因制造业价值链的拓展，价值环节的跨区域分置成为推动城市空间演化的内在动力，一般来讲，一旦一个城市专业生产某种最终产品，这时各城市都是以某一类制造业为主的制造型城市，制造业衍生出的生产性服务业在此基础上拓展，为了降低服务中的交易成本仍然倾向于在本地集聚。一旦城市中的制造企业按照价值链布局，各个城市只是专注于某一个价值环节，多个城市共同来生产同一类产品，早先实现整合型的城市便有了跨区域合作的激励，生产环节和服务环节在城市价值链布局中会发生变化。生产的服务环节会设立在具有工业基础较好、城市规模较大的城市中，而制造环节不但会退出城市核心地带，还会从发达城市地区向外围城市或地区转移。城市体系中有些城市演变为专门为其他城市产业提供专业化服务的服务中心，有些城市成为专业化制造中心，因此，城市价值链决定了城市空间演化的方向、结构和形态。当若干个城市都参与到产业价值链分工竞争中时，每个城市都可以在两种组织形态中进行选择，一种是整合型的，就是将产业价值链整体镶嵌（内置）在同一个城市之中，另一种是跨区域型的，将产业价值链各价值环节分置在不同的城市，生产性服务环节和生产环节出现了分离。前者在城市发展水平较高的城市中较为常见，后者是规模较小的城市采取的发展战略。

服务业的崛起是现阶段经济发展的基本趋势，微观层面上表现为制造企业不断向价值链高端攀升，空间层面上表现为城市空间从制造空间向服务空间演进，宏观层面上表现为制造城市向服务城市发展、工业经济向服务经济跨越。[①] 城市转型的动力机制来自产业的持续升级，现代城市转型和能级水平的提升，必须转向经济体系的服务化，通过发展服务业、构建服务经济体系来实现城市转型是国际城市发展的共同规律。[②] 在产业链的动态演变和升级过程中，原先在某些城市属于较高端的行业门类，随着技术的进步，演变为低端行业，在逐渐向价值链更高层次转移的同时，原有的低端价值环节转移到其他城市，实现价值链在城市间的更替演进是城市空间演化的一般规律。产业空间与城市空间开始有效融合，在城市价值链的合理的作用下，城

---

① 李程骅：《服务业推动城市转型的"中国路径"》，《经济学动态》2012 年第 4 期。
② 魏家雨：《美国区域经济研究》，上海科学技术文献出版社 2011 年版。

市空间遵循从城市、城市群，进入更高层次的演进路径，进行不同空间尺度下的要素整合和资源配置，有助于加快形成服务经济体系。

　　全球化与信息化让城市化进入了以产业分工为基础、以价值链整合与重组和区域发展能力为主要标志的新阶段，中国经济从"制造经济"向"服务经济"转型已成定势。城市空间是产业在地理空间上的投影，城市空间演化的根本原因就是产业价值链在区域间的重组与整合，特别是产业结构调整升级推动着城市的空间演化。城市、城市群就是产业价值链在地理上分布的反映。对于一个各方面发达的城市，其内外部产业必然处在价值链的高端，反之，对于一个相对落后的城市，其内外部产业必然处在价值链的低端。城市价值链的合理布局有助于实体经济与虚拟经济的协调发展，通过制度、技术和组织在内的方式整合和演化现有优势产业链与构建优势产业集群，提高空间可达性，不断孵化出以产业价值链为基础的"城市群"和新的"经济区"是下阶段我国城市空间演化的可预见的趋势，也是区域经济可持续发展的根本途径。

第八节　区域价值链

　　区域发展的问题，需要建立"天人合一"理念、整体发展意识，通过发挥各自比较优势，按照现代产业分工要求，立足区域能力互补原则进行协调发展。垂直专业化就是要实现产业对接协作，理顺产业发展链条，形成区域间产业合理分布和上下游联动机制，对接产业规划，不搞同构性、同质化发展。从现有研究来看，关于区域发展能力的研究比较集中地关注欠发达或落后地区的经济增长与区域功能布局，垂直一体化研究比较集中地体现在对产业创新效率的影响方面，从区域经济发展各阶段的历程来看，分工与专业化一直扮演着重要角色，垂直一体化是产业内部和产业之间在更高水平和更深层次上实现资源在各价值环节的最优配置。目前所关注的垂直一体化是以产业竞争优势为主导的，并没有考虑区域发展能力的匹配与约束问题，这样的直接后果就是产业布局失误、资源配置无效率、城市功能错位、环境恶化、区域发展不可持续等问题的大量涌现。因此，研究区域发展能力对垂直一体化的约束和影响问题，是现阶段我国产业东转西移、产业结构升级、经济生态和谐发展和区域一体化背景下的重要议题，具有重要的理论价值和现实意义。

一　区域价值链的构建

在城市由单个城市向城市群、城市经济区的动态演化中，尤其在全球经济一体化的趋势下，在空间价值越来越重要的竞争环境中，价值链也有由城市价值链向区域价值链推进的趋势。从全球区域来讲，西方发达国家和地区处于全球区域价值链的高端，广大发展中国家和地区则处于全球区域价值链的低端。从我国内部来讲，改革开放较早的东南沿海地区处于国家区域价值链的高端，中西部地区处于国家价值链的低端，形成了东中西呈阶梯分布的价值链格局。区域价值链是价值链发展的高级形式（见图6-10），是分工与专业化进一步深化的结果。这里的区域显然是超越城市的，集成了城市优势的更高层次的空间组织，并且往往是跨省界或国界的，长江三角洲地区、环渤海地区、大湄公河次区域经济合作区以及美国的五大连湖都是这里所指的区域范畴。

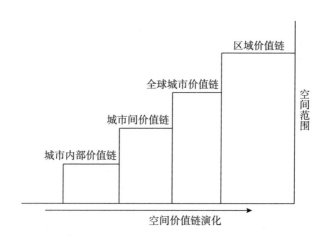

图6-10　不同空间范围的空间价值链形态

在区域价值链中，价值链环节的成员是特定的国家和地区，区域竞争更为激烈。由于科学的进步和技术的发展，加之区域内部又分布着各类层级的空间价值链，从表 6-1 可以看出，随着城市的发展，城市价值链在空间上不断突破，从城市内部价值链上升到城市间价值链，再向更高层次的区域价值链演进，区域价值链之间的关系呈网络化、集成化发展，显得更为复杂。

表 6-1　　　　　　　　　空间价值链的比较

空间价值链	特点	运行机理	发展阶段	增值方式
企业价值链	企业自生能力定位与提升	单个企业主导	城市化初期	企业内部能力要素重组与整合
产业价值链	企业核心能力与其他能力的重新定位	核心企业主导	城市化加速	产业内部企业分工与专业化加深
城市内部价值链	城市自生能力的定位与提升	单个城市主导	城市圈层结构形成	城市内部空间要素重组与整合
城市间价值链	城市核心能力与其他能力的重新定位	核心城市主导	城市集聚、城市群	城市群内部城市空间分工与专业化加深
全球城市价值链	全球城市控制价值链的高端	全球城市主导	城市经济区	全球城市对全球资源的空间重组与整合
区域价值链	各级空间价值链的网络化、集成化	区域主导	城市区域化	区域跨国、跨地区对全球资源的空间重组与整合

除了市场主导因素，区域价值链的成长更多地受到国际政治、制度、文化等因素的影响，一国或地区的区域政策实质上是区域价值链主体空间博弈的结果和反应。可以预知，在市场化与工业化深入发展的背景下，国家或地区间角逐区域价值链的高端环节的竞争将愈演愈烈，在新的国际经济发展中，区域价值链的整合与重组是全球经济发展的内在机理和基本动因，基于价值链的区域合作与协调发展是全球经济运行的基本导向和趋势，基于价值链的城市发展策略也将是城市发展的一般思路。

二　价值链视角下的区域产业转接模式比较
现代化的生产方式使区域产业分工越来越细，形成许多产业链条，众多承担分工任务的企业都是这条产业链上不可或缺的价值环节，因此，产业链在本质上是价值链。改革开放以来，我国的制造业从内地向沿海地带转移，2008 年国际金融危机以来又呈现出由沿海向内地迁移的趋势。产业转移与承接是近年来经济理论界研究的热点问题，一般将其看成是产业变动过程中的两个问题，分开来讨论。产业转接只是一种个体（厂商）区位选择的宏观表象，其原因先后有运输成本说、生产要素流动说，但都不足以解释知识经济时代的网络化带来厂商区位的分散转接这一客观事实。事实上，产业转移与承接是一个硬币的两面，二者是相辅相成、息息相关的关系。为了使讨论的问题更加明确和清晰，本书试图将产业转移与承接看作一个问题来讨论，采用的产业转接概念包括产业转移与承接，是产业转移与承接的统称。产业链的形成、演化是动态复杂的过程，其中包括产业链上的价值环节（企业）自身的变革，也包括整条产业链的调整，这个过程始终存在这两种力量的协同进化。进一步研究产业价值链的形成和演化，是我们深刻认识产业转接的基础，同时，从产业价值链角度来研究产业价值链的本质，可以为区域产业转接提供新的分析视角。

（一）相关概念界定

1. 区域本质的理解

安虎森从空间经济组织的角度认为区域是相对独立的经济地域单元，任何区域都应包含核心城市和城市体系。区域处于不断演进变化之中，区域的内聚力会不断发生变化，继而导致区域的结构、功能、规模和边界也随之发生变化，而且区域是有等级和层次的系统。从更一般的意义上说，区域是一种人类活动的载体，可以根据活动的目的加以描述，而且区域处在动态演化之中，区域要素的变化会导致原有结构、功能、规模和边界随之发生变化。

2. 经济组织概念的理解

从新古典经济学的角度出发，杨小凯认为，经济组织是可以演进的，而演进后的经济组织和演进前的经济组织是不同的，交易效率的提高是经济组织演进的原动力，而直接推动组织演进过程的是市场，市场可以选择更有效率的经济组织。新制度经济学认为经济组织的关键因素是交易成本和制度。企业素质是决定产业竞争力的重要因素，企业素质主要体现在企业的信息处理能力、战略决策能力、资源整合能力、开放创新能力、内部管理能力和外部应变能力六个核心能力上，也是企业竞争力的源泉。因此，一个国家或地区要提升产业竞争力，应当关注经济组织内部的构成要素，拿产业组织来说，就是要配置产业链上的大型企业或企业集团形成核心企业，并以这些核心企业为依托，形成大量中小企业与之协同配套的产业组织结构。

3. 产业集中与专业化

产业的空间集聚是一个世界性的经济现象，所谓产业集聚，就是某些产业在特定地域范围内的集聚现象。所谓地区专业化，就是各个地区专门生产某种产品，有时是某一类产品甚至是产品的某一部分。一个企业的价值链可以分为不同的环节，即从总部、研发、产品设计、原材料采购、零件生产、装配、成品储运、市场营销到售后服务，每一个环节都可以选择在不同的地区进行投资。随着经济全球化和区域一体化的加快，在一些地区将出现从产业链的不同环节进行分工的新型分工格局。一般来说，在产业链上，大量的企业集中在一起，形成密切而灵活的专业化分工协作，由此而引发的知识溢出效应、外部经济和规模经济是产业集群与产业链保持竞争优势的重要源泉。

4. 企业迁移与产业转接。

在市场环境中，企业将通过水平一体化、垂直一体化和多样化三种方式来实现规模增长。随着企业规模的增长，企业内部职能日益专业化，促使企业价值链在空间上分离。企业迁移是企业价值链活动中的部分活动或全部活动转移到其他地区。企业完全迁移是企业把整个生产设施从一个地方搬到另一个地方；部分迁移则是在原有机构存在的同时新建机构。企业价值环节和价值链的迁移是产业转接发生的前提和基础，正如生产要素的空间流动一样，产业也会从一个区域迁移到另一个区域，我们把这个过程，称作产业转接。要素流动性增强的过程就是资源重新配置的过程，要素流动也必然伴随着企业的迁移，企业的迁移过程也是产业的扩散或集聚过程，即产业转接过程。产业转接的行为包括企业迁移到异地，以及企业将部分功能环节外迁，或在异地增设新的生产、销售、研发基地等。

（二）产业转接模式比较

1. 基于企业价值链的转接。

企业生产产品的过程就是创造价值的过程，它由一系列互不相同但又互相联系的增值活动组成，包括生产、储运、研发、营销和服务诸多环节，形成一个完整的链状网络结构，即价值链。其中每一项经营活动都是价值链上的一个环节，企业价值链的构成如图 6-11 所示。随着生产加工日益专业化和复杂化，企业不再追求整条价值链的全能过程，而是转向价值链的分解和重组，这样，一个新的以企业价值链为基础的产业转接开始出现，参与价值链分工的企业，均在一个或几个价值增值环节专业化生产，形成自己的核心竞争力。

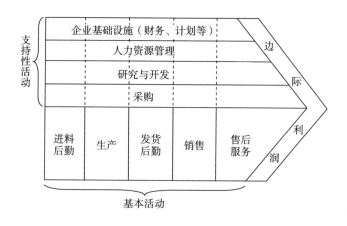

图 6-11 企业价值链的构成

一般来说，对于企业价值链的不同环节，影响其区位决策的因素是不同的，比如总部一般选择在大都市中央商务区，研发机构通常需要接近高校和科研院所，而制造工厂往往看重劳动力和原料的供应（见表 6-2）。这些价值环节在区位上日益独立，并扩散转接到其他更有竞争优势的地方。这样，对企业来说，就有可能在全国乃至全球范围内形成一个一体化的产业链，从而扩展企业配置资源的能力。

表 6 - 2　　　　　　　　基于企业内部价值链的产业转接

价值链	区位								
	A	B	C	D	E	F	G	H	I
总部	●								
R&D	○	●							
产品设计	○		●						
原料采购				●	○				
零部件生产					●				
装配			○			●	○		
储运			○		○	●			
市场营销	○							●	
售后服务	○		○		○		○	○	●

注：●表示主要区位，○表示次要区位。

2. 基于供应链的价值环节的转接。

企业价值链的分解，使价值链分工越来越细，最终演变成越来越多具有独立竞争优势的增值环节。这些独立的价值增值环节，不仅仅服务于特定价值链，还参与到其他价值链整合中去，并跨越单个价值链，形成价值链网络，进入更高层次的配置和重组。产业的转接实质上是产业价值链不同环节在区际的重新配置，产业的重新配置是通过原有产业链所在企业的移除或淘汰、新的产业链的出现或对区位企业的承接，按照纵向、横向价值链或不同地点，拆分产品各个价值段，实现产业转移与承接。以供应链为基础，先进企业加强控制技术要求高、获利能力强的关键供应环节，同时把不含核心技术的其他供应环节转移出去，让相对落后的企业承接。以生产链为基础，按照生产链纵向环节、横向联系和指向性要求，实现产业的转移与承接，由于它不是通过拆分而是通过集合链条各环节来进行，可以在承接地点很快形成产业集群。最终，在区域产业链条上，各个产业链节点企业都是在市场博弈中依据各自的特性和功能分别于主导产业结成前向联系、后向联系和旁侧联系（见图 6 - 12）。

图 6 - 12　供应链式产业转接

3. 混合型转接

在经济全球化的今天，为了实现大规模定制，企业对资源的整合已不再局限于地域，价值链的分工不再受地缘限制，其分解与整合超越国界，出现了全球性的劳动分工和生产协作。在价值环节整合上，既有企业内部价值环节的整合，也有基于供应链的价值网络的整合，既有垂直专业化的整合，也有水平专业化的整合，突破市场和企业是最基本的组织形态，成为介于企业和市场之间的中间形态。由于其兼具企业与市场的双重优点，其成为分工组织的更一般的形态，这种形态可以被认为是产业集聚，也可以被理解为是产业价值链网络。

为了保障持续增长，为了适应竞争环境，企业需要不断调整和重组其价值环节和价值链。一般采取的是把企业内完成的功能外部化，即从企业的内部交易过程向市场的外部交易过程转移。企业内部形成按价值链分工的新型分工格局，促使企业各种经济活动区位的分散化。一个企业的价值链可以分为不同的环节，即从总部、研发、产品设计、原材料采购、零件生产、装配、产品运输、市场营销到售后服务，每一环节都可选择在不同的地区投资，最终实现价值链的不同环节、工序、模块在空间上的分离（见表 6 - 3）。

表 6 - 3　　　　　　　　产业转接模式比较

转接类型	企业内部价值链转接	供应链转接	混合转接
专业化形式	产品专业化	部门专业化	功能专业化
分工特点	在同一产业不同产品之间进行	在不同产业之间进行	按产业链的不同环节、工序、模块进行
产业边界	清晰	比较清晰	弱化
分工模式	以水平分工为主	以垂直分工为主	混合分工
空间分异	同一产业不同产品在空间上的分离	不同产业在空间上的分离	价值链的不同环节、工序、模块在空间上的分离
形成机理	产品差别、消费者偏好差别、规模经济	地区比较优势与资源禀赋差异	产业关联经济

第九节　空间异质性、空间增值与区域经济一体化

空间异质性是区域经济学的理论基础，也是产业空间布局层次化和多样性的根源。空间增值是生产空间产业高端化的过程，在分析中，可由空间成本和空间收益来衡量。在空间生产过程中，由于空间异质性，不同经济空间的空间成本与空间收益各不相同，生产的最佳区位在能够得到最大利润的区位，也就是空间收入超过空间费用最大的地点。图 6 – 13 中的 d 点是利润最大化区位，a、b 表示利润的可能性边界，a、b 以外的区域为亏损区域。空间费用与收入是产业区位的空间投影，费用曲线或收入曲线的倾斜程度越大（即费用或收入的空间变化越大），则工业越集中，空间异质性越明显；相反，则表现出分散的倾向，空间趋于均质化。

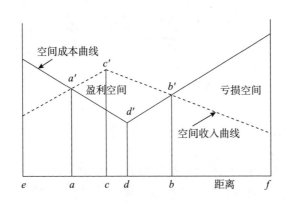

图 6 – 13　空间增值的区位模型

一　单个城市内部空间分工与城市空间成本曲线

假设 1：某一城市专业化生产某一产品 x，分别在 Q 个城市内部空间进行生产，而这些城市内部空间组成了 x 产品的 F 个生产环节。

假设 2：城市空间在空间生产中是可以无限细分的，换句话说，

城市是连续的。

任何城市空间在产业资本的驱动下都是有价值的，在城市任何角落生产都必然带来相应的空间成本，根据新经济地理学的观点，空间成本随着到城市中心的距离增大而增大，因此每个城市空间均有一个最低进入成本与之对应。将 Q 个城市空间按照各自的空间成本从低到高排序，定义第 k 个城市空间的成本函数为：

$C^k = C^k(w, q)$，其中 $k \in [0, 1]$

这里，q 代表空间成本，且 $C^k(w, q)$ 是 q 的单调增函数。一般来说，城市空间生产的空间成本与该城市空间的空间价值有关。将 Q 个城市空间按照各自的空间成本从低到高排序，会发现空间成本越低的城市空间，其技术水平越低，空间价值也越低，反之亦然。由此，可以得到图 6 – 14。

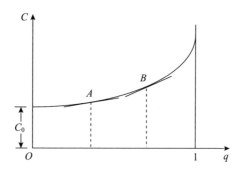

图 6 – 14　城市空间成本曲线

在图 6 – 14 中，O 点代表城市中心，Oq 方向表示到城市中心的距离，沿着 q 轴越靠近左边，城市空间成本越低，越靠近右边空间成本就越高。因为越靠近右边，对专业化的要求越高，空间生产过程中资本获利能力越弱，因此单个城市的空间成本曲线越靠近左边越平缓（A 点），而越靠近右边越陡峭（B 点）。而当 $q = 0$ 时，此时的空间成本意味着生产 x 的初始成本要求（C_0）。

由城市空间的无限细分假设，有

$$C_i^f = \int_{q_1}^{q_2} C^q dq，其中，f = 1, 2, \cdots, F \tag{6 – 30}$$

式（6-30）表明图6-14中的城市空间成本曲线与下方横轴所形成的面积实际上就是对应单个城市中的城市空间（如式中的 $[q_1, q_2]$）的最低单位空间成本。由此，空间生产中所包含的城市内部空间范围的变动就动态地反映了单个城市空间重组与整合的实际变化，并在一定程度上体现了城市空间演化的方向和幅度。从产品生命周期角度来看，城市在"空间—产业"互动发展中随着产业价值链的不断提升而促使城市空间价值不断增值（见图6-15）。

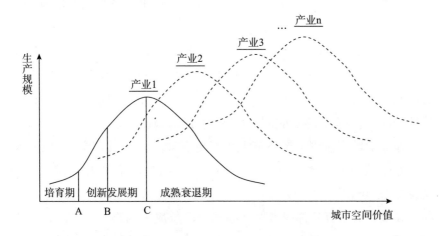

图6-15　城市"空间—产业"互动发展

如果将对产品 x 的生产放在某一个城市群中进行分析，由于城市群中包含了若干个城市，每个城市负责某一生产环节，但每个城市的空间价值具有差异，因此，对此分析可以得出类似的结论。下面，我们重点讨论城市群层面上的空间生产、分工以及区域空间一体化问题。

二　城市群内部空间分工与区域空间一体化发展

（一）基本假定

考虑城市群中有两个城市，即核心城市和外围城市。两个城市的产品市场和要素市场均为完全竞争市场，核心城市的空间价值向量为 w，外围城市的空间向量为 w^*。核心城市处在某产业的第 i 个生产阶段，投影在生产空间 A 和生产空间 B 两个区域进行生产，其中区域 A

处于产业价值链的低端，而区域 B 处于产业价值链的高端。核心城市组织生产时各生产空间的单位成本为

$$C_i^f = w^T a_i^f(w)，其中，f = A 或 B \qquad (6-31)$$

式中，$a_i^f(w)$ 是核心城市在 f 生产空间的单位产出的最低要素投入向量。为便于比较核心城市和外围城市的空间生产效率，假定核心城市的空间价值因子和外部影响因子均等于 1。

假设外围城市只有一个生产环节，在区域 C 或区域 D 进行生产。定义外围城市中区域 C 或区域 D 的单位产出最低要素投入向量为

$$a_i^{f*}(w^*) = \gamma \tau a_i^f(w)，其中，f = A 或 B，f^* = C 或 D \qquad (6-32)$$

式中的空间价值因子 τ 体现外围城市内部影响因素对空间生产效率的影响。如果 $\tau > 1$ 则表明对于同一生产环节外围城市单位产出的最低要素投入比核心城市高，换句话说核心城市的空间生产效率相对较低；反之，$\tau < 1$ 表明外围城市单位产出的最低要素投入比核心城市低，即外围城市在该生产环节上生产更有效率。一般来说，τ 值的大小与外围城市的技术水平、管理水平、劳动生产率等因素有关。这里，外部影响因子 τ 反映的是产业空间迁移行为发生时贸易运输成本和搜寻谈判成本等外部因素对迁移产业单位成本的影响。考虑到外围城市的实际情况，假定 $\tau > 1$，如果有产业空间迁移行为发生则 $\gamma > 1$。

于是，外围城市中某个区域的单位成本可以定义为

$$a_i^{f*} = w^{*T} \gamma \tau a_i^f(w^*)，其中，f = A 或 B，f^* = C 或 D \qquad (6-33)$$

由上式可以发现，左右外围城市某个区域单位成本的因素主要包括要素价格、空间价值因子和外部影响因子。

（二）区域空间一体化的发生条件与过程

产业空间迁移发生的原因在于空间价值增值，区域空间一体化实质上就是城市群的产业空间分工。对于核心城市来说，如果将某个生产环节迁移到外围城市的成本低于核心城市自主生产的成本，那么核心城市从利润最大化（或成本最小化）的原则出发必然会采取产业空间整合决策。换句话说，外围城市的生产区域 f 承接核心城市产业迁移的条件是

$$w^T a_i^f(w) > w^{*T} \gamma \tau a_i^f(w^*) \qquad (6-34)$$

从空间生产成本曲线的角度看，外围城市的空间成本曲线仍然是单调递增的，并且越靠近左边越平缓，越靠近右边越陡峭。如果将外围城市和核心城市空间生产的成本曲线放在一起，只要外围城市的空间成本曲线在核心城市相应曲线的下方，则相应的生产环节将被迁移到外围城市，反之则保留在核心城市内由其自主组织生产。

由前面的讨论可知，无论是外围城市还是核心城市，它们的空间成本曲线均单调递增，因此两条曲线至多有一个交点。具体来说，核心城市和外围城市的空间成本曲线的相对位置可能有四种情况，具体参见图6-16。下面逐一予以解释。

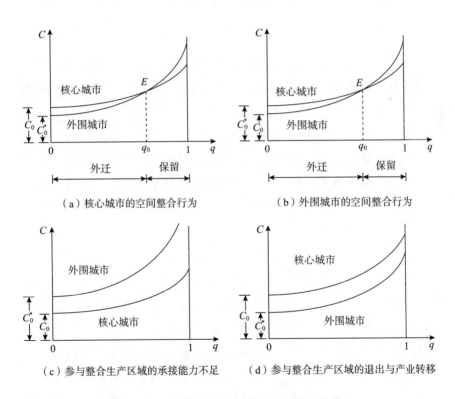

图6-16 区域空间一体化发生的四种可能情况

图6-16（a）反映了外围城市产业承接行为实际发生的情形。两个城市的空间成本曲线交于图中的 E 点，该点对应的城市为 q_0。在

$[0, q_0]$ 区间内，外围城市的最低成本曲线位于核心城市空间成本曲线的下方，换句话说，对于 $[0, q_0]$ 区间内的任一空间来说外围城市的成本都要比核心城市低，也就是说，外围城市在该区间内更具有成本优势。如果将 $[0, q_0]$ 区间视为一个生产环节（假设为 A 生产环节），则核心城市从事 A 生产环节的单位成本要比外围城市从事该生产环节的单位成本高，根据利润最大化（或成本最小化）的原则，核心城市将把 A 生产环节迁移到外围城市，自己则保留位于 $[q_0, 1]$ 区间的 B 生产环节。

从数学关系上看，城市群的成本曲线下方区域的面积实际上就是所对应的生产环节的单位空间成本。因此，存在下面的关系：

$$\int_0^{q_0} C^q dq > \int_0^{q_0} C^{q*} dq, \text{并且} \int_{q_0}^1 C^q dq < \int_{q_0}^1 C^{q*} dq \qquad (6-35)$$

式（6-35）实际上是核心城市将生产环节 A 转移到外围城市的必要条件。该条件与式（6-34）中所列的产业空间迁移发生的条件在本质上是一致的。

图 6-16（b）实际上是将图 6-16（a）中的外围城市和核心城市的成本曲线的位置对调得来的。在这种情况下，外围城市从事 A 生产环节的空间单位成本要高于核心城市从事该生产环节的成本，从而使外围城市将 A 生产环节迁移到核心城市，而自己保留 B 生产环节，以寻求更大空间增值。

下面讨论两个城市的空间成本曲线没有交点的情形。在图 6-16（c）中，核心城市在整个生产阶段均保持自己的成本优势和竞争力。对外围城市来说，进入某产业的初始空间成本要高于核心城市的初始空间成本，即 $C_0^* > C_0$，从而造成外围城市无法进入该产业，导致外围城市产业承接能力不足，可能的原因包括两者的技术差距过大、核心城市的技术垄断和壁垒、外围城市空间生产效率和管理水平不高等因素。而在图 6-16（d）中，情况发生逆转，外围城市在某产业保持着优势和竞争力，从而将核心城市挤出该产业，这也意味着该产业由核心城市转移到了外围城市，这也就是区域空间一体化的微观过程。

第十节　基于空间生产的城市群分工机理

21世纪，区域经济的基本单位是城市群，国家振兴与企业发展，都是围绕城市群以及城市群中的首位城市来展开的。城市群及首位城市是生产效率最高的区域。在全球经济一体化的背景下，城市经济将超越产业经济成为区域经济的代表。在城市经济的范畴中，空间价值及由此形成的空间价值链将重塑区域经济结构，各类城市要在新一轮竞争中取得竞争优势，就必须参与空间价值生产和创造，以获得更多的发展机会。从对城市的认识到城市设计再到目前的城市化，人们有理由相信城市是目前为止人类较理想的居住场所。虽然城市的起源与发展可以追溯到很早的奴隶制时代，甚至更早的远古时期，但是近代以来兴起的城市大多是工业革命的结果。城市最密集的地区，不是出现在历史最悠久的国家和地区，而是出现在工业与现代化程度发展水平最高的国家和地区。从全球夜间灯光数据来看，历史上很古老的城市，今天可能处于黑暗之中；原来黑暗的地区，今天可能光芒万丈。如果进一步考察每一缕灯光的产生会发现，近代城市的出现正是资本力量推动的结果。这在某种程度上说明，很多灯光被点亮的背后，其实都蕴藏着几乎相同或相似的故事，那就是工业革命的推动，如果从更深层次来讲，也必然是分工与专业化推动的结果。按照这样的逻辑，地球上的很多黑暗的地区要想被点亮，如果能融入全球产业链，积极发挥比较优势，参与全球分工，就可以实现。这也意味着传统城市形成条件的瓦解，正是由于这样，未来城市的兴衰更替就会成为必然趋势，可见，城市越来越表现出企业的特性。有很多经济学家已经注意到了城市企业化这一现象，并开始把"城市"转向"企业"的视角进行研究，把城市与企业放在同一个框架下分析，城市空间价值链也就有了理论基础。城市群空间格局的演进与发展以空间为载体、以产业为基础、以资本为动力，其空间格局形成、演进与发展需要在企业微观层面、产业中观层面，从城市、城市群和城市经济区等多重维度进行解读。本节借鉴"新马克思主义空间生产理论"的研究方法，剖析全球生产网络内城市间的分工协作机制及空间组织原理，探索空间交互影响下的城市群分工与产业升级机理。

一　空间生产

经济学意义上的空间可以定义为：各种经济要素和经济主体为特定的经济目的而实现效用或价值增加的载体与场所，从更一般意义上说，空间本身可以作为经济要素参与各类经济活动而寻求自身增值。要素在一定经济空间上的集聚形态构成了区位价值的本源，区位价值在表面上是通过相应的竞标地租来体现的。工业化生产与城市空间生产是发达工业社会的两个不同过程，工业化生产包含城市空间生产，并促进城市空间生产；城市反映工业化生产，并反作用于工业化生产。城市空间既包含城市地域范围内的空间，也包含城市之间的范围空间。城市内空间以城市核心地带为中心，人口及三次产业依据城市空间内部价值链形成城市空间布局，并在空间生产、空间整合和重组中实现城市内部空间的演化与发展。城市间空间一般以城市群为依托，以城市群的核心城市为扩散与溢出高低，通过城市间价值链实现分工与专业化的梯度能级型的城市体系，体现出城市群的有机性和系统性。作为一个独立研究对象的城市空间，需要结合空间的资源禀赋、发展阶段、社会经济环境等多角度评判，结合空间生产的属性来估算其增值和发展潜力。

城市空间部分地依赖于更为广泛背景下的其他投资机会。这个更为广泛背景的一个重要方面同城市空间所起的作用相关，涉及维持经济运转的资本投资循环。资本从第一次循环（对制造业进行投资）转向第二次循环（对生产和消费的固定资本进行投资）再到第三次循环（对科技、信息及城市空间进行投资）。Harvey 不仅指出空间生产在生产过剩时期的重要作用，而且指出它是资本成功积累的重要前提。如果城市空间得不到更新和延伸，经济将停滞并导致社会紧张。资本的不平衡发展是空间生产理论中的经典代表，它不仅是马克思理论中用来解释资本创造利润本质的经典论述，更揭示了当代空间生产的原动力。

这一广泛背景的第二个重要方面根源于财产供应、利率提高以及财产投资当前收益率之间的整体关系。以城市空间开发为例，空间价值与市场条件相互作用，从而影响资本流向空间生产，具体可划分为以下两种情形。

（1）如果利率与空间开发和生产的收益高度相关，资本流向新的城市空间就会受到抑制，甚至会出现城市空间供给不足。然而，持续的空间增值将引起城市空间租金的提高，进而可能引起在空间上的投机性投资。最终，持续的空间短缺将导致空间开发和生产项目获得更多收益，进而引起城市空间投资重新增加。

（2）如果利率与空间开发和生产的收益高度相关，尽管存在大量的生产空间，将存在一种投机性的繁荣，这种繁荣可能引起对已有空间投资的高估。

投资机会更为广泛背景的第三个重要方面表现在城市群内部尺度上起作用。虽然利润率在单个城市范围内通常不发生变化，但其受到周边城市的直接影响。某些类型空间需求从城市中心到其外围都会发生较大变化，在城市群层面来看，就是核心城市到外围城市也会发生变化，如对居住、商业、零售、工业空间的需求。与此同时，城市或城市群的不同部分由不同资本投资程度（资本化）的财产所组成。在某些区域，新的高度资本化的财产因具有垄断属性使大多数开发意向被排除在外。围绕城市中或外围城市的隔离区块、宗地是未开发的财产包，它们对各种开发意向都是开放的，当旧的城市空间投资不足，并随着时间的推移发生贬值，城市更新、空间重组与整合的投资可能产生更高的租金。地租差在非均衡发展的整个过程中起作用，非均衡发展在任意空间尺度上普遍存在，也是区域经济的基本属性。投资总是流向收入相较于支出具有相对优势的城市空间，其他条件相同时，这一城市空间的回报率将是最高的。在空间开发和生产的案例中，资金从高成本空间转向低成本空间，从收入低的空间转向收入高的空间，从投资不足的项目（老房子、过时的商业街和被废弃的老厂房等）转移到能在相同区位产生高租金的项目（诸如住宅公寓、购物广场和体育娱乐设施等）。因此，城市空间存在一种持续的不稳定状态，伴随投资、撤资、再投资的过程同时或相继发生。

二　空间结构及其外部性

不同的地点由于商品和服务的价格不同而具有不同的相对优势，

这是空间价值存在的基础。空间价值链、空间主导能力和产业结构变迁是城市群空间格局演进的核心动力。由于空间异质性的存在，企业的空间属性愈加明显，产业在空间中处于非均衡分布。产业价值链在特定空间上的投影形成空间价值链，空间价值链是产业与特定区域空间耦合与互动发展的结果，产业价值链是空间价值链形成的基础。产业价值链与空间价值链的耦合与互动形成了不同规模的产业结构及城市层级体系（见图 6 - 17）。

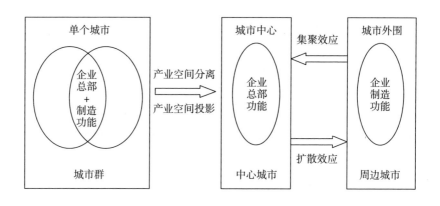

图 6 - 17   城市群产城关系演化的"双链交互驱动"机理示意

（1）在城市群经济中，城市间的物质与产业基础、专业化协作程度和投资效率三方面相互影响所产生的集聚经济导致规模递增效应，这种规模效应的存在意味着城市间经济增长的差距可能长期存在，甚至可能会不断扩大，这是一种累积因果效应。

（2）根据马歇尔集聚外部性理论，我们可以把任何一种货物的生产规模在空间中的扩大而发生的经济分为两类：第一类是有赖于城市之间互动发展的经济；第二类是有赖于从事着工业的个别城市的资源、组织和效率的经济。前者被称为城市群经济，后者被称为城市化经济。产业在城市群层面的集聚有以下三个重要的原因。

一是协作与共享。协作与共享一方面使城市在更大空间尺度下更容易整合与重组各类空间资源，另一方面有利于各类要素在城市之间的匹配，高生产率的城市可以找到高技能的劳动力和高效率的生产技术。

二是空间交互影响。地理学家认为，地理邻近的城市之间相互吸引。各类城市空间交织互动发展的结果既可以节约运输成本，又可以使中间投入品间由于竞争而价格降低。另外，高铁联网、信息技术的发展使城市间的交易成本持续下降。

三是竞争优势。产业在城市内部集聚可以产生马歇尔外部性，产业在城市之间集聚可以产生雅各布斯外部性，产业不管是城市内部的集聚还是城市之间的集聚都有利于提升整体竞争力，城市产业之间的溢出和创新是城市群层面波特竞争优势的源泉。

三　基于空间生产的城市群分工机理

城市的繁荣、衰败和空间资本的扩张、萎缩紧密地联系在一起，空间资本化是城市化的内生动力，城市空间的形成、组织、整合和重组是空间资本运行的过程。城市群空间格局演进伴随着城市群各城市功能的变迁，城市群空间格局是产业在城市群层面分工的结果。据此，城市群的空间格局演化可用下列公式表达：

$$\frac{dX}{dt} = KX(N - X) - dX \qquad (6-36)$$

式中，k 和空间生产有关，d 和空间整合有关，N 是城市群环境容量的量度。方程 1 可以借助图 6-18 中的逻辑曲线来表示。

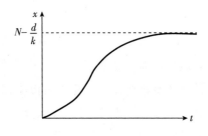

图 6-18　逻辑曲线

当城市群市场环境饱和时，城市群就停止扩张。但是，在该模型所不能控制的事件发生后，也可能在同一竞争环境中出现新的城市，这是一种生态学意义上的系统涨落现象，它引起系统结构稳定性的问题：这个新的城市或者退出，或者取代原来的城市。利用线性稳定性的分析可以证明，仅当满足下列表达式时：

$$N_2 - \frac{d_2}{K_2} > N_1 - \frac{d_1}{K_1} \qquad (6-37)$$

新的城市才会取代原来的城市。城市群的特点在于它的容量 N 随着经济职能的增加而增加。令 S_i^k 表示在城市群 i 的第 k 种经济职能。可以得到取代方程 1 的如下形式方程：

$$\frac{dX}{dt} = KX_i(N + \sum_k R^k S_i^k - X_i) - dX_i \qquad (6-38)$$

式中，R^k 是比例系数。S_i^k 本身伴随着城市群空间 X_i 的扩张是以复杂的形式进行的，S_i^k 起着自催化的作用，自催化的速率取决于城市 i 对于职能 S_i^k 所提供的产品 k 的需求量（来自某个区域的需求量受到随着对 i 的距离而增加的运输费用的限制），以及和位于另一点的城市进行竞争。在这个模型中，一个新空间的生产，意味着一种新的经济职能的出现，这个经济职能的出现可以比作一个涨落，这个经济职能的出现将通过产业分工与价值链整合使城市群产业的初始格局被打破，为了维持下去，城市空间再造将使相邻城市的产业衰落，同时伴随着城市收缩。当介入已经形成城市群的区域时，这些赋予新经济职能的空间会被类似的但发展得更好或更具有竞争力的经济职能的空间所挤垮，它们也可能在共存中发展，或者以这些职能中的一种或另一种的毁灭为代价而发展。可见，城市经济增长有其自身的规律和特点，并不受制于国民经济一般运行规律的影响，这是由城市的基础部门以及起支撑作用的地理位置、资源条件、历史传统、居民精神共同决定的，即使在国民经济高涨时期，也会有衰退城市；在国民经济衰退时期，也会有形成"增长极"地位的繁荣城市。

四 结论与政策启示

（1）城市群是经济行为主体在市场机制下追求利益最大化的空间载体，空间资本驱动下的空间生产促进了城市的快速扩张和城市群的形成，集聚带来的生产率效应促进了产业的地区专业化，空间剥夺和城市群空间外部性进一步强化了中心—外围效应。城市群空间格局的形成、演进与发展需要在企业微观层面、产业中观层面，从城市、城市群和城市经济区等多重维度进行解读。

（2）城市群是我国新型城镇化的主体形态，也是拓展发展空间、释放发展潜力的重要载体，还是参与国际竞争合作的重要平台。城市群是今后中国城市发展过程中的一个非常重要的形态，城市群一定会在产业、交通上互联互通，还有在公共服务上同城化，它会是一个协作发展的群体。城市群是防止城市"摊大饼"的一个有效组织方式。城市发展到一定阶段，就要群体发展，别让一个城市往外摊，它一定要跟旁边的城市或者县协同发展，从而实现整体效益的最大化和可持续。

（3）在城市群层面进行分工。在城市内部和市域等较小的地理尺度上，单中心的空间结构能够提高城市经济效率，而在省域这一较大的地理尺度上，多中心的空间结构更能促进本地经济效率的提升。在城市层面上，应强调要素的空间集聚，坚持空间紧凑式发展模式，而在全国或省域层面上，则应更多地发展多中心城市网络，以形成分布合理的城市体系。建立合理的城市层级体系和产业分工协作机制，避免无序蔓延和同质化竞争，结合地理和经济联系，弱化行政割据和干预，充分发挥市场在城市群发展中的作用。引导人口、产业有序集聚，构建集疏适度、优势互补、集约高效、城乡统筹的城市集聚开发空间的精明增长格局，增强城市群的综合竞争力。

（4）聚集经济优势的获取必须依靠多中心之间密切的空间联系和群体化发展的外部效应，即必须将多个规模较小的中心整合为多中心一体化的城市网络系统，以此享受更大的聚集经济或外部规模经济效益，如共同分享更大规模的区域劳动市场或商品市场，分享区域基础设施等。城市群要从整体上实现产业升级，一方面，需要从内部优势出发，通过自下而上的推动模式，整合并重组现有资源，充分发挥市场机制作用；另一方面，更需要将眼光放眼全国乃至全球，充分利用外部资源优势，打造更大区域的增长极，成为更大区域的核心和价值链控制中心。

第七章　城乡互动与城乡一体化

农村作为人类最早的聚居形态,以不同于城市的空间形态存在着。传统的农业生产方式表现为农民居住地与农业生产地相邻接。对农村空间的关注最早来自英国古典经济学家李嘉图在地租理论中对农业用地的研究,随着工业化、城镇化、基础设施及农业技术的发展,农业生产的用工量下降,农业劳动力不断向利润率较高的产业转移。在这种背景下,农业生产用地逐渐与生活用地出现分离,生活的便利性取代了生产的便利性,成为农民选择居住地点的主要考虑因素。农村空间将会由当前相对分散的状态,缓慢演变为一种相对集中的空间分布状态,农业生产方式的变迁,是当代农村空间布局产生变化的最根本原因。[1] 快速城市化使城乡加速融合,城乡发展中的矛盾日益突出,城乡问题更多地体现为城乡空间利用方面的冲突。[2] 传统低附加值的制造业逐步迁移出城市并向周边城镇及乡村地区转移的趋势不可阻挡,目前对农村空间的开发与利用还停留在讨论阶段,远没有被重视,在城市化快速发展过程中,农村一度成为城市的附属[3],出现了"城不像城、村不像村"的无序格局。农业的多功能性表明,农业不仅能给人们提供一日三餐,还可以为人们特别是城市提供良好的生态环境。菜田本身就是绿地,稻田就是人工湿地。发达国家已然出现"逆城市化现象",人们寻求到农村去居住,到郊区去度假,这其实是对农业多功能性的认同和田园生活的追求。农村存在的意义,还在于

---

① 王璐、罗赤:《从农业生产的变革看农村空间布局的变化》,《城市发展研究》2012年第12期。

② 洪亘伟、刘志强:《快速城市化地区城市导向下的农村空间变革》,《城市规划》2010年第2期。

③ Lefebvre, H., *The Production of Space*, Oxford Blackwell, 1991.

城市是相对于乡村而存在的，这也是文明的多样性。如果农村文明消失了，那么城镇化将是单调的。现在各乡村搞的"农家乐"、农业生态旅游等都反映了在城镇化进程中农村和农业对于人类生活的重要性。现实地理空间被划分为不同尺度的"区域"，区域被认为是类似于国际贸易中的"小国"，而非国家概念。"小国"在开放经济条件下，其特点是生产要素的流动性是对外部开放的。不同层次的"小国"之间通过大规模的协同效应与累积反馈作用在区域层面上交互运行，空间竞争优势得以产生，这是城乡一体化的前提。

对于农村空间演化问题的研究，目前国外更多关注农村和农业多功能布局的微观领域[1]，国内研究多集中在生态与环境规划、旅游开发、生态与社会经济的耦合等宏观领域[2]。在我国的农村发展实践中，需要将二者有机结合起来。农村空间演化是农村经济、社会活动在空间上的投影，表现为小城镇与村庄的数量、规模的空间分布及形态变迁。农村发展的出发点是来自人的需求，最终目标仍然是实现人的全面发展，因此，需要将空间价值思想拓展到环境保护、生态平衡和人文关怀层面综合予以考虑。这也意味着，基于价值链的农村空间演化其蕴含的重要内涵就是以生态环境和人文关怀为基础的价值属性，脱离基础价值的农村空间演化不是真正意义上的农村发展，明确这一点至关重要。

第一节 我国农村发展的现状

一 我国农村长期落后，农村的空间格局缺乏统一的科学规划

农业分散经营普遍，小生产与大市场的矛盾突出，成本高，收益低，资金积累慢，技术创新难。现阶段家庭承包经营未能充分发挥适

---

① 张京祥、陈浩：《基于空间再生产视角的西方城市空间更新解析》，《人文地理》2012 年第 2 期。康艳红：《政府企业化背景下的中国城市郊区化发展研究》，《人文地理》2006 年第 5 期。

② Molotch, H., "The City as a Growth Machine: Toward a Political Economy of Place", American Journal of Sociology, 1976, 309 – 332. 王丰龙、刘云刚：《空间的生产研究综述与展望》，《人文地理》2011 年第 2 期。

度规模经营效应，表现为机械化操作水平偏低和工业物资与能源的投入匮乏。主要障碍是城乡二元体制改革滞后于工业化和经济发展，农民土地承包经营权流转滞后于农业剩余劳动力的流动，农民专业合作经济组织建设滞后于农业市场化改革的推进，农民主体活力不足。这导致了农业发展正面临"四化"（务农老龄化、要素非农化、农民兼业化、农村空心化）、"双紧"（资源环境约束趋紧、劳动力紧缺）、"双高"（高成本、高风险）的不利局面，进而导致农村的空间格局缺乏统一的科学规划。

二　农村土地利用存有争议，土地管理制度还不健全

在农村土地流转中，部分土地流转价位相对较高，而种植粮食作物成本并不低，丰产并不能丰收，同时受气候条件影响大，因此种粮风险大。而且，相对来说种粮效益比较低，部分受让方为了从土地上获取最大效益，改种果树、中药材、烟叶等经济作物，有的甚至开办度假村、砖瓦厂，土地在流转中有"非粮化"倾向[1]，流转土地用于种粮的面积和比重有进一步缩减的趋势，并且有的土地复耕困难，从而影响粮食生产安全。即使土地采取转包、出租、代耕等方式进行流转，但由于流转期限偏短，受让方为保证自身利益最大化，采取掠夺式的经营方式，不惜掏空地力，不可能关注土地的长期投资，经营方式不可持续。

三　基础设施落后，资源配给畸形，自然环境破坏严重

近年来，以乡镇企业为代表的农村工业发展较快，但一开始就存在农村工业分散化与城镇化要求企业相对集中的矛盾。农村工业化模式基本上是小规模的分散经营格局。这种工业生产方式，缺乏价值链合作，难以形成聚集效应，因而使农村的生产结构并没有随着工业化水平的提高而得到根本性改变，与此相联系的农业社会分工与服务业也并没有得到相应的发展。由于农村先天条件普遍落后，在城市化推进中并没有充分考虑到空间价值的意义，片面承接高污染、高耗能、高排放的产业，一方面对农业可持续发展构成威胁，另一方面潜藏着

---

① 刘珊、吕拉昌、黄茹：《城市空间生产的嬗变——从空间生产到关系生产》，《城市发展研究》2013年第9期。

巨大的环境隐患。

四 扶贫策略与手段有待进一步提高

城市无法创造并满足人们的一切需求，农村是人们的生活资料来源地，因此，城市不会代替农村，农村也不会完全变成城市。城市与农村和谐发展的问题，关乎人类的未来，需要建立新的理念和理论来认识城乡一体化发展问题。在城乡贫富差距日益扩大的现实背景下，光靠精准扶贫无法解决城乡发展不平衡的矛盾，小康社会可能无法持续，严重一点还有可能坠入"中等收入陷阱"，因此，认识精准扶贫的措施，就需要站在更高的战略高度审视城市、农村和区域经济协调发展问题，运用市场思维寻求可能的路径。

在理论探讨中，精准扶贫被解读为"靶向""精确"和"瞄准"等核心内涵，旨在使贫困对象短时间内脱贫致富。在实际操作中，精准扶贫以政府为主导、以市场化运作为基础来实施。其中，培育扶贫对象自我发展能力是核心，精准扶贫的根本出路在于将"输血"模式转换为"造血"模式。目前的文献大多数只在"精准"层面讨论精准扶贫工作，局限于"短、平、快"的激进式措施，没有进一步讨论精准扶贫的战略性和长效性，无法保证最后的脱贫或者贫困反弹。从世界经济史来看，贫困实际上是一种经济现象，至少自工业革命以来，贫困问题在各个发展阶段都存在，只是存在的形式不同而已。从历史上看，我国目前的贫困主要是城乡二元结构的结果。现阶段，工业反哺农业、城市支持农村也是发展的必然选择。本书立足于城市与乡村的天然差距，基于空间经济学的相关理论，构建城市与乡村融合发展的"空间—产业"互动发展模型，以期寻找一条城乡共生共荣的发展模式。

第二节 农业与农村空间价值链

一 我国农业发展问题

国家发展改革委关于《全国农村经济发展"十二五"规划》（发改农〔2012〕1851号）明确提出"在依法自愿有偿和加强服务基础

上完善土地承包经营权流转市场，允许农民以转包、出租、互换、转让、股份合作等形式流转土地承包经营权，发展多种形式的适度规模经营"，为我国新时期农业发展指明了方向。现代农业的核心是科学化，特征是商品化，方向是集约化，目标是产业化。党的十八大报告和2013年中央一号文件均提出要构建集约化、专业化、组织化、社会化相结合的新型农业经营体系。在工业化、城镇化和农业现代化"三化"同步发展的背景下，如何利用有限的土地资源发展现代农业，满足国家、社会对粮食的需求，已成为目前农业发展中亟待解决的问题。对我国传统的小农村社经济的农业发展模式而言，该问题的解决转向了如何实现农地的集约化规模经营。在推进工业化和城镇化发展的过程中，一方面要推动城镇化和工业化来加快经济发展，另一方面要受到不以牺牲农业和粮食、生态和环境为代价的条件约束。因此，农业现代化水平是制约全局经济发展的关键因素，只有实现农业的现代化，才有大量农业劳动力剩余，并持续向第二、第三产业转移，才能有更多的建设用地服务于城镇化的土地扩张需求，而农业规模集约经营是实现农业现代化的必然要求。要改变农业靠天吃饭、弱质低效的局面，必须大力发展技术密集、集约化和商品化程度高的高效设施农业，加快粗放型"吃饭"农业向集约型市场农业转变。更进一步来讲，需要发展集约化下的精准农业，使资本或资源集约使用、高效使用与节约使用，注重环境保护。

（一）农业集约化规模经营的概念

在经济学上，所谓耕作集约化，无非是指资本集中在同一土地上，而不是分散在若干毗连的土地上。规模是指要素在一定空间范围内（生产、经营单位）量的聚集程度和组合关系。农业规模经营是从农业整体角度考察规模经营，是指农业经营主体通过实现土地、资本、劳动力、技术等生产要素的合理配置以达到最佳经营效益的活动。农业集约化经营就是在一定的土地面积上，集中投入较多的劳动资料和劳动，采用新的技术措施和管理方法，进行精耕细作，增加农产品总量的一种经营方式，是以低投入、高产出、高效益为特点的农业经营方法。农业集约化经营不仅是农业发展的必然趋势和高级形式，还是农业现代化的唯一途径和根本道路。

（二）目前农业集约化规模经营的困境

推进粮食生产规模化、专业化和集约化，面临诸多困境与问题。一是土地流转难，当前农村土地流转多是以农户自发流转为主，土地流转规模小、租赁转包期限短且不稳定，严重制约了粮食规模经营的扩大与发展；二是资金筹措难，很多农户由于资金投入不到位，不利于提高产出水平；三是农业科技服务水平低，农民素质有待提升。需要大力推进多元化农业适度规模经营的路径，必须鼓励多方参与、强化利益联结、壮大产业实力、深化农业供给侧改革，发展联盟型、股份型、融合型、服务型农业适度规模经营。以现代产业组织方式延伸农业产业链、价值链，发展产业融合型适度规模经营是农村振兴的必由之路。

1. 农民的利益保障体制严重缺失，制约了土地流转

实现土地流转是实现农业集约化规模经营的关键。就目前来看，土地仍是农民的"命根子"，大部分农民对土地流转有后顾之忧，主观上不愿流转；有些从事第二、第三产业的农户，兼职从事农业生产，只是留些土地来补充家庭收入，其家庭原本衣食无忧，所以对土地流转的意愿并不强烈；有些已经脱离农业或长期在外务工或经商的农民，把土地作为今后的退路，对土地流转费那点收入无所谓，宁可粗放种植甚至抛荒也不愿把承包地流转给别人，害怕以后无法收回土地；有些农户害怕国家政策有变化，担心土地流转后，自己失去承包经营权，以后土地被征用时无法得到补偿费。由于缺乏完善的社会保障和规范的土地流转机制，大多数进城务工的农民尽管无法真正融入城市，但也不愿放弃土地这最后的生活保障，加上缺乏土地流转信息平台，导致农村社会"空心化"、农业生产"业余化"、农村劳动力"老龄化"等现象，频现土地产出率低，甚至撂荒。

2. 土地流转中"非粮化"现象严重

土地功能的定位和利用涉及农民自身利益和地区经济发展。由于农业自身的特点和地方特色化村镇战略等因素的影响，部分农村在积极探索土地流转和规模经营的路径上出现了"非粮化""非农化"倾向，在市场驱动下进行了工业化和企业化的运作模式，从长远来看，危及粮食安全和农村发展。农村土地脱离了粮食和农业的经营，在其

他行业进行生产，实际上违背了比较优势和价值链原则，无法形成农村发展的竞争优势。由于流转期限偏短，受让方为保证自身利益最大化，采取掠夺式的经营方式，不惜掏空地力，不可能关注土地的长期投资，经营方式不可持续。

3. 农村工业分散化经营与集聚效应的矛盾

农村工业依托农村地区，具有天然的分散性，难以发挥集聚经济效应。如何克服分散化所带来的效率损失，需要根据乡村禀赋差异、资源优势和环境优势，选择具有各自特点的产业发展方向，各类农业产业项目在分工中明确特色，同时又相互渗透，互有异同。围绕"工业化经营"这一农业发展模式，以区域化、规模化、专业化、品牌化以及科技化等工业化理念，把农业生产经营模式从生产过程（区域化、规模化和专业化基地农业、设施农业和精品农业）到生产结果（企业化精深加工农业）进行"质"的再造，以此增强农产品市场竞争能力和提高农业比较效益。

既要保障国家粮食安全，又要加快工业化、城镇化进程；既不能牺牲农业尤其是粮食为代价发展工业化、城镇化，又不允许以迟延工业化、城镇化为代价发展粮食生产。工业化过程要依赖于农业现代化，经济发展水平取决于工业化和城镇化。工业化、城镇化与农业现代化之间的矛盾突出，探索出一条"三化"并行发展的农业集约化规模经营之路需要新思路。

（三）农业集约化规模经营发展思路

1. 市场导向（Marketing – Centered）加快工业化

市场经济条件下，劳动力转移带来的生产规模扩大效应，将引致农业生产组织形式的企业化转变。企业是经济发展的主体，发展农业企业，引导农民闯市场，发展市场农业，巩固和加强农业的基础地位，决策由传统产量最大化的生产导向转向利润最大化的市场导向，可以说，农业企业化已经成为推动农业经营体制创新、农业结构调整优化、农业增长方式转变和农民收入持续增加的最有效载体。农业企业化是一个发展的过程，它是根据市场经济运行的要求，以市场为导向，以经济效益为中心，以农业资源开发为基础，保持家庭联产承包责任制稳定不变的前提下，在现有农村生产力水平和经济发展水平基础上，把分散经营的农民组织起来，从而聚集力量，装备和武装农业，既调整增量，扩大新经济增长点的生产规模，也调整存量，优化资源组合，全面提高农业生产力的过程。农业企业通过吸纳农村富余劳动力在工业部门就业、在本地落户，实现人口、产业的集聚，进而实现农业生产的集约化、现代化。

2. 以人为本（Human-Centered）加快人力资本提升

改善穷人福利的决定性生产要素不是空间、能源和耕地，而是人口质量的改善和知识的增进。劳动力的选择性转移，对刘易斯、费景汉和拉尼斯农业发展理论的挑战，仅在静态意义上存在。此时，农业的成功发展，尚需有农业人力资本的深化作为新的必要条件给出。在动态背景下，满足一定条件，农业发展这一新的依存条件则可能内生于劳动力的选择性转移过程之中。在引入人力资本的劳动力转移模型中，农业发展政策的主旨，是在健全劳动力市场的基础上强化人力资本动态提高的机制。在引入人力资本的劳动力转移模型中，农业生产率的提高不仅要克服劳动力数量减少带来的产量损失，还需弥补人力资本浅化而产生的效率缩水。在这个问题上，舒尔茨反对以轻视和牺牲农业来发展经济的做法，提倡大力发展农村人力资本，进而实现农业产出的提升。

农业集约化规模经营面临着分散经营的困惑，传统农业经济虽然经营灵活，但规模小、生产方式落后、组织化程度低、从业人员素质不高、标准难统一，现代农业发展方向的重要标志就是集约化规模经营，只有在市场导向和人力导向的思路下进行规模化集约生产，才能有效整合土地、资金、设备、人力、技术、信息等要素。通过促进农村土地经营权流转、加强农业品牌建设、统筹城乡一体化发展、提升农村人力资本与制度跟进、构建基于价值链的城乡互动发展模式、完善农民利益保障机制、提升农村空间价值等措施可以有效解决目前我国农业集约化规模经营的困境和问题。在此过程中，只有加强政府引导，搞活农业土地资源，围绕特色优势产业、区域性主导产品，发挥龙头企业的市场配置作用与辐射带动效应，才能促进专业化生产、规模化经营、集约化发展。

二 农村空间价值链

根据前文分析，可以将经济区域定义为由不同种类、不同等级的、具有较强自组织能力、相对独立却高度开放的经济功能区。彼此之间交互作用形成的一种具有网络特征的经济空间。在这一定义中，居住区可能是一种经济功能区，商业区可能是一种经济功能区，农村地区也可能归类于一种经济功能区。而且，这些功能区可能有其自身的等级性。一方面，每一类经济功能区的不同等级构成一种网络结构；另一方面，不同种类的经济功能区之间彼此联系，形成另一种网络结构。正是这种不同的网络结构彼此之间的叠加，才形成了相应的经济空间。

（一）空间价值

空间价值是依附于空间中的资源价值的空间表现，本质上是空间资源要素的空间增值能力，空间中的城市、农村是空间价值的"价值组合"。就资源本身来讲是没有价值的，只有当其被运用于空间中的具体经济活动时，才具有价值。随着以商品生产为导向的产业空间逐渐由城市向农村拓展，农村空间的商品化特征不断强化，所反映的是现代农村空间的以物质生产为主的作用相对降低，而作为非物质性产品的消费空间的作用正在逐步增强。空间能力最重要的作用是识别、获得、发展和配置资源。图7-1说明，空间虽不可移动，分工与专业化引致的物质要素空间流动所形成的各种产业形式，随着分工与专业化的加深，产业价值链不断升级，作为其载体的空间价值则不断增值。

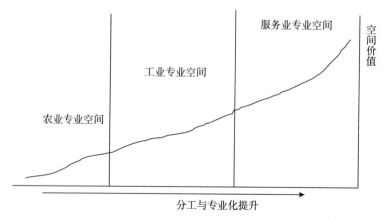

图7-1 空间价值的增值

　　对于经济一体化背景下的现代农村而言，区域的空间功能分工明确，居住区、商业区、农业区等空间价值是不一样的。农村空间演化的进程蕴含了空间价值的动态性和阶段性，这主要是由空间资源要素的流动方向来决定的（见图7-2）。图7-2说明，农村空间存在符合价值链的微笑曲线，相对于粮食生产空间来说，经济作物、蔬菜、养殖、农产品加工贸易和农产品交易服务都具有较高的空间价值，处于农村空间价值链的高端。农村空间价值功能还体现在原料产地、城市腹地和生态屏障等方面。

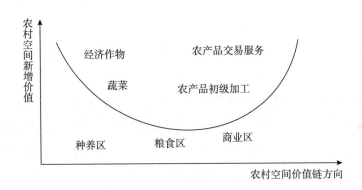

图7-2　农村空间价值链微笑曲线

（二）农村空间演化内涵

　　农村空间不再是地理学意义上的空间单元，而是有经济价值的稀缺资源。不同于一般的空间，其本质就是它的载体是农村。本书对农村空间的基本定义就是没有被城市化的区域单元，即为城市地区以外的广阔地域。如果把农村比作企业，农村空间可以被认为是企业生产中的某一个环节；同样，如果把农业比作企业联盟，显然，农村之间也存在类似产业价值链的农村价值链，单个农村也就是整个农村价值链上的特定一环。但农村价值链要比产业（企业）价值链更为复杂，任何农村空间在农村发展过程中都要受到农村自身和城市的双重影响。当然，农村价值链与产业价值链有很大的耦合性，农村价值链也可以被看作农业价值链的空间投影。农村价值链是以农村为核心的空间经济组织方式，是农村与农业发展到一定阶段的产物，也是经济发展与农村空间演化的高级形态，是未来农村发展的必然趋势。农村空间演化的过程就是农村价值链重组和整合的过程，在这一过程中伴随着农村空间功能的变迁和农村产业结构的调整。农村空间演化不是农村规模的扩张和农村面积的拓展，而是农村在农业价值链体系中不断实现价值增值和实现可持续发展的必然选择。因此，可以把农村空间演化定义为：农村在农业价值链布局中，为了提高经济竞争力和可持续发展，专注于一定的价值活动，在谋求价值链增值过程中采取的价值控制行为，不断实现价值增值是其最终目标和根本动力。乡镇企业在农村价值链上发挥着领导和核心作用。

1. 农村内部价值链

价值链视角下的农村空间优化、重组的过程就是追求空间价值最大化的过程。农作物种植、退耕还林、退耕还草、养殖业发展等都是空间价值的直接体现。在传统的农村空间，"空间价值"直接决定于以种养业为主导的农业空间；现代农村空间价值，体现在空间价值链的功能定位和价值环节。高效农业、乡镇企业引领的新产业价值链，在农村空间演化过程中，会依据价值规律、要素配置的最优化来选择空间位置。

2. 农村间价值链

从价值链的角度来审视农村空间布局，每个农村都有自身的地域特色和区位价值，在农村发展过程中价值链不断重组和整合，实现了农村可持续发展和竞争力。农村间价值链符合波特主张的价值链规律。倡导农村一村一品、一乡一业发展特色产业，引导农民扩大规模、集约经营，通过发挥本地特色，因地制宜，分工明确的价值链思维实现农业产业化经营，依托现代农业示范园，融合观光、科普、休闲、体验等旅游元素，提升农村的整体发展水平。农村空间的"圈层化"日趋明显，商业集聚与交通便利的乡镇形成了以餐饮、农产品加工、购物等为主导的高端价值环节，围绕乡镇形成了农业的集聚地带，而农村居住地、农产品交易场所、物流基地等分散到了与城镇链接的交通沿线，明显顺应了产业价值链引导下的开放式的城市价值链空间布局。

第三节　基于空间价值链的农村空间演化机理

从本质来看，农村空间价值链重组是农户、农业价值链在空间上的分离及区位再选择的过程，在这一过程中，随着特定价值链环节在特定空间的集聚与扩散以及乡镇企业不同职能部门在空间上的分离与集聚，农村的空间结构与功能也会发生相应的变化。农村价值链重组分为农村内部价值链重组和农村间价值链重组。

一　农村内部价值链重组

在农村空间演化过程中，集聚以及由此形成的集聚效应具有关键作用。从农村的形成到空间价值的分化要经历几个阶段，其中新的空间价值链的重组导致工商业空间扩大，在空间资源有限的约束下，工商业会对农业形成挤压，工商业扩张对空间的需求使农业用地不断减少，因此，农业空间演化的过程也就是空间价值链形成的过程，也是新农村形成的过程。农村各功能区是农村内部价值链的一部分，只有突出空间特色，进行合理分工、优势互补，才能提高农村内部价值链的总体竞争力。由于农村空间的有限性，农村内部产业主体会对农村空间展开竞争，这些竞争导致农村空间处于动态演化之中。

二　农村间价值链重组

在区域发展中，农村发展应立足核心竞争力，进行价值链动态重组。具有不同竞争优势的农村将农村内部价值链进行跨农村的整合和重组，从而形成更具竞争优势的农村间价值链。从农村价值链空间整合的类型来看，一般来说，有三种方式，包括市场主导的功能性整合、政府主导的制度性整合和市场与政府协同模式下的价值链整合。农村的壁垒在农村价值链的作用下将经历解体的过程。农村人口聚集、村落合并等需要以农村间价值链为基础。

农村需要在城市化的引导下进行建设，但不能盲目地依赖城市发展的路径，需要根据农业、农民和农村的特点进行空间布局，对城市化影响下农村发展的负面效应加以控制。关注新农村建设中的空间价值，重新确立农村空间发展观，在生态环境保护原则下合理规划城乡空间。城市与农村是人类生活的基本场所，在工业化与城市化的发展过程中，二者处于此消彼长的动态调整之中，在城市化不断深化的形势下，城市空间与农村空间协调发展需要新的视角和思路，要避免农村出现新一轮的环境污染、生态损害等公共危机，走出一条新型农村发展之路，使得城市与农村的发展相互促进、共生共荣、相得益彰。城市与广大农村组成了基本的人类生活、生产空间，需要将空间价值链统一到新一轮的新型城市化和新农村建设当中，将生产空间、生活空间、生态空间与人文空间有机整合起来，既要突出城市特色，又要发挥农村优势，形成城市空间与农村空间的和谐演化和动态优化，实现可持续发展的城乡一体化。

第四节　基于空间价值链的城乡一体化

　　城市和乡村是人类基本的生存生产空间。目前我国的城市化已进入加速阶段，城乡加速融合，一体化趋势明显。在实践中我们发现，城市的空间蔓延与乡村的无序开发并存，城市对乡村的辐射除了正向的外溢效应，还有负向的空间传递，乡村在城市化过程中在城市强势向心力的作用下始终处于被动城市化的地位，这一现象有可能将城市发展中的不利因素转移给乡村，使乡村沦为城市的"垃圾场"和"污染排放地"。城乡发展的不平衡不充分的矛盾比较突出，城乡统筹发展过程中没有建立起利益平衡和协调机制，造成农村优质要素的流出和凋敝，城市空间利用中没有充分考虑到资源环境的承载力，导致要素集聚和使用的效率下降，尤其是城市化严重滞后于工业化，城乡共赢共享机制还未建立起来，真正意义上的乡村复兴和城乡协同发展任重道远。出现这种局面的原因主要有两个：一是过度依赖产业价值链而忽视了空间价值链的基础性和可持续性；二是对城乡空间开发与利用缺乏系统性和统筹规划，城市与乡村各自为战，长期的城乡分割将城市与乡村对立起来，没有建立有效的空间价值体系。在城市不断扩张、新型城市化、新农村建设的背景下，需要对城乡一体化重新认识，对传统的城乡空间布局进一步反思，创新城乡统筹发展模式，实现城乡共存共荣。

传统城乡空间演化是从新经济地理学的角度来解释，认为城乡空间的拓展和变迁是第二、第三产业从城市向农村扩散的现象，源于中心—外围理论的产业集聚的向心力与离心力的共同作用，农村被一致认为是城市的腹地，从属于城市的控制。农村在经济社会发展中跟城市一样，都属于经济组织，有其特定的发展规律，城乡空间演化的内在动因来自城乡价值链的空间重组、调整和转移。城乡空间演化的过程必然会伴随城乡空间价值链的增值。

城乡空间存在"价值势能"，一般来说，城市由于代表先进生产力的发展方向，具有较高的空间价值，处于价值链的高端，农村由于发展的长期滞后处于价值链的低端（见图 7 - 3）。城乡价值链是由代表不同功能和价值环节的城市空间与农村空间组成的价值系统，城市与农村在城乡价值链的作用下，共同完成人类社会的各类经济活动。动态演化是城乡空间结构的核心特点，应该从动态演化的角度分析城乡发展的共性和本质特征。中小城市制造业的集聚必然伴随着服务业向中心城市的集聚，反过来，在服务业向大城市集聚的同时，大城市原有的制造环节也必然会向外围城市以及广大农村腹地转移和扩散。集聚与扩散两种力量使区域经济处于动态均衡之中，是城乡空间演化的内在动力。

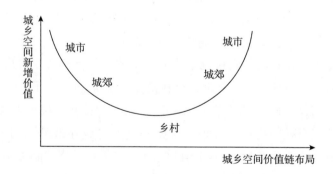

图 7 - 3 城乡空间价值链

第五节　城乡互动发展策略

城市与乡村承载的都是人类社会，不同的是，乡村的人们生活在自然的空间里，城市里的人群是居住在人类营造的空间里。城市具有的特殊性质和作用在于它的聚集性、空间性、综合性、公共性和中心性。城市化的本质是生产要素在市场调节下的空间优化配置，这是与工业化并行的城乡互动、农工互利，是实现城乡区域共同发展的过程。放眼全球发达国家，无不是产业之间和地区之间的协同发展与良性循环支撑了经济和社会的转型升级。城市和农村、生产和消费相辅相成，城市治理主体多元化、治理目标人本化与治理空间城乡一体化是新型城镇化和城市可持续发展的共同要求。

一　统筹城乡一体化发展

新时代城镇化的本质是以人为本、城乡一体、协调发展的新型城镇化，即城乡一体化。坚持城乡产业联动，充分发挥城乡比较优势，优化产业布局，统筹产业发展。在具体措施上，结合城市价值链，充分发挥中心城镇的龙头带动作用。中心镇处于城乡之间、工农之间，是城市联结农村的桥梁和纽带，是实现城乡一体化发展的重要节点。以中心镇建设为突破口，树立标杆，用示范带动城乡一体化发展，实现城乡空间融合、功能互补、基础设施联通共享，最终形成以工促农、以城带乡、工农互惠、城乡一体新格局。

农民总是要有的，农村也是消灭不了的。仅仅给真正务农的农民提供"农村公共服务"，专业农户在离家几千米到几十千米不等的各类城市去满足他们的某些公共需求，而他们的社会保障的收支往来，也通过现代金融网络得以实现。农民变成了"城外市民"；农村只意味着田野，而不是某种人口部落的领地，所谓农村公共服务不过是城市公共服务的一部分。

很多欧美发达国家的经验表明，城镇化的资源是双向的城乡流动，城市既能进去也能出去，但我国现阶段的新型城镇化是只能进城不能出城，而且进城务工人员也享受不了城市里的待遇，成为一个单一的流动。正如农业部部长韩长赋所说："城镇化要带动新农村建设，而不能取代新农村建设，搞所谓去农村化。城乡一体化不是城乡同样化，新农村应该是升级版的农村，而不应该是缩小版的城市。城镇和农村要和谐一体，各具特色，相互辉映，不能有巨大反差，也不能没有区别，否则就会城镇不像城镇，农村不像农村。"笔者认为，新型城镇化也就意味着新型农村的发展和完善，一方面，要鼓励农民进入城市生活和发展，另一方面，也要给城镇人口回流农村构建通道，只有这样，土地流转和农村闲置田地流转才会有制度支撑，新型城镇化和城乡一体化道路才会越走越宽。

二　建立自由完善的要素流动市场，提升农村人力资本

打破市区和郊区、城市和周边地区的行政壁垒与市场分割，让劳动力的居住地和工作地可以在更大范围内展开，让城区过于集中的人口向周边分散，不仅可以让周边地区发展起来，也可以解决城市被周边贫困农村包围的情况。通过财政支出结构的调整和社会救助制度的改进，增强农村居民特别是农村贫困户对教育和培训需求的支付能力，不断提高农村受教育人口的比例，保障在农村地区形成较高的人力资本积累率，以此抵偿劳动力选择性转移的人力资本浅化效应。另外，政府应适时调整现行农村土地制度，鼓励扩大农业生产和经营规模，促使农业生产组织向企业化转变，激励和支持现代农业技术的广泛采用，推进传统农业向现代农业的快速转变，并对农业生产提供适当补贴，提高农业生产活动中教育投资的回报率。

三　农村生产空间的集约化利用

从世界各国农业发展的模式来看，农村用地的集约化发展、村庄间的合并成为大势所趋，是现代农业发展的客观要求。农民的利益保障体制严重缺失，土地流转中出现"非粮化"现象，第二、第三产业发展还不够快，工业化、城镇化与农业现代化之间的矛盾等问题使我国农业集约化规模经营陷入困境，实现"三化"协调发展思路下的农业集约化规模经营需要空间价值链的发展观。工业化与城市化水平越高，越要重视城乡空间规划，城乡分割会造成城市化滞后、现代化受阻和农村贫困化等多种危害。

四　促进农村土地经营权流转，推进适度规模经营

关键要稳妥促进农村土地经营权流转，切实加强农业基础设施建设，着力推进农业产业化，不断提升农业社会化服务水平，加大金融保险、补贴、用地等政策扶持力度。稳定促进农村土地经营权流转。要在确保农村土地集体所有的前提下，将承包经营权分解为独立的承包权和经营权，并在稳定土地承包关系的基础上，鼓励农民自愿转出土地、促进规模经营发展。一是明晰农民土地权益。通过土地确权颁证稳定农民土地预期，明确承包权的财产权，鼓励农民转出土地经营权，避免农业经营过度兼业化和副业化。二是加强土地流转服务和管理。建立基层土地信托服务中心，健全各项服务职能，为土地流转创造良好的环境和平台；同时，明确土地流转政策边界，遏制耕地流转"非农化"倾向。三是完善利益分配机制。在土地流转时尊重农民意愿，鼓励规模经营业主与农户建立稳定合理的利益联结机制，探索推广实物计租货币结算、租金动态调整、土地入股保底分红等利益分配办法，稳定土地流转关系，保护流转双方合法权益。

五　完善农村空间的价值链布局，培育中心地的集聚引力

当代的农产品消费结构正在转型，粮食消费量与以往相比逐渐下降，经济作物、蔬菜以及肉蛋奶的消费量正在增加。市场需求的变化，反过来影响到农村的空间格局，粮食的种植面积呈现下降趋势，而经济作物、蔬菜以及养殖业的规模则相应扩大。这种农业内部结构的变化，正是农村空间价值链的基础。根据中心地理论构建村镇空间布局体系，引导乡镇企业向资源要素禀赋优越的区域集中，构建生态保护屏障，合理规划农作物用地和种养业布局。农村通过对自身空间的合理布局对接城市空间演化。在农村资源环境与商业利益的双重约束下，需要对农村空间进行符合自然规律和价值规律的系统规划，对农村空间进行基于价值链的重组与整合，并在市场与政府的协调指挥下使农村空间不断优化，走出一条可持续发展的农村发展之路。

城市与广大农村组成了基本的人类生活、生产空间，需要将空间价值链和城市价值链思维统一到新一轮的新型城市化与新农村建设当中，将生产空间、生活空间、生态空间与人文空间有机整合起来，既要突出城市特色，又要发挥农村优势，形成城市空间与农村空间的和

谐演化和动态优化，实现可持续发展的城乡一体化。城乡一体化发展需要按照网络化、多中心、组团式、集约型的目标，建立主城区—新城—新市镇—乡村的空间体系，促进城市空间与交通建设协调发展。统筹城乡一体化发展就是要确保基础设施向农村延伸、公共服务向农村覆盖、现代文明向农村辐射，实现城市与农村资源共享；制定经济布局和结构调整的长期战略规划，有计划、有步骤地将现代工商业逐渐向县域和乡镇转移。各省（市、区）地理地域不同，经济发展不平衡，文化内涵有差异，要根据实际，探索合适的发展模式。鼓励合村并城、合村并镇、合村并区（产业集聚区），同时支持有条件的地区进行合村并点，促进农民集中居住，通过科学规划，把零星分散的自然村落，建成环境优美、集约节约用地的新型社区。基于价值链的城乡空间演化是解决城市环境污染、交通拥挤、资源短缺等大城市病的有效方法。因此，建构中国的城乡空间价值链的介入与引导机制，向结构化、集约化发展要效率，是一种全新的国家战略。

当代的农产品消费结构正在转型，粮食消费量与以往相比逐渐下降，经济作物、蔬菜以及肉蛋奶的消费量正在增加。市场需求的变化，反过来影响到农村的空间格局，粮食的种植面积呈现下降趋势，而经济作物、蔬菜以及养殖业的规模则相应扩大。这种农业内部结构的变化，正是农村空间价值链的基础。根据中心地理论构建村镇空间布局体系，引导乡镇企业向资源要素禀赋优越的区域集中，构建生态保护屏障，合理规划农作物用地和种养业布局。农村通过对自身空间的合理布局对接城市空间演化。在农村资源环境与商业利益的双重约束下，需要对农村空间进行符合自然规律和价值规律的系统规划，对农村空间进行基于价值链的重组与整合，并在市场与政府的协调指挥下使农村空间不断优化，走出一条可持续发展的农村发展之路。

第八章　城市空间演化的价值链机理实证

在信息革命和网络技术不断进步的趋势下，各类价值活动呈现出网络化的空间整合与重组的趋势，以适应不断变化的市场环境。全球化的空间表现形式就是"区域专业化"，其本质即是全球生产系统的空间嵌入，全球化网络空间最重要的节点就是城市，不同阶层城市构成"城市网络"。在城市发展的成熟期，城市发展主要表现为城市空间价值网络化发展模式，从空间形式上看，表现为产业布局与分工在城市整体和局部的立体式互动与耦合。城市空间价值链的运行普遍存在于各类区域中，在经济全球化的背景下，城市、国家和区域都处于你中有我、我中有你的互动发展之中。我国的改革开放进程也是积极融入全球价值链的过程，经济全球化的过程也是全球价值链空间整合与重组的过程，国内外城市空间演化的过程与产业价值具有时空的耦合性。城市空间演化的价值链运行机理在各级组织中都有体现，产业发展与空间演化呈现出复杂的交互影响。国际大都市的发展历程和经验表明，城市空间演化符合价值链规律，我国城市发展的实践也证明，空间价值链存在于不同空间尺度的区域内，城市内部、城市群、城市经济区都存在价值链，基于价值链的城市空间演化是城市可持续发展的有效路径。

第一节　我国经济总体环境

一　我国经济的发展现状

2012 年我国的城市化率已达到 52.57%，根据国际经验，我国的城市化已步入高速增长阶段，据测，中国 2011—2016 年每年城市化率将提高 1.4 个百分点，2030 年城市化水平将达到 75.86%。城市化率在 50%—70% 这个阶段将从量变到质变，因此，我国未来区域、城市增长模式也将发生根本变化。中国各级区域经济发展的历史说明，产业在支撑区域增长中扮演着重要角色，城市化、城市集群和区域经济一体化也是产业布局在空间上的体现。平均而言，2010 年我国城市群以占所在省份 32.28% 的国土面积，集聚了所在省份 60.66% 的人口，创造了 75.61% 的地区生产总值。

中国目前仍然是发展中国家，处于工业化的中后期，很多方面还落后于发达国家，另外，就我国国内而言，长期的地区不平衡发展导致了地区差距的扩大。根据新古典增长理论，这两个因素可以被认为是支撑我国经济在下一个阶段持续增长的潜在优势，生产要素、传统产业向中西部地区转移是必然趋势。在经济增长整体放缓、竞争加剧、产业结构调整的情况下，有必要重新认识经典的经济增长理论，进一步认识扩大内需和加大投资的战略选择和现实意义，为新的经济增长找寻新的理论依据和经济增长点，当然，在已经具备了较好发展基础的东南沿海地区，需要通过资本的深化和广化，加快产业转型与结构升级，寻求新的经济增长稳态。

发达资本主义国家的工业化率大致在 20 世纪 60 年代初期达到峰值，工业化峰值的绝对水平在 44% 左右，人均 GDP 在 8000 美元左右；而中国目前的人均 GDP 为 6725 美元，工业化率为 42.1%，对照工业化的国际经验，中国的工业化和城市化水平相对较低。从世界主要国家三次产业占 GDP 的比重来看，我国第一产业、第二产业和第三产业占 GDP 的比重分别是 10.10%、46.67% 和 43.24%，产业发展水平远低于美国、日本和德国等发达国家，也低于金砖四国中的巴西和俄罗斯（见图 8-1），说明我国现阶段经济发展还有待进一步提升，经济增长潜力仍然有很大空间。

我国经济发展的规律和趋势再次证明了经典的区域经济增长理论对我国区域经济增长规律的解释。在改革开放的初期，东部地区在不平衡发展战略的指引下率先进入了经济增长的快车道，通过依靠出口拉动的外向型经济一度领跑中国经济。迄今为止，第二产业仍然是拉

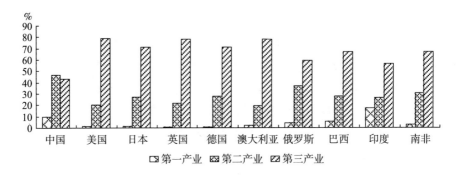

图 8 - 1　2010 年中国与世界主要国家三次产业增加值占 GDP 比重的比较

动 GDP 增加的主要动力，1990—2009 年第一、第二、第三产业对 GDP 增长的拉动分别为 6.7%、57.3% 和 35.9%，相比较而言，第三产业对 GDP 的贡献率在不断增加（见图 8 - 2）。各区域产业发展水平和层次不平衡，地区产业结构相差悬殊，尤其是在第二、第三产业占 GDP 的比重方面，东部地区明显具有优势（见图 8 - 3）。从下一阶段各区域发展的趋势来看，我国经济重心转移的启动阶段已经来临，经济发展重心开始由东部地区逐渐向中西部地区转移。中西部地区在 2001—2010 年累计增长速度均快于东部地区（见表 8 - 1），成为未来引领我国经济增长的新的引擎。从全国 2000—2010 年各地区综合发展指数来看，东部地区综合发展指数仍然高于中西部地区（见图 8 - 4），说明东部地区与中西部地区的差距仍然在拉大，全国性的"东西问题"将长期存在。

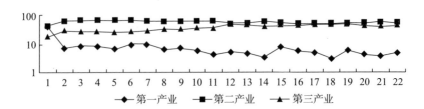

图 8 - 2　全国三次产业对 GDP 增长的拉动

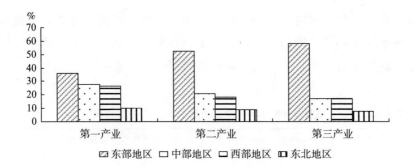

图 8 - 3　我国四大区域的三次产业占全国 GDP 的比重

表 8 - 1　　　　　　　各地区综合发展指数增长情况　　　　　　单位:%

地区	2001—2010 年累计增长速度	"十五"期间年均增长速度	"十一五"期间年均增长速度
东部地区	42.2	3.1	4.1
中部地区	51.9	3.5	5.1
东北地区	44.5	3.1	4.4
西部地区	55.4	3.4	5.6

资料来源:根据国家统计局地区综合发展指数报告整理得出。

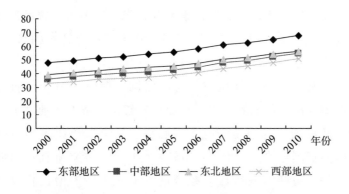

图 8 - 4　2000—2010 年各地区综合发展指数

　　我国产业发展一直处于不平衡发展状态,表现为东部沿海地区快于中西部内陆地区。我们比较了 2006—2010 年环渤海地区（北京、天津、河北、山东）,长三角（上海、江苏、浙江）,泛珠三角区域的广东、广西、福建，中部五省（安徽、山西、河南、河北、湖南），西部地区（重庆、四川、贵州、云南、西藏、陕西、甘肃、青海、宁夏、新疆、内蒙古）的三次产业构成情况，见表8-2。

表8-2　　　我国2006—2010年三次产业分地区构成情况

地区	2006—2010 年分地区产业构成的平均值（地区生产总值 = 100）		
	第一产业	第二产业	第三产业
环渤海地区	6.42	47.67	45.93
长三角	4.27	50.77	44.99
泛珠三角	11.88	47.63	40.50
中部五省	13.40	49.98	36.63
西部地区	8.99	49.01	42.01

注：表中数据经四舍五入。

资料来源：根据2006—2010年中国统计年鉴整理得出。

2011年国家统计局发布了我国农民工调查监测报告，报告显示中西部地区对农民工的吸纳能力进一步增强，在中西部地区务工的农民工增长较快；长三角地区对农民工的就业吸引力在逐步下降，在长三角和珠三角地区务工的农民工比重继续下降。这表明，农民工以跨省外出为主的格局发生改变，说明了当前我国劳动力转移的基本趋势。农民工大多从事的是低端行业，因此，从其变化可以看出我国低端产业的转移趋势。工业化和城市化均衡协调发展是这一变化的根本原因，追赶型经济体的发展过程预示着沿海省份经济增长速度下滑而中西部地区经济增长加速是一种正常趋势。从未来产业演化的态势来看，我国面临国际价值链价值环节转移与国内传统产业向中西部转移的双重趋势，意味着我国区域经济进入了一个新的增长阶段，在资源、环境、技术等要素条件的约束下，要素整合、产业演化和经济增长仍然是下一阶段的发展主题。

随着工业结构的重心由轻工业到重工业，从原材料工业到组装工业的转移，工业的生产要素结构的中心也发生由劳动力到资金，再到技术的相应转移。我国目前的产业发展也符合配第-克拉克定律所揭

示的规律，随着人均国民收入水平的提高，农业劳动力在全部劳动力
中的比重减少，而第二、第三产业的劳动力所占比重增大。三次产业
对国民经济的贡献率也发生着改变，1991 年以来，第一产业的贡献率
在下降，第二、第三产业的贡献率在提高（见图 8 - 5）。三次产业对
国民经济的拉动也表现出第二、第三产业势头强劲，而第一产业作用
在减弱（见图 8 - 6）。

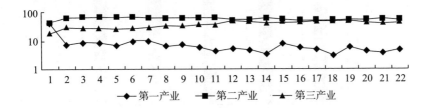

图 8 - 5　22 年间（1990—2011）三次产业对 GDP 的贡献率

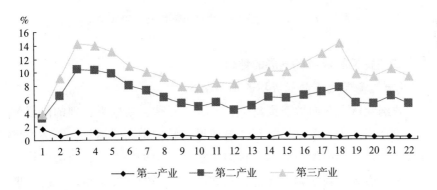

图 8 - 6　22 年间（1990—2011）三次产业对 GDP 增长的拉动

注：三次产业拉动指 GDP 增长速度与各产业贡献率之乘积。

　　产业是城市发展的基础，有业才有人，人聚终成市。脱离产业的
城市空间演化无异于唱"空城计"。2012 年，我国人均 GDP 超过
6000 美元，工业占 GDP 的比重为 40% 左右，城镇化率达到 52.57%。
随着互联网和新材料、新能源相结合的第三次工业革命的来临，经济
发展的核心要素不再是劳动力、资本与土地，而是知识与技术，以制
造数字化为核心，以制造服务化为动力，使全球技术要素、空间要素

与市场要素配置方式发生革命性变化。从三次产业分地区生产总值构成来看，2011 年，西部地区第一产业占到本地区生产总值的 12.4%，在全国仍然最高；而环渤海湾地区第三产业占到本地区生产总值的 46.4%，为全国最高。各地区三次产业占比的具体情况见图 8 – 7。

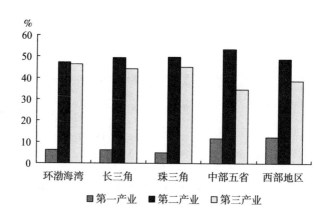

图 8 – 7 三次产业分地区生产总值构成（2011 年）

二 我国区域经济发展的评价

（一）新常态下的经济增长面临挑战

我国经济正在向形态更高级、分工更复杂、结构更合理的阶段演化，经济发展进入新常态，正从高速增长转向中高速增长，经济发展方式正从规模速度型粗放增长转向质量效率型集约增长，经济结构正从增量扩能为主转向调整存量、做优增量并存的深度调整，经济发展动力正从传统增长点转向新的增长点。低劳动力成本未必是吸引产业转移的充分条件，资源价格、政策环境、交易成本和劳动力素质都是影响产业转移的重要因素。当前我国区域经济发展差距缩小的趋势是经济发展规律和国家政策干预共同作用的结果。这一转变可能会对中国的区域经济格局产生一些重要的影响，对于东部地区，其保持较快的经济增长速度的难度会进一步加大，需要加快产业转型与升级，进一步扩大对外开放水平，加快企业“走出去”，快速进入高端价值链攫取利润，通过体制创新和技术创新，增强经济活力，避免进入萧条和衰退。

随着国内市场一体化的推进、贸易成本的持续降低，产业区位发展将经历分散、集中再分散的过程。在工业化中前期，现代部门是制造业。现代部门与传统部门的内涵随经济发展的阶段而变化，随着经济的发展，现代部门将逐渐升级为服务业。外需驱动的经济增长使东部成为制造业中心，产业发展的阶段和增长的要求迫使东部地区寻求产业升级，庞大的成本要靠经济增长来消融，产业价值环节向中西部地区转移不是一厢情愿的，而是双方的必然选择，符合市场规律和产业价值环节转接规律。

（二）中西部和东北地区投资增长加快

在国家西部大开发、振兴东北老工业基地和促进中部崛起的战略指引下，中西部地区和东北地区投资增长加快，地区经济呈现相对均衡增长态势。在国家财政政策的积极引导下，中西部和东北地区全社会固定资产投资增长速度明显加快，占全国的份额明显增加。2000—2010年，东北、中部和西部地区全社会固定资产投资分别年均增长26.8%、26.5%和25.3%，远高于东部地区的21.0%，也高于全国23.3%的平均水平。尤其是2003年之后，东部地区固定资产投资增速放缓并开始持续落后于其他地区。东北、中部和西部地区全社会固定资产投资占各地区加总的比重不断提升，2010年分别比2000年增加2.8、5.7和4.1个百分点，而东部地区占比则下降了11.6个百分点。[1] 这表明，东北和中西部地区投资已经呈现高速增长态势。

（三）东南沿海企业和外商投资西进加速

面对要素成本的上涨和产业升级的压力，珠三角、长三角等地区的企业加快将生产制造环节转移到能源和资源丰富、土地充裕的中西部地区。据不完全统计，2007—2009年，东部地区实际利用外资金额占各地区总额的比重由9.8%增加到12.2%，中部地区由13.5%增加到14.4%，西部地区由6.3%增加到9.6%，在这一期间东部地区则下降了6.6个百分点。[2] 由此可见，近年来，中国的产业格局正在由过去的向东部地区集中转变为向中西部地区转移扩散。

---

① 国家统计局。

② 同上。

（四）地区经济呈现相对均衡的增长态势

2007年西部地区生产总值的增长速度达到14.5%，首次超过东部和各地区的14.2%的平均水平。2008年以来，东北和中西部地区的经济增长速度全面超过了东部地区，2006—2010年，东部地区生产总值年均增长12.2%，而东北和西部地区增长高达13.1%，中部地区也达到12.5%，中国区域经济增长呈现出相对均衡的增长格局。①

（五）跨越"中等收入陷阱"问题

"中等收入陷阱"现象从根本上看是经济增长与发展关系的不协调。发展中国家长期坚持的"有增长无发展"的经济发展模式是"中等收入陷阱"的根源。经济增长是经济发展的基础，经济发展是经济增长的目标。经济增长是经济规模在数量上的扩大，经济发展是包括经济增长在内的经济结构的优化、人民生活水平的改善等经济整体素质的提高，二者有着本质的区别。跨越"中等收入陷阱"，实现经济增长与发展关系的良性循环，必须实现三个转变：经济增长方式从粗放型转变为集约型；产业结构实现优化升级和创新驱动；推进改革开放制度改革，完善市场经济体系。

（六）增长动力问题

根据经典的区域经济增长理论，我国区域经济增长已进入了快速调整阶段，在改革开放初期的城乡差距"势能"已逐渐减小，高梯度和增长极不断形成和壮大，更高层次的增长势能不断积聚和酝酿，发达地区的增长高地的扩散效应越来越明显。随着国内外经济形势的变化，新一轮的区域经济增长动力、源泉、增长方式等都将发生深刻改变，专业化水平与比较优势地位也将明显提高。根据经典的区域经济增长理论，只要区域经济发展水平存在差距，相对落后地区就有增长的空间，而且增长的速度快慢和空间大小与差距大小均成正比。在区域经济增长与发展过程中政府担负着重要角色，发挥着引领市场的作用。地区经济增长除了受制于技术创新和转化程度，还受制于资源、环境、要素等更多条件的约束。随着全球经济增速放缓，不管是欠发达地区还是发达地区，在下一轮的博弈过程中都将面临更大挑战。

---

① 国家统计局。

第二节　我国城市经济的基本情况

据统计，2002 年我国有各类城市 660 座，建制镇 20600 个，市辖区人口超过 100 万的城市有 171 个，2012 年我国地级城市已达到 289 个，市辖区人口超过 100 万的城市增加到 127 个，城市主要集中在东南沿海地区。我国的城市化已进入快速增长时期，第二、第三产业已成为城市发展的主要因素，城市群已成为我国经济增长的核心，多层次城市体系正在形成。目前，我国已形成了有较大规模和影响力的十大城市群，分布在辽中南、京津冀、山东半岛、中原、关中、长三角、长江中游、川渝、海峡西岸和珠三角地区。我国城市经济总体上与全国经济发展的趋势一致，城市群经济呈现出围绕核心城市来统筹区域发展的特点。比较常见的是双核互动模式，比如成渝经济区以成都、重庆为核心互动统筹发展；中原经济区采取以郑州为中心、以洛阳为副中心的区内双核互动城市空间统筹发展路径。在城市空间统筹发展中，区内双核之间的城市空间通过相互支撑、拉动和耦合的内在运行机制实现区域协调发展，随着经济的发展，进一步通过多核互动统筹发展也是必然趋势。这也说明目前区域经济主体主要是城市经济，城市在目前的经济形式下起着越来越重要的作用。未来随着城市群向城市经济区的演化态势，城市价值链将趋于网络化和复杂化，区内多极化格局将形成，更高层次的区内多核互动统筹发展促使区内一体化的市场体系不断完善，促进生产要素在区内自由流动，加快区内产业间的纵向互动与横向融合，弱化行政区划，完善城市合作协调机制，摒弃城市间的利益分割，由盲目竞争转向合作共赢。

总体来说，在快速城市化的进程中，我国的城市人口密度和城市面积不断增大，基础设施不断得到改善（见表 8 - 3），各省域基本形成了以省会城市为核心的城市群，省会城市圈层结构较为明显。长三角、珠三角、京津冀、辽中南等区域甚至形成了多中心协同发展的城市连绵区。根据我国经济发展的阶段和城市化发展的阶段性规律，在今后较长的一段时期内，我国的城市化进程将加速推进，城市经济时代已经到来。

表 8 - 3 　　　　2003—2011 年我国城市化发展情况

年份	城市化率（%）	建成区面积（平方千米）	征用土地面积（平方千米）	市区人口密度（人/平方千米）	人均拥有铺装道路面积（平方米）	每万人拥有公共汽（电）车（标台）
2003	40.5	28308.0	1605.6	847.0	9.3	7.7
2004	41.8	30406.2	1612.6	865.0	10.3	8.4
2005	43.0	32520.7	1263.5	870.2	10.9	8.6
2006	44.3	33659.8	1396.5	2238.2	11.0	9.1
2007	45.9	35469.7	1216.0	2104.0	11.4	10.2
2008	47.0	36295.0	1344.6	2080.0	12.2	11.1
2009	48.3	38107.0	1504.7	2147.0	12.8	11.1
2010	50.0	40058.0	1641.6	2209.0	13.2	11.2
2011	51.3	43603.0	1841.7	2228.0	13.8	11.8

资料来源：《中国统计年鉴》，中经网统计数据。

第三节　我国城市群发展的基本情况

城市群是指由单个或多个中心城市及周边城郊、城镇、中小城市，依照空间价值链开展区域合作，汇集而成的城市群体。根据此定义，城市群至少要满足三个标准：一是发挥中心城市的辐射带动能力，成为引领区域经济发展的增长极；二是通过空间整合与重组，保证城市体系功能完备；三是强调城市分工合作、布局合理，推动城乡空间再造与创新。

城市群基本实现省份全覆盖，东部地区城市群发展最为成熟。城市群代表了当今城市发展的较高阶段。目前，我国初具规模、得到公认的城市群有 21 个，它们是长三角城市群、珠三角城市群、京津冀城市群、山东半岛城市群、中原城市群、长江中游城市群（包括武汉城市群、环洞庭湖城市群、长株潭城市群、环鄱阳湖城市群、江淮城市群）、辽中南城市群、海峡西岸城市群、成渝城市群、关中城市群、呼包鄂城市群、兰州城市群、乌昌城市群、黔中城市群、银川城市群、拉萨城市群、太原城市群、滇中城市群、哈大齐城市群、南宁城市群和琼海城市群。从空间布局上看，这些城市群基本涵盖了除台湾以外的省、自治区和直辖市。在全部的 21 个城市群中，东部有 6 个，中部有 3 个，西部有 10 个，东北有 2 个。在基本建成的十大城市群中，东部有 5 个，分别为长三角城市群、珠三角城市群、京津冀城市群、山东半岛城市群和海峡西岸城市群；中部有 2 个，分别为长江中游城市群和中原城市群；西部和东北各有 1 个，分别为关中城市群和辽中南城市群。城市群数量的多寡，不仅直接体现了我国四大区域城市化水平的差异，而且也客观反映了我国城市建设质量和区域一体化的进程。从布局上可以看出，西部地区地广人稀，城市联系疏松，跨省份的区域合作较为缺乏，城市发展基本处于"单打独斗"状态，由此导致城市群数量较多，而发展水平相对落后。东部地区的城市群以长三角城市群、珠三角城市群和京津冀城市群为代表，城市群发展在国内最为成熟，区域合作水平也遥遥领先。

从产业结构上看，京津冀城市群和珠三角城市群的第三产业的比重都超过了第二产业，其中，京津冀城市群第三产业的比重超过了 50%，表明服务业已成为该城市群经济最重要的增长点。但从总体上看，工业仍是当前我国城市群的主导产业。绝大多数城市群第二产业的比重都在 50% 以上，中原城市群甚至达到了 60%。从各大城市群的首位城市来看，有 6 个城市的第三产业比重超过 50%，7 个城市的第三产业比重超过第二产业。由此可知，服务业正成为各城市群首位城市的主导产业，而制造业则逐步转移至周边城市，城市分工日趋明显，城市群产业结构更加趋于价值链布局。

第四节 我国城市（群）经济发展中的问题

随着我国经济的快速发展，我国的城市化及城市发展已经取得了举世瞩目的成就，目前已进入城市集群发展阶段，城市经济已经成为区域经济的核心。由于我国特殊的国情和区域经济发展的特点，我国的城市发展也面临着诸如市场分割、资源约束、环境污染、交通拥堵等现象，具体来说，主要存在以下问题。

（1）缺乏国家层面的整体模式和政策机制。长期以来，我国城市化水平偏低，城市化滞后于工业化，城市规划观念落后。在计划经济主导下，我国的城市发展受行政审批、政绩考核等因素的影响，城市规划和产业布局都是地方政府与其他市场主体利益博弈的结果，缺乏国家层面的整体指导、顶层设计和长远规划，出现了产业趋同、盲目开发导致的资源利用效率低下、城市蔓延、无序扩张、环境污染等问题，严重影响城市秩序的良性运作与可持续发展。目前，我国661个城市中有400个缺水，占到60.5%，118个资源型城市中有69个面临转型，500个大型城市中只有不到1%的达到世界卫生组织的环境质量标准，城市危机风险加大。

（2）没有形成完整的城市价值链，没有形成"面向整体"的城市结构网络。目前各大都市圈内部在发展中各自为政，缺乏联动协同机制，再加上扭曲的区域发展观，很容易形成恶性竞争和重复污染。目前各大都市圈出现的"城市病"以及较为严重的工业污染可以认为是不合作博弈下城市—产业—空间发展的效率最低解。城市作为区域经济的节点，集聚着大量资源要素，不管是城市内部还是城市之间由于资源禀赋、发展阶段、技术水平等都有较大差异，不能按照统一的模式进行建设，应该根据具体城市的经济发展阶段和空间价值，组建不同空间尺度的城市价值链，形成"面向整体"的城市结构网络，实现城市价值链的不断增值，提高城市空间福利水平。规模与结构问题始终是城市发展中的重要问题，实践表明，城市发展初期依靠规模效应，这一时期规模越大，带来的城市效率越高，生产能力越强，资源汇集也越快，但始终会面临一个临界点，之后将出现边际效应递减。

（3）城市发展粗放、定位模糊，无法充分发挥城市空间演化的经济效应。城市空间演化是推动城市经济发展的直接动力。城市空间演化的空间溢出效应、经济增长效应、产业乘数效应以及环境改进效应都建立在分工协作、定位明确、优势互补的基础之上。我国区域差异较大，城市发展行政色彩浓厚，发展粗放、定位模糊现象普遍存在，限制了以上经济效应的有效发挥，制约了城市空间的增值能力。特大城市的控制能力较弱，中小城市恶性竞争加剧，产城融合度较差，难以发挥城市价值链的空间增值效应。

（4）二元经济结构下的空间福利不均等，空间正义缺失制约了城市空间的合理演化。我国传统的城乡二元经济结构导致了城乡发展的不平衡，是形成城乡差距的主要原因。在城市层面，这种二元经济同样存在，表现在大城市和中小城市公共服务资源的集聚与利用上。大城市拥有较多的诸如教育、医疗和娱乐的优质资源，中小城市相对基础设施落后，公共服务缺乏，这样就会造成大城市和中小城市公共服务不均等，失去空间正义，形成城市层面的二元结构，导致资源过度向中心城市和城市中心集聚，造成大城市病和中小城市的衰落、地区发展的失衡。笔者在2012年甘肃省城市流动人口动态监测关于幸福感的调查中发现，感到"比较幸福"和"非常幸福"的流动人口的比例分别只有48.5%和9.2%，流动人口幸福感的背后其实反映了城市空间的福利水平。目前，我国城市公共服务还不能满足城市居民的需要，这种由于城市公共服务的不均等造成的城市空间价值差异是长期无法化解中心城市和城市中心空间过度集聚并导致一系列城市问题的根源。

（5）城市内部各功能区的功能定位与城市之间产业分工缺乏统一协调机制。一方面，城市本身为了取得较快增长，在财政分权体制下容易形成蔓延式扩张；另一方面，作为城市经济区域的一部分，在全球价值链重组和整合的背景下，城市需要主动融入全球价值链才能实现城市竞争力提升，这要求城市在产业选择和定位时发挥特色、突出优势。在此背景下，城市空间价值状况就取决于各种目标的权衡和博弈。现实中城市内部的蔓延式扩张和粗放利用与城市空间资源的错配与无序开发并存，城市各利益主体目标各异，对城市空间的开发和利用缺乏统一协调机制，由此降低了空间资源的利用效率，无法形成城市可持续发展的长效机制。

（6）城市群内部联系不紧密。从内涵上讲，理想的城市群发展模式，应包括空间合理拓展、经济均衡增长、管理体制机制创新三方面，而我国城市群空间上的"跑马圈地""同质竞争""相互克隆"，缺乏特色和创新，都市、城市、乡镇、农村的发展缺少有机关联，城市群内部尚未形成合理的城市分工和层级体系，"一城独大"的"寡头"现象比较严重，协调与合作处于"零散阶段"。

第五节　我国区域产业发展状况

一　基本情况

改革开放以来，我国实行的是非均衡发展战略，经济极化区域主要在东南沿海、沿江、沿边地区或地带，在已有增长极的拉动下逐渐向内陆地区辐射，形成了整个国家层面的东中西阶梯式空间圈层结构。在经济环境不断变化的情况下，国家西部大开发、振兴东北老工业基地和促进中部崛起战略等旨在推动区域协调发展的举措遍地开花，区域经济的地位逐渐上升，中西部地区和东北地区投资增长加快，高价值区域对低价值区域的空间溢出效应明显，地区经济呈现相对均衡增长态势。

（一）东南沿海企业和全社会固定资产投资西进加速

面对要素成本的上涨和产业升级的压力，城市空间竞争日趋激烈，产业空间重组加速。珠三角、长三角等经济发展较快的地区在城市空间演化的乘数效应和产业升级效应的推动下，加快将生产制造环节转移到能源和资源丰富、土地充裕的中西部地区。2012年，东部地区在41个工业大类的行业增加值比2011年增长8.8%，中部地区增长11.3%，西部地区增长12.6%。对于全年固定资产投资，东部地区投资比2011年增长17.8%，中部地区增长25.8%，西部地区增长24.2%。2013年，东部、中部和西部地区的全社会固定资产投资分别年均增长 18.4%、23% 和 23.1%，中西部地区远高于东部地区，也高于全国 19.9% 的平均水平。[①] 21 世纪初，东部沿海地区的制造业完成规模扩张，开始进入产业大批量空间转移阶段（见图 8 - 8）。由此可见，在城市—区域的相互作用下，国家层面的区域价值链已经形成，多层次的中心—外围格局显现，经济集聚正在由过去的向东部地区集中转变为高端要素进一步向东部地区集聚与中低端要素向中西部地区转移扩散并存的局面。

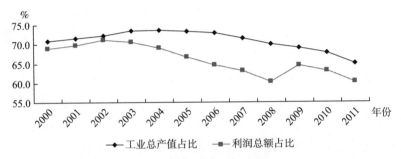

图 8 - 8　2000—2011 年东部沿海地区工业总产值和利润总额占全国的比重

资料来源：《中国区域经济数字地图：东部沿海地区 2012—2013》，科学出版社 2013 年版，第 54 页。

伴随着 21 世纪经济的飞速发展，东部地区产业集聚的离心力日趋凸显。在东部地区制造企业集聚成本上升、资源短缺、人口和劳动力难以为继、产业竞争日趋激烈的情况下，中西部地区必将成为东部发达地区产业转移的次级区域。

东部地区今后 30 年的发展取决于中西部崛起，中西部崛起是东部经济再上一个新台阶的必由之路。中西部有广阔的市场、潜在的消费需求、充裕的土地供给、远低于东部的人口密度，再加上立体交通网络的兴建，中西部地区融入国际市场的程度加深、速度加快，产业转移成本更低，产业聚集产生的外部性更大，已具备发展重化工业和基础产业的优势。中西部地区必将成为发达国家和地区产业转移的理想区位。为此，中西部地区应在整合区域资源、形成专业化分工、上

---

① 根据国家统计局公布的年报数据整理。

下游产业互补和竞争有序的基础上，充分利用产业转移的低成本优势，有效承接东部发达地区的产业转移，形成新一轮的产业集聚和规模经济，在产业承接中不断推动产业结构的优化与升级。

中西部地区应该发挥比较优势，合理配置资源和产业选择。东部地区通过聚集发展总部经济和高端服务业；中部地区通过服务资源的优化配置，发展东部地区的配套和延伸产业，不断提升合作的范围和层次，与东部地区形成具有鲜明的互补性、互动性和多样性的梯度服务业。

之所以还没有出现东部地区向中西部地区的产业转移，一方面是因为东部地区在产业结构调整和升级过程中产业向心力的强度大于离心力；另一方面，中西部地区的经济发展水平仍然偏低，劳动力和市场优势并没有有效发挥，产业吸引力还不够强。从静态角度来看，东部地区名义工资快于中西部地区，转移与承接的倾向都较为强烈；从动态角度观察，中西部地区经济发展速度快于东部地区，土地、劳动力等要素成本也在上升，这种趋势减缓了东部地区产业转移的速度；从产业向心力和离心力两种力量的对比来看，由于东部地区与中西部地区的劳动密集型产业趋同性严重、劳动生产率基本相同（东部为中部培育了一大批产业工人）、国家政策与当地政府的产业政策等因素的影响，目前大规模的产业转移还不会出现，区域经济板块呈现多极化、多样化状态，但从总体的发展态势来看，东部地区向中西部地区的产业转移是必由之路。

（二）区域合作日益深化，地区经济呈现相对均衡增长态势

河南加强与山东、山西、河北等省合作，着力构建中原经济区；安徽省充分利用空间溢出效应和产业升级效应，积极融入长三角；湖北省凸显与长江经济带的合作与交流，响应中部崛起战略；江西、湖南与长三角、珠三角和海峡西岸经济区的合作也不断深化；山西努力向环渤海地区靠拢；中部地区与东西部地区的合作充分发挥"近水楼台先得月"的优势，以实现区域协调发展。2007 年西部地区生产总值增长速度达到 14.5%，首次超过东部和各地区的 14.2% 的平均水平。2006—2012 年，中部地区成为外商直接投资和东部产业转移的首选区域，累计设立外商投资企业 4 万多家，2012 年实际使用外商直接

投资额已达到 430.3 亿美元，占全国的比重上升到 38.5%。2006—2010 年，东部地区生产总值年均增长 12.2%，而东北和西部地区增长高达 13.1%，中部地区也达到 12.5%。中国区域经济增长呈现出相对均衡的增长格局，我国区域经济的空间溢出效应明显。[①]

（三）我国区域价值链基本形成

不管是区域层面还是城市层面，由于劳动力、工业化阶段、土地存量、技术水平等均存在差异，我国不同空间尺度的发展梯度明显，梯度正是城市空间演化的动力所在。地区非均衡发展与梯度层级空间有利于资源的优化组合和价值链跨区域重组，资源型产业和劳动密集型产业将进一步向西部地区转移，中部地区承接一般制造业转移的速度将加快，高端制造业和现代服务业也将主要集中在东南沿海地区。资本密集型和技术密集型产业仍处于向东部地区集聚的阶段。我国区域经济增长的价值板块区域明显，区域价值链基本形成。

（四）我国区域产业发展的总体战略

随着国内市场一体化的推进、贸易成本的持续降低，产业区位发展将经历分散、集中再分散的过程。在工业化中前期，现代部门是制造业，现代部门与传统部门的内涵随经济发展的阶段而变化，随着经济的发展，现代部门将逐渐升级为服务业。外需驱动的经济增长使东部成为制造业中心，产业发展的阶段和增长的要求迫使东部地区寻求产业升级，庞大的成本要靠经济增长来消融，产业价值环节向中西部地区转移不是一厢情愿，而是双方必然的选择，符合市场规律和产业价值环节转接规律。

二　区域产业发展策略

（一）生产要素转化为能力要素

随着科学技术和交通运输的快速发展，单位产出所消耗的能源和原材料已明显下降，运输成本在总生产成本中的比重日益减少，经济活动的区位也突破了传统能源、距离的羁绊。在这种情况下，劳动、资本和技术等生产要素能不能给企业带来切实的利益，很大程度上取决于企业栖息地的市场规模、竞争对手、劳动力市场情况、地区经济

---

① 根据国家统计局公布的年报数据整理。

条件、技术进步、地方政府政策等，我们把这些外部要素称为企业的能力要素。

（二）从企业价值链整合到产业价值链升级

产业价值链本质上是企业价值链网络，每个企业实质上是产业价值链上的具有独特能力要素的一环，产业价值链也可以看作一组企业价值链的集合，企业价值链又是一组企业基因（企业能力要素）的集合，这些企业基因通过转化和整合成为新的价值链，并成为产业价值链基因，产业价值链基因进而决定了产业价值链的素质，比如适应能力、调整能力、创新能力等。产业价值链上的企业既有竞争又有合作，既有分工又有合作，彼此间形成一种互动性的关联，由这种互动形成的竞争压力有利于构成集群内企业持续的创新动力，并由此带来一系列的产品创新，促进产业升级加快。因此，只有构建基于基因重组理论的区域产业价值链才是产业价值链升级的有效途径。

（三）区域间产业合作与创新共享

区域产业合作是指区域间打破地区、部门等界限，形成资本、劳动力和技术等生产要素在区域产业间流动与整合的行为与组织活动。在时间上表现为合作各方的协作与谈判过程，在空间上主要表现为区域产业间的生产要素的转移与衔接。区域作为经济系统不是独立存在的，区域之间存在着多种形式的相互作用，其中，生产要素区际流动以及产业的转接就是典型的区域间相互作用的方式。而区域之间的合作主要体现在创新共享。在创新需要方面，在假设创新供给给定的条件下，创新能否成功地向其他区域扩散，很大程度上取决于扩散目的地的因素，这些创新向边缘地区或发展中地区的扩散同样受到很多约束。这些因素主要是经济水平、技术条件和制度环境。而在创新供给方面，创新扩散同样受制于很多因素，比如创新主体的扩散战略、创新需求对创新扩散的影响等。

（四）构建特色产业集群

波特认为，在经济全球化进程中，区域产业集群可以从三个方面影响企业和区域竞争力：一是提高企业的生产率；二是指明创新方向和提高创新速度；三是促进新企业的建立，从而扩大和加强集群本身。他又指出，不同于全球化生产网络中的跨国公司和战略联盟，产业集群是相互关联的企业及其支撑机构在某一地区的集聚，这种新的生产组织形式，正成为区域经济发展的核心推动力量。因此，促进形成富有地方特色的产业集群，不仅成为推动当地经济最重要的商业战略之一，而且被视为支持特定产业门类或企业发展的最有前瞻性的决策依据。

（五）从价值链转接角度制定产业转接政策

区域政策主要是针对区域问题而设计的，也是政府对一国范围内经济资源的空间配置所实施的干预行为。在政府制定产业转接政策时，一方面，在微观领域，可以运用古典理论通过市场这只"看不见的手"使区域间要素自由流动，实现资源有效配置；另一方面，必须要认识到，光靠市场并不能实现区域的自动均衡，需要运用政府这只"看得见的手"弥补市场固有缺陷，改善空间经济的失衡，促进各区域之间均衡发展，提高整个经济增长的效率，实现区域政策的公平和效率目标。

我国产业空间布局未来需要在国内和国际两个层面进行重组和整合：在国内方面，由于我国东中西区域发展的差距和不同区域内部发展的特点，需要进行国家和地区内部的产业空间分工与匹配；在国际方面，需要进一步改革开放，在积极参与全球价值链的同时，重点结合"一带一路"倡议，将"引进来"和"走出去"相结合，构建内接外联的立体型价值链，充分发挥比较优势，不断提升产业附加值，获得经济增长的高质量和可持续。

总之，经济全球化趋势要求基于价值链的视角来审视城市发展问题。在以全球价值链为基础的城市价值链的分析框架中，城市只是城市价值链的一个中间环节，城市空间演化的实质是城市价值链重组与整合的过程。城市的发展也必然是城市寻求城市价值链定位与向高端价值链环节不断演进的过程。从我国城市发展的历程来看，现代化的城市基本都是在东南沿海市场经济起步较早的区域出现，城市服务业都是以制造业为基础发展起来的。目前我国城市服务业尤其是生产性服务业发展水平仍然较低，主要原因是我国城市价值链升级缓慢，处于制造环节的城市没有将生产性服务与制造业垂直分离，处于高端价值链中的城市的空间辐射作用受到阻碍，没有有效发挥城市价值链的空间增值效应。城市在产业选择和功能定位中表现出大而全的盲目竞争态势，城市发展模式不能适应产业升级的需要，也不能实现城市竞争力的提高和可持续发展。

　　从未来产业转移的态势来看，我国面临国际价值链价值环节转移与国内传统产业向中西部转移的双重趋势，也意味着我国区域经济进入了一个新的增长阶段，在资源、环境、技术等要素条件约束的情况下，下一轮经济增长将面临更大的风险和挑战，创新驱动、结构转型和产业升级仍然是下一阶段的发展主题。区域在产业政策制定决定了区域转接模式，不同的区域由于发展阶段不同，就是在同一个发展阶段，产业比较优势与资源禀赋也不同，因此，应对不同的产业采取不同的转接模式，不管是发达地区还是发展中地区，在同一时期都存在产业的转接，只不过产业转接的层次不一样。在产业转接过程中，需要立足于微观的企业和产业价值链视角，对本地区的企业和产业做深入的探究，制定微观的市场调节和宏观的政府干预相结合的区域产业治理结构，实现本区域经济的持续和谐增长。

第六节　长三角城市群空间价值链

一　长三角城市群城市间价值链概况

　　长江三角洲（简称长三角）是中国最早和最成熟的现代意义上的经济区。长三角地区的沪、苏、浙三省市，地域相连，文化相近，经济相融，人缘相亲。长江三角洲占全国陆地面积的 2.2%，人口占 10.4%，地区生产总值占 22.1%，财政收入占 24.5%，进出口总额占 28.5%。长三角地区集中了近半数的全国经济百强县，聚集着近 100 个年工业产值超过 100 亿元的产业园区。长三角包括上海、南京、杭州、苏州、无锡、常州、镇江、嘉兴、南通、扬州、绍兴、宁波、舟山、台州、泰州、湖州 16 个地级以上城市，是世界第六大城市群。16 个城市的总面积约为 10 万平方千米，约占全国的 1%，人口规模约为 8400 万人，处于我国区域经济的第一梯度区，发挥着增长引擎的作用。其突出表现是，20 世纪 90 年代以来，长三角经济发展年均增长超过 13%，2012 年地区生产总值超过 9 万亿元（见表 8-4），人口主要集中在上海、杭州、南京等大城市。

表 8-4   2012 年长三角城市群经济发展概况

城市	常住人口（万人）	人口密度（人/平方千米）	地区生产总值（万元）	人均地区生产总值（元）	地区生产总值增长率（%）	经济密度（万元/平方千米）
上海	1426.9	2250.68	201817200	85373	7.50	31832.37
南京	638.5	969.30	72015700	88525	11.70	10933.00
无锡	470.1	1015.93	75681500	117357	10.10	16356.49
常州	364.8	834.33	39698700	85039	11.50	9080.22
苏州	647.8	763.21	120116500	114029	10.10	14151.33
南通	765.2	956.38	45586700	62506	11.80	5697.63
扬州	458.4	695.52	29332000	65692	11.70	4450.31
镇江	271.4	705.48	26304200	83650	12.80	6837.59
泰州	506.4	874.98	27016700	58378	12.50	4668.52
杭州	700.5	422.74	78020058	88962	9.00	4708.23
宁波	577.7	588.54	65822064	86228	7.80	6705.59
嘉兴	344.5	880.00	28905730	63704	8.70	7383.33
湖州	261.4	449.11	16643045	57350	9.67	2859.63
绍兴	440.8	533.95	36540321	82966	9.75	4425.91
舟山	97.2	667.90	8531767	87883	10.20	5863.76
台州	591.0	627.94	29112616	48505	7.10	3093.47

资料来源：根据《中国城市统计年鉴（2013）》整理得出。

长三角城市群 2013 年实现地区生产总值近 9.8 万亿元，约占全国的 17.2%，人均地区生产总值超过 114171 元，是全国平均水平的 2.7 倍，地方财政收入近 10127.9 亿元，约占全国的 7.8%。2014 年上半年，长三角 16 市实现地区生产总值 26861.39 亿元，比上年同期增加 1200 多亿元，地区生产总值的平均增速达到 9.2%，比全国平均水平高出 2.1 个百分点。从长三角城市群各城市竞争力水平来看（见表 8-5），显然，处于高端价值链环节的城市具有更强的竞争力。较强的竞争力意味着较强的控制力、影响力以及重组与整合的能力。

表 8-5 2010 年长三角 16 城市综合竞争力在全国 294 个城市中的得分和排名

城市	综合竞争力指数	排名	城市	综合竞争力指数	排名
上海	0.892	2	南通	0.676	45

续表

城市	综合竞争力指数	排名	城市	综合竞争力指数	排名
杭州	0.781	10	镇江	0.651	52
苏州	0.768	15	泰州	0.647	55
无锡	0.762	17	舟山	0.643	58
南京	0.749	19	绍兴	0.630	62
宁波	0.745	21	台州	0.627	64
常州	0.715	29	嘉兴	0.619	70
扬州	0.678	44	湖州	0.603	81

资料来源：赵弘：《中国总部经济发展报告（2012—2013）》，社科文献出版社2012年版。

产业结构一定程度上反映了城市价值链发展。首先，长三角产业向"三二一"结构加速调整（见表8-6、图8-9），作为我国最重要的区域，其定位是我国参与国际竞争的一个桥头堡。上海出现了去工业化迹象，第二产业尤其是制造业呈现下降趋势，与此同时，长三角其他城市第二产业的相对地位日益提升，这与上海制造业尤其是劳动密集型产业向周边城市转移有密切关系。这也是产业价值链在城市间分工的体现。其次，服务业向中心城市集中的新极化趋势明显。中心城市在区域经济中的引擎作用日益突出，产业结构迈向高级化。最后，区域经济整体格局开始由极化走向扩散，长三角区域层面与单个城市内部均出现城市价值链重组现象，城市群内部出现"多中心水平重组，圈层垂直重组"的价值链重组与整合态势。服务价值环节中心极化、制造环节区域分化格局加快形成。

表8-6 2012年长三角城市群产业发展概况

城市	第一产业			第二产业			第三产业		
	生产总值（万元）	所占比例（%）	第一产业从业人员比重（%）	生产总值（万元）	所占比例（%）	第二产业从业人员比重（%）	生产总值（万元）	所占比例（%）	第三产业从业人员比重（%）
上海	1271448.36	0.63	0.22	78547254.24	38.92	49.21	121998497.40	60.45	50.57
南京	1850803.49	2.57	0.26	31708512.71	44.03	48.25	38456383.80	53.40	51.49

续表

城市	第一产业			第二产业			第三产业		
	生产总值（万元）	所占比例（%）	第一产业从业人员比重（%）	生产总值（万元）	所占比例（%）	第二产业从业人员比重（%）	生产总值（万元）	所占比例（%）	第三产业从业人员比重（%）
无锡	1369835.15	1.81	0.22	40118763.15	53.01	64.24	34185333.55	45.17	35.54
常州	1262418.66	3.18	0.12	21008552.04	52.92	54.67	17427729.30	43.90	45.21
苏州	1945887.30	1.62	0.05	65019061.45	54.13	70.09	53139539.60	44.24	29.86
南通	3191069.00	7.00	1.53	24142716.32	52.96	57.68	18252914.68	40.04	40.79
扬州	2053240.00	7.00	0.14	15545960.00	53.00	56.23	11735733.20	40.01	43.63
镇江	1157384.80	4.40	0.34	14196376.74	53.97	57.95	10950438.46	41.63	41.71
泰州	1918185.70	7.10	0.56	14345867.70	53.10	50.32	10752646.60	39.80	49.12
杭州	2551255.90	3.27	0.05	35725384.56	45.79	54.99	39743417.55	50.94	44.96
宁波	2685540.21	4.08	0.03	35168728.80	53.43	66.98	27967794.99	42.49	32.99
嘉兴	1514660.25	5.24	0.09	16031117.86	55.46	67.02	11359951.89	39.30	32.89
湖州	1226592.42	7.37	0.04	8864085.77	53.26	66.56	6552366.82	39.37	33.40
绍兴	1848940.24	5.06	0.04	19625806.41	53.71	81.49	15069228.38	41.24	18.47
舟山	830994.11	9.74	0.17	3829057.03	44.88	37.11	3871715.86	45.38	62.72
台州	2008770.50	6.90	0.14	14195311.56	48.76	68.18	12908533.93	44.34	31.68

资料来源：根据《中国城市统计年鉴（2013）》整理得出。

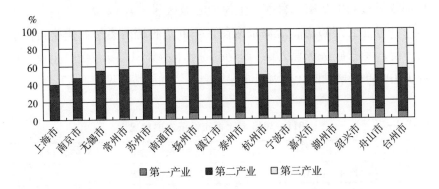

图 8-9　2012 年长三角城市群各城市产业结构对比

　　由于经济社会发展、交通等基础设施改进，以及市场化经济力量作用，自改革开放以来，长三角经济区地域范围、经济规模、人口总量等不断扩大。随着长三角城市群内部竞争的加剧，长三角城市群在城市价值链作用下形成了次一级城市群，若干个次一级城市群再由下一层次的城市群或城市组成，已形成以上海为中心、南京和杭州为副中心的城市群层级体系，分工也进一步深化，已由城市层面进入城市群层面，城市价值链趋于网络化、复杂化，这意味着长三角城市群空间演化水平已达到较高阶段。

二 上海市城市内部价值链概况

上海市是长三角城市群的中心，也是我国的经济中心，具有较高的集聚度和城市空间演化能力。上海自贸区的建立，将使长三角的中心（上海）成为世界新中心和全球城市，也为长三角经济区的进一步扩大起到推动作用。作为我国参与国际竞争的一个桥头堡，其辐射影响不只局限在本区域内，也拉动了整个沿江及内陆地区的经济发展。长三角城市群具有较高的产业配套能力，它的自主创新能力、技术水平、在国际市场中的延伸，其价值是其他地区所无法比拟的。上海目前正在打造国际金融中心与国际航运中心双核心概念。2014 年上半年，长三角 16 城市共完成规模以上工业总产值 53626.73 亿元，同比下降 0.5%，增速比上年同期降低了 22 个百分点，工业大幅萎缩，服务业已成为拉动经济增长的主力。2010 年，上海浦东的跨国公司地区总部数量达到 100 家。目前，上海中心城区居住着 1200 万人口，全市总人口超过了 2300 万。上海浦东新区不断进行服务升级，优化招商引资环境，促进企业健康发展，产业链的上下游集团总部及配套企业已形成了关联产业聚集圈。上海市主要社会经济发展情况见表 8 - 7。

表 8 - 7　　　　　　2011—2013 年上海市经济发展状况

指标	2011 年	2012 年	2013 年
第二产业占比（%）	42.0	39.0	37.2
第三产业占比（%）	57.3	60.4	62.2
第二产业从业人数（万人）	445.1	440	446.1
第三产业从业人数（万人）	622.0	629.8	644.9
职工平均工资（元）	51968	56300	60435
信息产业增加值（%）	9.7	10.1	10.3
第二产业劳动生产率（元/人）	178391	177501	180712

续表

指标	2011 年	2012 年	2013 年
第三产业劳动生产率（元/人）	180905	194904	211835
常住人口（万人）	2347.46	2380.43	2415.15
有 R&D 活动单位数（个）	1782	2152	2293
R&D 人员（人）	26550	30076	30844
专利申请授权数（件）	817	1513	1726
金融业单位数（个）	1048	1124	1240
环境空气质量优良天数（天）	336	343	241

资料来源：根据上海统计年鉴整理。

从 20 世纪末开始，上海市第三产业比重已超过第二产业比重（见图 8-10），第三产业吸纳就业能力较强，收入弹性较高，其所在空间在区域经济中始终发挥着核心引领作用。

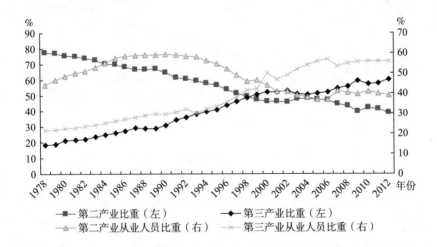

图 8-10　1978—2012 年上海第二产业与第三产业比重时序演化特征

到"十二五"期末，浦东将打造电子商务新高地，计划培育具有行业领先优势的第三方电子商务平台企业，并使区内 50% 以上的企业开展电子商务，新区力争建成"国家级电子商务示范城区"。电子商务交易额在"十二五"期末将超过 6000 亿元，占同期社会消费品零售总额的50%以上。"十二五"期间，上海市深化落实国务院关于"两个中心"建设的意见，按照加快形成服务经济为主的产业结构的方向，围绕创新驱动发展、经济转型升级，着力推进高端化、集约化、服务化发展，促进第一、第二、第三产业融合发展。第三产业增加值不断上升（见图8－11），2013年第三产业增加值占生产总值比重达到65%左右。目前，上海市国际金融中心依托陆家嘴金融城、外滩金融集聚带，静安、长宁和徐汇成为金融服务的延伸区域，国际贸易中心的空间分布重点在大虹桥地区，国际航运中心空间载体为大浦东地区，基本形成了城市内部价值链格局。

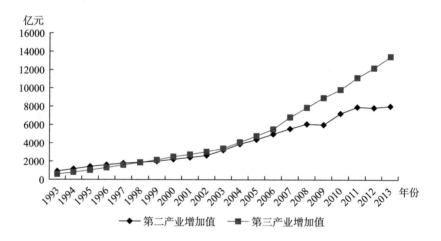

图8－11　1994—2013年上海市第二、第三产业增加值

2016年新的《长江三角洲城市群发展规划》提出，构建"一核五圈四带"的网络化空间格局。发挥上海龙头带动的核心作用和区域中心城市的辐射带动作用，依托交通运输网络培育形成多级多类发展轴线，推动南京都市圈、杭州都市圈、合肥都市圈、苏锡常都市圈、宁波都市圈的同城化发展，强化沿海发展带、沿江发展带、沪宁合杭甬发展带、沪杭金发展带的聚合发展，构建"一核五圈四带"的网络化空间格局。这意味着长江三角洲城市群的辐射能力进一步提高，在国家现代化建设大局和全方位开放格局中的战略地位进一步提升。从

长三角城市群的扩展来看，城市群层面的区域经济特征日益明显，城市群正成为区域竞争的主体单位。

三　长三角城市群城市价值链空间布局

（一）汽车产业价值链空间布局

上海拥有目前我国最大的轿车生产基地和全国三大汽车集团之一的上汽集团。2005 年年初，上海市拥有汽车产品技术开发机构 34 个，科研人员 0.59 万人，项目研发 529 项，技术研发经费支出 39.64 亿元。2012 年，上海的汽车产量为全国最多，达到 202.4 万辆，是中国最大的汽车整车制造中心。在汽车销售服务方面，上海已形成销售、物流、售后、融资保险四大板块。

强大的经济实力、优越的地理位置、良好的工业基础和丰富的民间资本，使长三角地区成为中国最大的汽车生产基地。上海重点发展了汽车产品价值增值环节中的研发、整车组装和销售服务三个环节，众多的零部件合资或独资企业则落户在外围城市，一条具有国际竞争力的汽车城市价值链已成形（见表 8－8）。

表 8－8　　　　长三角城市群汽车产品城市价值链空间分布

城市	研究开发	整车组装	零部件制造	销售服务
上海	＋＋＋＋＋	＋＋＋＋＋	＋＋＋	＋＋＋＋＋
南京	＋＋＋	＋＋＋＋	＋＋＋	＋＋＋
无锡	＋＋	＋＋	＋＋＋＋＋	＋＋
常州	＋	－	＋＋＋＋	＋＋
苏州	＋＋		＋＋＋＋＋	＋＋
南通	＋		＋＋＋	＋
扬州	＋		＋＋	＋
镇江	＋		＋＋＋	＋＋
泰州	＋		＋＋	＋
杭州	＋＋＋		＋＋＋＋	＋＋＋
宁波	＋＋	＋＋	＋＋＋＋＋	＋＋＋
嘉兴	＋		＋＋	
湖州	＋		＋＋	＋

城市	研究开发	整车组装	零部件制造	销售服务
绍兴	+	–	+ + +	+ +
舟山	–	–	+	+
台州	+	–	+ + + + +	+

注：+代表规模，+数量的多少意味着规模的大小；–代表该城市不在该价值链环节。

资料来源：当代上海研究所编：《长江三角洲发展报告2006：城市间功能关系的演进》上海人民出版社2006年版，第65页。

　　上海通用东岳基地、上汽通用五菱青岛生产基地等整车工厂纷纷布局山东等内地，上汽集团以上海总部为中心，其整车工厂分布在华东的上海、南京、宁波、扬州、无锡、青岛、烟台，华中的武汉、长沙，东北的沈阳，华南的柳州，西南的重庆，西北的乌鲁木齐，产能基地遍布华东、东北、华中、华南、西南和西北，仅未涉及华北地区。可见，长三角城市群在承接上海汽车制造价值链空间转移中具有独特优势，从未来发展趋势来看，汽车制造在全国范围内整合已是大势所趋，整车制造随着汽车消费市场向西部地区转移，新一轮汽车产业价值链城市布局将向中西部地区转移也是必然趋势（见表8-9）。

表8-9　　　　　　　　六大汽车产业集群发展现状

产业集群	2012年产量（万辆）	2012年产量占全国比重（%）	2015年规划产能（万辆）	2014—2015年产能增长幅度（%）
东北	249.9	13.00	460	27.80
京津冀	312.5	16.20	580	38.10
长三角	323.8	16.80	620	19.20
长江中游	274.8	14.30	740	21.30
珠三角	138.5	7.20	310	31.90
长江上游	230.7	12.00	590	55.30

资料来源：国家发改委网站信息中心（中国整车制造业空间布局）。

　　（二）电子信息产业价值链空间布局

　　电子信息产业是新兴的产业，是现代产业结构中的第四产业，具有高增长率、高风险、高额研发费用、高附加值、高技能劳动密集等特点，其对城市的技术、人力、资本、规模有不同偏好。近年来，以上海为中心的长三角地区已成为世界电子信息产品的重点投资领域。一条基于电子信息产品的城市价值链清晰可见。电子信息产品各价值增值环节在长三角城市分布的情况见表 8 - 10。

表 8 - 10　　　　　　长三角两类典型产业的城市价值链空间分布

城市	电子信息产品的城市价值链空间分布			纺织品的城市价值链空间分布		
	研究开发	生产制造	销售服务	研究开发	生产制造	销售服务
上海	+ + + + +	+ + + +	+ + + + +	+ + + + +	+ +	+ + + + +
南京	+ + + +	+ + + +	+ + + +	+ + + + +	+ + + +	+ + +
无锡	+ + +	+ + + + +	+ + +	+ + + + +	+ + + + +	+ + + +
常州	+	+ + + +	+ +	+ +	+ + + + +	+ + +
苏州	+ + + +	+ + + +	+ + +	+ + +	+ + + + +	+ + + +
南通	+	+ + +	+	+	+	+
扬州	+	+ +	+	+	+ + +	+ +
镇江	+	+ + + +	+ +	+	+ + +	+
泰州	+	+ + +	+	+	+ + +	+
杭州	+ + +	+ + + +	+ + + +	+ + +	+ + +	+ + + + +
宁波	+ +	+ + + + +	+ + + +	+ +	+ + + + +	+ + + +
嘉兴	+	+ + +	+	+	+ + + + +	+ + + +
湖州	－	+	+	+	+ + + +	+ + + + +
绍兴	+	+ + +	+ +	+ +	+ + + + +	+ + + + +
舟山	－	－	+		+	+
台州	－	－	+		+	+

注：+代表规模，+数量的多少意味着规模的大小；－代表该城市不在该价值链环节。

资料来源：当代上海研究所编：《长江三角洲发展报告 2006：城市间功能关系的演进》上海人民出版社，2006 年版，第 85—97 页。

（三）纺织、服装产业价值链空间布局

近年来，长三角城市群纺织产业的一个突出特点是产业加工制造部门已由大城市迁出，外围中小城市承接了这些生产制造部门，与研发、设计、营销部门剥离，形成了专业化集聚与城市空间集聚形态（见表 8 - 10、表 8 - 11）。

表 8 – 11　　　　2003 年长三角城市群服装产业价值链空间分布

城市	空间区位	销售收入（千元）	主要产品	企业数（个）	总产量（万件）	服装工业园区(个)	服装专业市场(个)
上海	上海	2738124	服装文化、商贸、研发设计	1457	48414	1	1
苏州	常熟	1960000	羽绒服、休闲服	1650	20000		
宁波	宁波	1350000	品牌男装	1800	17630	6	3
嘉兴	平湖	1100531	出口服装生产基地	1100	21500	8	
常州	常州	920000	服装制造	860	29000	5	3
无锡	无锡	932264	品牌服装制造	1163	14674	9	10
绍兴	嵊州	625887	领带	1100	23400	1	1
	诸暨	145000	男衬衫	37	3800		
湖州	织里	37650	童装	2510	2460		6
杭州	杭州	7980	女装	30	540		

资料来源：中国产业地图编委会：《长江三角洲产业地图 2005》。

目前，长三角城市群基本形成了"上海总部 + 各地基地"的城市间价值链格局。上海在长三角城市群中发挥创新功能、产业功能、金融功能、配置功能和枢纽功能，具有较强的辐射能力和控制能力。长三角地区正在经历由"上海制造"向"长三角制造"的转型，该地区"店"与"厂"在不同空间的集聚形成了上海、杭州和南京三极拉动的价值链空间互补状态，推动了该地区产业的整体转型与升级。

四　长三角城市群空间演化格局

长三角将一般加工制造业向周边地区转移，主要发展高附加值的高新技术产业、先进制造业、现代服务业，形成了多层次的经济圈。第一层次是核心城市上海，是整个长三角城市群的金融、资本、信息、高新科技、人才等的服务中心；第二层次是南京、杭州等城市，处于整个城市价值链的中游；第三个层次是围绕中心和次中心城市的外围城市，处于城市价值链的底端。长三角周边地区具有近水楼台先得月的天然优势，可以就近承接长三角城市群转移出来的加工制造业的全部或部分产业链条，在发掘现有资源要素的基础上，提高了自身的产业组织能力和价值链增值能力。通过产业链和城市链的衔接与延伸，长三角及其外围地区已经形成了从高端到低端的产业结构、由外层向内层升级的中心—外围结构，区域间传统的极化和辐射关系转变为竞争和合作关系。现实世界的空间具有企业特征，不同规模的城市也类似于"城市公司"。从三大城市群内部价值链重组过程和趋势来看，城市群产业链拉长、城市功能裂变、区域纵向分工加快，核心城市的价值重组能力明显大于周边城市，城市群在核心城市的带动下实现城市的多核化发展（见表8－12），组团化推进。

表8－12　　　　　上海城市圈16城市经济发展梯度圈层格局

城市	第一圈层	第二圈层	第三圈层
	上海	南京、苏州、无锡、杭州、宁波	常州、镇江、南通、扬州、泰州、嘉兴、湖州、绍兴、舟山、台州
地区生产总值（均值，亿元）	10294.0	3442.1	1203.5
第一产业（均值，亿元）	93.8	104.3	85.8
第二产业（均值，亿元）	5028.4	1959.8	693.7
工业（均值，亿元）	4670.1	1799.1	613.0
第三产业（均值，亿元）	5244.2	1378.0	424.1
圈层人口密度（人/平方千米）	2823.0	769.0	741.0
圈层人均地区生产总值（元）	75550.0	54703.0	29019.0

资料来源：根据《江苏统计年鉴2007》《浙江统计年鉴2007》《上海统计年鉴2007》计算整理。

2000—2010年，在长三角城市群，南京、杭州、苏州等城市的人口增加较快，要素向次中心城市集聚较为明显，多中心结构趋于形成。可见，长三角城市群已处于多核互动的统筹发展阶段。

根据城市的发展规律，本书选取生产性服务业—制造业比值来衡量城市价值链水平，该值越大，说明城市的空间演化能力越强。长三角城市群已基本形成了以上海为核心的价值链圈层式格局，其特点是城市价值链形成了以上海为价值链高端中心，以南京、杭州为副中心，逐步向外围拓展的城市价值链空间布局。

中心区域的扩散和辐射效应与城市空间价值的提升水平密切相关，主要取决于能否将自身塑造为整个区域的服务中心、高端制造业中心和创新中心。外围区域则通过打造特色优势来吸引中心区域价值链的转移，最终实现城市空间演化。在新一轮城市空间重组的过程中，上海市以电子信息、汽车制造、精品钢材、石油化工、成套设备制造、生物医药制造六大主导产业为核心，打造长三角城市群的服务中心、高端制造业中心和创新中心，成为跨国公司总部、研发中心和投资性公司集聚的中心。

以南京、杭州为副中心，以昆山、苏州、无锡、嘉兴等为制造加工区域，群内各城市充分发挥各自的比较优势，形成了上下游相互协调的空间价值链（见图8－12）。这种分工和协作就是城市的价值链的延伸和拓展，链条越长，城市群的价值空间就越大。合理的城市分工使个体城市可专注于自己的核心竞争力塑造。而且，低成本的技术扩散带来的溢出效应，加速了城市群内技术知识的积累，增加了整体创新发生的可能性。

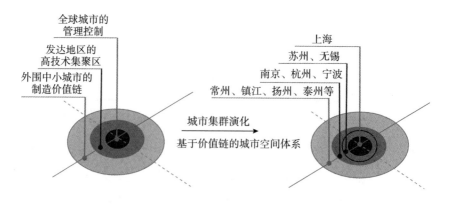

图8－12　长三角城市群空间价值链演化格局

上海市城市价值链空间重组，符合国际产业分工的一般模式，即作为核心城市的上海越来越集聚了价值链的高端产业，控制着金融业与生产性服务业，紧邻核心城市为高附加值的制造业区域，如苏州工业园，扬州、舟山则为相对边缘化的外围地区，专注于低附加值的制造环节。城市群并非单纯空间地理形态的城市组合。与城市个体相比，城市群通过空间价值链空间整合和重组，使得整体经济效益高于群内城市单个效益之和。

从经济学角度来看，空间是相对独立的区域单元，任何空间都应包含核心区域（城市）或体系。不同的空间在自然环境、人文地理、文化制度、分工与专业化以及自组织能力方面具有明显的差异，这也是空间演化的基础和前提。城市空间不仅在规模、内部组织形式、产业专业化和多样化程度上存在差别，在投入产出及福利方面表现出的绩效水平上也存在明显差异。城市空间中的中心区域等同于价值链上的核心企业，各次级区域及城市体系可以被认为是该价值链上的特定环节（成员），其共同构成了空间城市圈层结构并在环境变化中不断演化。上海市的城市空间演化也符合价值链重组的一般规律，图8－13显示的是上海市的城市内部价值链。

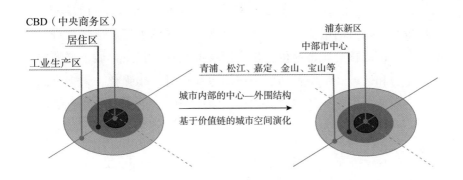

图 8 - 13　上海城市空间价值链演化格局

从 2012 年上海市各产业的区位熵来看，生产性服务业、资本密集型产业和技术密集型产业具有较高的区位熵（见图 8 - 14），主导产业分布在价值链微笑曲线的两端，价值链低端环节的产业通过价值链分工转移到了城市外围地区。

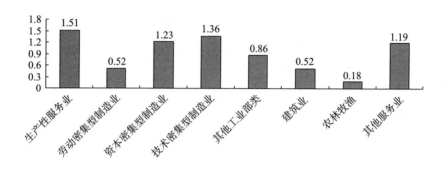

图 8 - 14　2012 年上海市产业区位熵

　　长三角城市群的空间结构正在从"行业特征"转变为"价值特征",城市群由不同的价值空间拼接而成。基于价值链的城市空间演化有利于规避区域产业趋同、城乡分离和"城市病"等问题,城市空间价值链重组将城市群及其内部的城市看作一个有共同利益目标的有机整体,在识别和认可地理区位存在差异与发展阶段有差异的现实情况下实现"求同存异",在非均衡的现实中取得区域福利的最大化,共享城市价值链的增值效应。目前上海自贸区的加速形成将会进一步增强上海市的核心城市地位,从全国层面来讲,长三角城市群的空间演化能力和区域经济增长的引擎作用也将会进一步强化,未来上海市将向全球城市迈进,长三角城市群也将成为国际化的经济集聚高地。

第七节　我国不同发展水平的三大城市群价值链布局

一　三大城市群城市价值链重组水平的测度

　　城市群已经成为我国区域经济发展的主体,随着我国"城市群"的日益成型,其已成为我国区域经济发展的热点。为了阐述空间不均衡导致的空间价值链的形成机理,结合我国区域经济的特点,本节选取中国发展水平差异较大、比较典型的三大城市群作为研究区域,具体包括长江三角洲城市群、中原城市群和关中城市群。其中,长江三角洲城市群已做了详述，不再单独讨论，以下是其他两个城市群的基本情况。

（一）中原城市群

中原城市群地处中原经济区，中原经济区处于中国中部地区，以河南省为主，包括安徽、河北和山西的部分城市。该城市群处于东部发达地区和西部欠发达地区的过渡地区，但从经济发展水平来看，近几年虽然发展速度较快，但仍属于欠发达地区。该城市群包括郑州、洛阳、开封、新乡、焦作、许昌、平顶山、漯河、济源9个城市，处于我国区域经济的次级梯度区，目前正成为我国"中部崛起"战略的核心增长区域。随着郑东新区的崛起，郑州作为全国交通枢纽城市地位的确立，集聚力和辐射力空前提高，加之中原经济区优越的地理环境，城市之间组建城市价值链拥有得天独厚的条件。

（二）关中城市群

关中城市群处于我国的西部地区，属于陕西省辖区，包括西安、咸阳、宝鸡、渭南、铜川、商州6个城市。从经济发展阶段来说，其属于欠发达地区，处于我国区域经济的低梯度地区。目前该城市群以西咸新区为依托，在"一带一路"倡议推动下，积极承接东部转移产业，发挥后发优势，突出特色产业，发展潜力巨大。

（三）数据来源及说明

本节在赵勇、白永秀（2012）对数据的选用方法的基础上，以各城市城区范围内"租赁与商务服务业"的从业人员表示管理部门人员，以各城市城区范围内"制造业""采矿业"和"电力、燃气及水的生产和供应业"的从业人员之和表示生产部门人员。选取的时间跨度为2003—2012年，所用原始数据均来源于《中国城市统计年鉴》。

（四）三大城市群城市价值链重组水平的测度

城市间的价值链重组表现为空间上的功能分工，具体表现为：企业价值链中管理、研发环节在中心城市集聚，生产、制造环节在中小城市集聚；企业组织部门中企业总部、研发部门、生产性服务业主要在中心城市集聚，中心城市主要承担总部管理与研发中心功能，而中小城市则主要承担生产制造功能（Duranton，Puga，2005；魏后凯，2007）。本节基于Duranton和Puga（2005）、Bade等（2004）与赵勇、白永秀（2012）的思路，以城市中"企业管理人员/生产人员"
与全国"企业管理人员/生产人员"的比来测度城市价值链重组水平。
具体计算公式如下：

$$FS_i(t) = \frac{\sum_{k=1}^{N} L_{ikm}(t) / \sum_{k=1}^{N} L_{ikp}(t)}{\sum_{k=1}^{N} \sum_{i=1}^{M} L_{ikm}(t) / \sum_{k=1}^{N} \sum_{i=1}^{M} L_{ikp}(t)}$$

其中，$\sum_{k=1}^{N} L_{ikm}(t)$ 表示城市 i 在 t 时期所有产业管理人员人数，
$\sum_{k=1}^{N} L_{ikp}(t)$ 表示城市 i 在 t 时期所有生产制造人员人数，
$\sum_{k=1}^{N} \sum_{i=1}^{M} L_{ikm}(t)$ 表示全国所有城市在 t 时期从事管理的从业人数，
$\sum_{k=1}^{N} \sum_{i=1}^{M} L_{ikp}(t)$ 表示全国所有城市在 t 时期生产制造的从业人数，
m 代表管理人员，p 代表生产制造人员，i 代表城市（$i=1$，2，…，
M），k 代表城市中的产业（$k=1$，2，…，N）。若 $FS_i(t)>1$，表
示在全国范围内该城市管理部门较为集中，表明该城市价值链重组水
平较高；若 $FS_i(t)<1$，表示在全国范围内该城市生产制造部门较
为集中，表明该城市的价值链重组水平较低；若 $FS_i(t)$ 趋于 0，表
示该城市的生产制造部门集中程度很高，表明该城市的价值链重组能
力很弱。

（五）三大城市群价值链重组的整体特征及变动趋势

近年来，随着工业化和城镇化的快速推进，培育和发展城市群、
经济圈成为地方经济快速发展的新趋势，"群雄并起"的多元化竞争
格局将形成。城市群层面的分工水平总体来看呈现下降趋势，2003—
2008 年趋于下降，2008 年以来趋于上升（见图 8 - 15）。

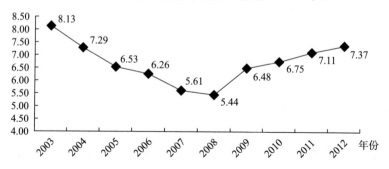

图 8 - 15 2003—2012 年三大城市群价值链重组整体趋势

通过比较发现，长三角城市群的分工水平最高，中原城市群次之，关中城市群最低（见表 8 - 13），且三大城市群的差距较大，从城市群层面反映出我国经济发展不平衡的基本格局，这也同时表明未来各类城市群在价值链整合与重组中仍有较大空间，城市群作为区域经济增长极的作用也会不断加强。

表 8 - 13　　　　2003—2012 年三大城市群价值链重组变动趋势

年份 城市群	2003	2004	2005	2006	2007	2008	2009	2010	2011	2012
长三角	16.77	14.05	12.72	11.95	9.99	8.69	11.93	11.92	12.11	12.26
中原	4.19	4.52	3.79	4.20	4.33	4.70	5.23	5.98	6.54	6.71
关中	3.43	3.29	3.07	2.62	2.51	2.94	2.29	2.34	2.68	3.13
平均	8.13	7.29	6.53	6.26	5.61	5.44	6.48	6.75	7.11	7.37

在空间演化理论里，空间被看作由经济发展和人的全面发展共同推动，并寻求途径去增进其福利。空间演化实质上就是空间内组织的变迁导致的空间形态（功能）的演进。根据空间产业梯度转移理论，传统产业由东部发达区域向中西部地区转移是一种必然趋势。全国范围内的中心—外围格局表现明显（见图 8 - 16）。对于城市功能的重新定位、城市等级的重新排序和区域的空间形态变迁，其内在运行机理即是空间价值链重组的空间投影。

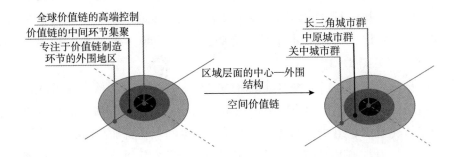

图 8 - 16　基于三大城市群的我国空间价值链演化格局

（六）三大城市群内部价值链重组的特征及变动趋势

城市不是孤立的空间实体，城市与城市之间总在不断地进行着人流、物流、能量流、信息流和生态流的交换。空间的相互作用把空间上彼此分离的城市整合为具有一定结构和功能的有机体——城市群。城市群的城市内部、城市之间、城乡之间在城市空间尺度上进行产品价值链分工，大城市对周边城市的辐射效应和周边要素向大城市集聚的集聚效应使整个城市群处于动态优化之中。城市群空间结构与产业价值链之间就是一种互利共生、协同进化的关系，城市空间演化过程中交织着集聚效应和扩散效应（见图8－17）。

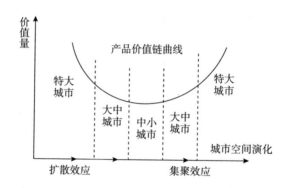

图8－17　城市群内部产品价值链重组趋势

从三大城市群价值链重组水平来看，2003—2012年，长三角的价值链重组水平最高，关中城市群最低，呈现出由东向西递减的趋势（见表8－14），符合我国区域经济发展的基本现状。从单个城市群来看，10年间，中原城市群增长趋势明显，从2006年开始长三角出现了下降（见图8－18）。

从三大城市群内部价值链重组的过程和趋势来看，核心城市的价值重组能力明显大于周边城市，城市群在核心城市的带动下实现城市的多核化发展、组团化推进。三大城市的空间演化特征与趋势如下。

（1）从宏观总量结构来看，东部地区产业在区域空间尺度上集聚明显，中部地区产业在城市集群中集聚明显，西部地区产业在城市化进程中集聚加速。

表 8 - 14　2003—2012 年三大城市群内部价值重组指数及变动趋势

城市群	年份城市	2003	2004	2005	2006	2007	2008	2009	2010	2011	2012
长三角	上海	2.0766	1.9063	2.6987	1.9312	1.6698	1.5269	1.4593	1.4879	1.4987	
	南京	0.6984	0.7112	0.8159	0.8779	0.8401	0.1522	1.0612	0.9586	1.1598	1.1477
	杭州	1.7522	1.6109	1.6769	1.4233	1.2436	1.3826	1.2213	1.2315	1.2561	
	其他城市	0.9418	0.7511	0.5812	0.5656	D.4659	0.4849	0.6163	0.6371	0.6439	0.6513
中原	郑州	1.1211	0.9671	0.9833	1.0709	0.9869	1.1789	1.2927	1.1409	1.1487	1.1465
	洛阳	0.8189	0.4773	0.6365	0.6654	0.7016	0.6629	0.6251	0.6463	0.7021	0.7036
	其他城市	0.3756	0.5129	0.362	0.4116	0.4462	0.4759	0.553	0.6979	0.7123	0.7169
关中	西安	0.6871	0.5816	0.4221	0.4197	0.3082	0.3435	0.3381	0.4238	0.4351	0.4369
	其他城市	0.5496	0.5411	0.5298	0.4392	0.4402	0.5213	0.3912	0.3859	0.3921	0.3965

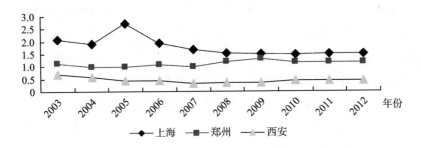

图 8 - 18　三大城市群核心城市价值链重组指数变动情况

（2）从中观层面的核心城市发展态势来看，上海、郑州和西安三大城市处于相应城市价值链的核心地位，城市内部价值链拉长，城市价值链重组加快，服务价值环节中心极化，制造环节向外围扩散，城市间纵向分工格局加快形成。

（3）从微观层面的城市发展阶段来看，三大城市及相应的城市群处于城市空间演化的不同阶段：第一圈层的长三角处于显著的产业结构优化、转移和重组阶段；第二圈层的中原城市群处于价值要素向核心城市集聚与向集群内部扩散的并行阶段；第三圈层的关中城市群等仍处于价值要素快速向核心城市集中的阶段，城市价值链空间重组并不明显。三大城市群空间统筹发展机制的具体特点见表 8 – 15。

表 8 – 15   三大城市群空间统筹发展机制的比较

城市群	竞争环境	空间价值链整合模式	特点
关中城市群	竞争程度低	城市内部价值链	城市自生发展，地域分割严重，产业雷同，空间资源浪费严重
中原城市群	竞争加剧	城市间价值链	城市开放发展，产业层面实现分工与专业化，城市价值链形成，城市竞争与合作机制形成
长三角城市群	竞争激烈	城市价值链网络	城市开放程度不断提高，分工与专业化不断加深，城市价值链网络形成，城市空间演化实现立体式协同发展

对我国三大城市群发展的研究表明，基于"价值链重组"的产业集聚为解释城市化与国家权力的空间尺度重组提供了合理的解释，"城市价值链重组"既是城市联盟参与国际竞争的基本空间组织形式，也是城市空间演化发展到高级阶段的普遍规律。

二　产业结构变迁驱动下的城市空间演化时空分异

城市空间演化是在产业变迁中实现的，要准确把握城市空间演化的规律，需要考察产业结构变迁的驱动因素。对于产业演化推动的城市空间演化水平的测度，本节构建了城市空间演化对产业结构演化的响应系数来反映，计算公式如下：

$$R = \frac{p_u}{p} \bigg/ \frac{IS_{2,3}}{IS} \tag{8 – 1}$$

式中，R 代表产业结构演变的城市空间演化响应系数，p_u 代表非农业人口数，p 代表总人口数，$IS_{2,3}$ 代表第二、第三产业的产值之和，IS 为三次产业总产值。R 值大，说明城市空间处于加速演化阶段，此时要素不断向区域集聚，集聚经济和规模经济明显，这在中小城市中表现得较为显著；R 值小，说明产业结构变迁对城市要素空间集聚影响小，集聚与规模经济效应降低，空间要素表现为溢出扩散，劳动密集型的产业从中心转移到外围，这在处于价值链高端的大城市中较为明显。对同一个城市来说，在城市化初期 R 值较大，随着城市化水平的不断提高，要素集聚加速，在城市价值链中的影响力不断增强，但随着城市规模的增大与扩张，在城市价值链整合与重组中 R 会降低。

利用公式（8-1）对我国长三角城市群、中原城市群和关中城市群 2005 年和 2012 年的产业结构演变的城市空间演化响应系数进行了测算。

2005 年上海、西安和郑州的城市空间响应系数是最高的，2010年则是最低的，这表明上海、西安和郑州已由低价值空间要素集聚转向扩散阶段，成为所属区域城市价值链的领导者。而作为外围的其他城市在核心城市产业升级中的响应度系数不断提高，产业分工更加细化，集聚效益和规模效益明显，要素空间集聚水平不断提高。可见，三大城市群城市空间演化都符合城市价值链布局规律。

第八节　影响我国城市空间演化的
因素及实证研究

城市空间演化是工业化的必然结果，其实质是空间秩序再安排。目前，我国已进入城市群发展阶段，工业化、城市化和区域可持续发展的要求并存。在新经济地理学中，区域经济是异质性的块状经济，任何经济区域都是由一系列经济职能的亚空间（区域）通过一定的等级秩序和功能结构组织起来的，因此，城市空间演化也是经济组织再构建和空间相互作用再调整的过程，探讨影响城市空间演化的影响因素，保证从空间组织和效率方面实现城市的可持续发展是城市空间演化的关键。影响城市空间演化的因素是多方面的，本节根据大多数文献的研究，对人口、资本、基础设施、经济发展水平等因素进行全面考虑并实证检验，以期得到确切的结论。

一　数据说明与变量选取

本节选取我国 4 个直辖市和 26 个省会城市 2002—2011 年的面板数据作为研究对象。选取直辖市和省会城市作为研究的样本，是因为：一方面，这些城市都是政治、经济和文化中心，具有较强的集聚力、辐射力和影响力；另一方面，这些城市具有较高的工业化水平，具有城市空间演化的条件和趋势。

被解释变量为城市空间演化指数，通过生产性服务业与制造业规模之比来衡量。解释变量为影响城市空间演化的各种因素，可把这些影响因素根据社会属性分为地方和外部需求因素、生产成本因素、市场机遇、制度和政府管制、自然环境和人文环境。要系统地衡量这些因素是一项很复杂的工作。

为了较为客观地体现这些因素，限于数据的可得性，根据实际观察和大多数文献的论述，本节特选取一些代表性较强的解释变量，见表8－16。

表8－16　　　　　　　　　　　解释变量及其含义

变量名称	变量	含义
地方和外部需求因素	N	城市总人口
	FDI	限额以上外资企业工业总产值
生产成本因素	PW	职工平均工资
市场机遇	PGDP	人均地区生产总值
	MV	制造业规模
制度和政府管制	MART	私营和个体企业就业人数
	HOUS	房地产行业就业人数
自然环境	NATR	人均绿化面积
人文环境	HR	每万人拥有大学生人数
	INTE	国际互联网户数

二　模型构建与实证分析

为了证实城市空间演化的可能影响因素，下面将上述各个变量引入面板数据回归模型中，予以分析。

$$\ln v_{it} = \theta_t + \beta N_{it} + \alpha FDI_{it} + \beta_1 PW_{it} + \beta_2 PGDP_{it} + \beta_3 MV_{it} + \beta_4 MART_{it} + \beta_5 HOUS_{it} + \beta_6 NATR_{it} + \beta_7 HR + \beta_8 INTE + \varepsilon_i + \mu_{it}$$

其中，θ_t 代表不可观测的随时间而不随个体变化的影响，ε_i 为不可观测的个体效应，μ_{it}为复合误差。根据 Hausman 检验结果，最终选取固定效应面板模型进行分析，面板固定效应模型的估计结果见表8 – 17。为了消除异方差，对部分变量取对数以参与模型分析。

表 8 – 17　　　　　　　　面板固定效应模型估计

变量	模型 1	模型 2	模型 3	模型 4
N	0.000691			– 0.0000985
	(– 1.35)			(– 0.16)
LNFDI	– 0.327***			– 0.311***
	(– 3.49)			(– 3.52)
PW	– 0.0000431			– 0.0000289
	(– 0.13)			(– 0.08)
LNPGDP	1.244***			1.114***
	(– 5.45)			– 4.23
MV	– 0.708*			– 0.681*
	(– 2.16)			(– 2.05)
MART		0.00436*		0.00509*
		(– 2.47)		– 2.48
HOUS		– 0.00318		0.0334
		(– 0.08)		– 0.98
NATR			0.000181	– 0.00109
			(– 0.06)	(– 0.41)
UNI			0.0110*	– 0.00859
			(– 1.97)	(– 1.16)
WWW			– 0.00015	– 0.000262
			(– 0.63)	(– 1.12)
_cons	– 6.736***	1.579***	1.543***	– 5.385*
	(– 3.99)	– 9.11	(– 6.67)	(– 2.47)
n	300	300	300	300

注：* 表示 $p < 0.01$，*** 表示 $p < 0.001$。

模型 1 的结果显示，外资企业工业总产值的变动对城市中生产性服务的增长的影响是负向的，且通过了 10% 的显著性检验。这说明外商直接投资的领域多数是低端制造业，对单一城市来讲，过多接受这种投资，势必会锁定在低端城市价值链，不利于生产性服务业的成长，也不利于城市价值链的增值，从而限制了城市空间演化。人均地区生产总值对城市空间演化具有正向影响，且通过了 10% 的显著性检验，这说明经济增长是城市空间演化的重要驱动力，城市空间演化是城市经济发展到一定阶段的产物，且经济增长越快，城市空间演化也将越快。制造业规模并没有推动城市空间演化，反而对城市空间演化具有反向作用，且通过了 1% 的显著性检验，制造业规模每扩大一个单位，生产性服务业规模与制造业规模的比例就会降低 0.708 个单位，不利于城市空间演化。

模型 2 的结果显示，私营和个体企业就业人数的增加对城市空间演化具有积极影响，且通过了 1% 的显著性检验。这说明政府对私营和个体企业的扶持与市场对这些企业的开放有利于生产性服务业规模的提升。房地产行业规模对城市空间演化影响并不显著，说明城市空间演化更加依赖市场的活力而不是房地产市场的规模。激发市场活力、改革市场环境，是目前政府制度和城市治理的重要措施。在这一方面大城市显然具有较大的优势，因为大城市具有成熟的市场体系和厚实的工业基础，中小城市缺乏中小企业投资的条件，如果一味地扩地造城可能会增加城市经济泡沫，并不能提升整个城市价值链的水平，脱离城市价值链的扩地造城不是实质意义上的城市空间演化。

模型 3 的结果说明，人力资本对城市空间演化具有正向影响，且通过了 1% 的显著性检验。人力资本的积累有利于城市价值链的提升和产业升级。城市空间演化过程也是高端人才不断向城市中心集聚的过程。表征自然环境的人均绿化面积虽然有正向影响，但没有通过显著性检验的事实说明，自然环境条件不是城市空间演化的影响因素。国际互联网的用户数量对城市空间演化也没有显著影响。

模型 4 的结果进一步支持了前述结论。模型 1 和模型 4 中的人口规模均没有对城市空间演化产生显著影响，说明我国这 30 个较大城市的城市规模还没有成为城市空间演化的影响因素，究其原因，可能是我国的这 30 个较大城市的集聚程度还不够高，也可能是这些城市的规模不能引起城市空间演化。职工的人均工资水平虽然没有对城市空间演化产生显著影响，但其在模型 1 和模型 4 中的负号说明目前这

30 个大城市职工工资成本主要发生在制造业领域，生产性服务业领域
人员工资并没有显著上升，从而抑制了生产性服务业的增长。但从长
期来看，如果生产性服务业与制造业需要从空间分离，由于制造业成
本的提升会带来城市价值链的空间重组，制造业有向其他城市转移的
趋势，有利于促进城市空间演化。

第九节 国际城市空间演化的实践

一 美国产业结构演变

第二次世界大战以来，发达国家已经形成了以服务业为主导的经
济形态，其标志在于第三产业的国民生产值占社会的 70% 以上。以美
国为例，1947—2005 年，由于服务业的迅速发展，制造业工业增加值
占 GDP 的比重逐步下降，从 1947 年的 25.6% 降至 2005 年的 12%。
1977—2004 年的 28 年间，工业增加值增长率低于 26% 的产业部门共
有三个，依次为金属制成品制造业（25%）、汽车与零部件制造业
（13%）和造纸业（12.6%）。28 年的数据表明，制造业中有 5 个产
业部门的工业增加值的增量为零，或者出现严重的负增长，分别是金
属材料（-44%）、服装与皮革制造业（-43.7%）、纺织和纺织产
品制造业（-35.7%）、机械制造（-7.8%），以及电器设备、器具
与部件（0%）。1947—2005 年，美国服务业增加值从 7290 亿美元递
增到 73142 亿美元，增长了 9 倍，占 GDP 的比重从 46.3% 递增到
66.2%，递增了近 20 个百分点。1977—2004 年，美国有 7 个产业部
门增加值的增长高于 183%，依次是事务管理与废物管理服务业
（420%），专业与科技服务业（372%），金融与保险业（296%），医
疗保健与社会救助业（283%），艺术、娱乐与休闲服务业（275%），
教育服务业（238%）和信息服务业（196%）。美国 1947—2005 年
第三产业占美国 GDP 总量的份额走势与美国人均 GDP 走势几乎处于
同步上升态势（见图 8-19），进而可以看到，第三产业比重的提升
是以经济总量和人均 GDP 的增长为前提的，因此，第三产业比重提
高的驱动力来自其内部产业部门的调整和快速增长，而并非人为缩减

第一、第二产业的规模和增加值。美国研发支出总额从 1960 年的 137.11 亿美元增至 1969 年的 259.96 亿美元，10 年基本实现翻倍增长，从 1970 年的 262.71 亿美元增至 1989 年的 1418.89 亿美元，20 年实现增长 5 倍以上。1990—2004 年，研发支出仍实现翻倍增长，2004 年增长超过了 3120.7 亿美元。目前，美国在信息通信技术、能源技术、制造业高端技术的研发和利用方面对全球高端价值链具有明显控制优势，1995—2010 年，美国的第三产业已达到 83.7%，中高端制造与低端制造之比已达到 2.4，远远超过 2009 年的 0.78。

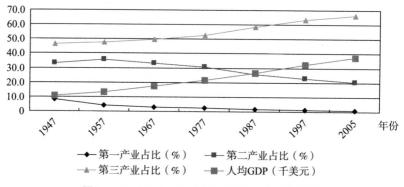

图 8-19 1947—2005 年美国的产业结构变迁

　　世界上各个国家的高科技产业和现代服务业都是高度集聚在少数几个大城市的都市圈里的，城市群已成为驱动区域经济增长的核心。区域分工的边界正从产业、产品层次转向城市层次，区域分工的内容也不断深化为价值链分工。根据产业演变规律，国民收入的提高必然导致产业格局的演变。城市群是城市空间发展最显著的特征。大都市圈集群将成为美国未来经济竞争合作的基本单元，亦将成为未来人口和经济增长的主要来源。预计到 2050 年，美国境内将形成十大都市圈集群，其经济表现如表 8-18 所示。

　　基于价值链的城市空间演化既是经济全球化趋势的城市层面的响应，也是城市自身发展的需要。从某种意义上讲，城市空间演化是一种城市合作的制度安排，要求城市空间结构秩序化。推动城市群体发展是城市空间演化的动力，而手段是合作制度构建。城市空间演化的结果可以实现城市空间要素的共享。

表 8 - 18　　　　2005 年美国十大都市圈主要经济指标比较

排序	大都市圈	经济总量（亿美元）	占全美经济总量比重（%）	人口（万人）	人均地区生产总值（美元）	第一、第二产业比重（%）	第三产业比重（%）
1	纽约	10564	8.48	1882	56132	9.84	90.16
2	洛杉矶	6324	5.08	1293	48910	15.25	84.75
3	芝加哥	4614	3.70	951	48517	19.16	80.84
4	华盛顿	3476	2.79	529	65709	8.68	91.32
5	休斯敦	3163	2.54	535	59121	40.85	59.15
6	达拉斯	3155	2.53	582	54210	24.84	75.16
7	费城	2952	2.37	581	50809	16.45	83.55
8	旧金山	2638	2.15	416	64495	15.85	84.15
9	波士顿	2611	2.10	446	58543	14.69	85.31
10	亚特兰大	2424	1.95	497	48773	16.06	83.94
合计		41966	33.69	7712			

资料来源：魏家雨等：《美国区域经济研究》，上海科学技术文献出版社 2011 年版，第 77 页。

二　纽约大都市圈空间演化

美国东北部大西洋沿岸城市群，北起波士顿，以波士顿、纽约、费城、华盛顿为中心，其间分布着萨默尔维尔、伍斯特等卫星城市，在沿海岸线 100 多千米宽、600 多千米长的地带形成了辐射美国东北部和加拿大部分地区的城市经济区，是一个包含 5 个大都市近 200 个中小城市的巨型城市群，也是当今世界上规模最大、最早出现和最完善的大都市连绵带。[1] 1850 年到第二次世界大战结束的近 100 年间，纽约市是美国著名的制造业中心，其后在国内外劳动力低成本的竞争、城市空间演化进程的压力以及交通日趋便利的诱导下，大量资源要素向城市外围地区转移，1958—2000 年的 43 年间，纽约市制造业就业岗位净损失了 67.5 万多个。特别是自 20 世纪 50 年代中期起，纽约市中

---

[1]　Molotch, H., "The City as a Growth Machine: Toward a Political Economy of Place", *American Journal of Sociology*, 1976, 309 - 332.

心城区制造业更呈现出就业岗位迅速下降、人口迁往城郊的态势。

　　从城市价值链分工体系来看，纽约处于核心地位，是美国第一大城市，既是国际政治中心，又是美国和国际大公司总部集中地，全美500家最大公司30%总部设于此，融合相关的专业管理机构和服务部门，使之成为控制全美、影响世界的全球化的服务和管理中心。纽约中心城区的空间演化大致经历了四个阶段（见表8-19）。

表8-19　　　　　　　　　　　纽约中心城区的空间演化

年代	城市形态	地理区位	功能类型
17世纪	要素集聚	曼哈顿的西南街、哈得逊河一隅	商业、贸易
18世纪	单中心	曼哈顿的三角形地区	商贸、金融
19世纪	双中心	曼哈顿西南的CBD、中城新兴中心	商贸、金融、商务
19世纪末以后	多中心	曼哈顿岛中部综合中心、曼哈顿华尔街的国际金融中心	综合性、多功能

　　2007年纽约大都市从业人数为834万，约占全美总就业量1.34亿的6.21%，纽约作为全球金融中心，2007年都市圈内金融（财务）营运专才21.9万，占全美同类人员的8.94%（见图8-20）。

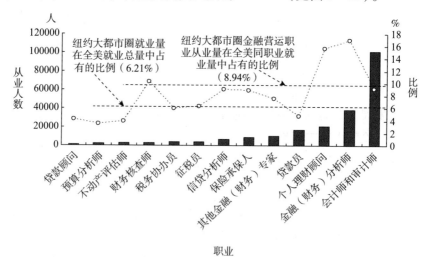

图8-20　纽约大都市圈13类金融营运专才从业人数及比例

　　资料来源：魏家雨等：《美国区域经济研究》，上海科学技术文献出版社2011年版，第99页。

总之，各城市都有自己的特色优势，都有占优的产业部门，在城市价值链内发挥着各自特定功能，使整个城市群内部形成了分工协作、优势互补的有机整体。在城市价值链重组的过程中，纽约等核心大城市起着先导创新作用，始终处于城市价值链的高端，对价值链各环节的整合与重组，既加强了核心城市的核心地位，又使周边地区获得了发展的动力。在共同的市场基础上，各类生产要素在城市群中流动，促使人口和经济活动更大规模地集聚，形成了城市空间演化的规模递增效应。在城市群内部，中心城市与外围城市通过价值链实现合理分工与功能互补，在全球价值链竞争中，充分发挥城市空间演化的空间溢出效应、产业升级效应、产业乘数效应和经济增长效应，使城市群的竞争力不断提高。

美国国家统计局的数字显示，截至 2007 年 7 月，美国大都市圈人口接近 2.52 亿，占全美总人口的 83.5%，追溯到 2000 年同期，这一比例为 82.8%，此后美国大都市圈人口比重几乎以每年 0.1 个百分点的速度逐年上升。2001—2005 年，美国大都市圈生产总值占全美 GDP 的比重始终保持在 89.6%—89.9%。"美国 2050"报告认为，未来美国的经济规模将会进一步扩大，有望集中在境内 10 个或更多的大都市圈集群范围内，每个大都市圈集群覆盖数千甚至数万平方公里，大都市圈集群将作为新兴的竞争个体参与全球竞争。与全球经济环境、贸易模式同时改变的还有全球竞争主体的演变。从城市间的竞争转变为由众多大小城市组成的大都市圈之间的竞争，美国已经将都市圈的发展上升为国家战略以应对日益激烈的全球竞争。

三　伦敦大都市区域

伦敦是英国的政治、经济、文化和交通中心，最大的港口和首要的工业城市，世界十大都市之一。其位于英格兰东南部，跨泰晤士河下游两岸，距河口 88 千米。伦敦金融城外的 12 个市区称内伦敦，以外的 20 个市区称外伦敦。伦敦金融城加上内外伦敦合称大伦敦市，面积约 1580 平方千米。大伦敦人口 770 万（2009 年），通勤范围人口 1200 万—1400 万。[①] 20 个世纪 70 年代，伦敦大都市第一次空间价

---

① 王丰龙、刘云刚：《空间的生产研究综述与展望》，《人文地理》2011 年第 2 期。

值整体增值是在制造业升级的背景下发生的，成功地由制造业和港口运输城市转变为以金融服务业为主导的服务型城市。1990 年以后，伦敦开始逐渐注重创意产业的发展。随着城市规模由中心向外围扩张，与纽约市类似，伦敦大都市区形成了功能互补的空间结构，这种空间结构形成了由内向外和由小到大的圈层层级结构，也代表了大都市空间演化的不同阶段。伦敦城市价值链重组和整合的轨迹可参考表 8 - 20 和表 8 - 21。

表 8 - 20　　　　　　　　　大伦敦就业内部结构

行业部门 \ 年份		1998	2000	2002	2004	2006	2007
第一产业	农、林、牧、渔	0.10	0.11	0.07	0.06	0.07	0.06
	采矿及能源生产	0.13	0.10	0.06	0.09	0.10	0.11
第二产业	制造业	7.62	6.95	6.00	5.45	4.78	4.49
	供水、煤气、电力	0.21	0.24	0.19	0.15	0.16	0.18
	建筑	3.56	3.30	3.42	2.96	2.93	3.00
第三产业	批发	6.33	6.03	5.71	5.39	4.99	4.85
	零售贸易	9.32	9.31	9.70	9.50	9.23	9.00
	酒店、餐饮	6.51	6.52	7.36	7.29	7.18	7.13
	交通、仓储、通信	8.05	7.83	7.77	7.83	7.47	7.42
	金融服务	8.33	8.44	8.48	7.77	7.87	7.99
	房产、租赁、商业	23.15	25.06	23.49	23.99	25.63	26.26
	公共管理与防务	5.82	5.37	5.22	5.79	5.83	5.51
	教育	6.32	6.26	6.98	7.46	7.21	7.41
	健康及社会工作	8.20	8.03	8.59	9.33	9.62	9.45
	其他服务业	6.34	6.43	6.96	6.96	6.93	7.13

资料来源：*Focus on London*，2009。

伦敦人口约占全英人口的 12%，但集聚了全英 30% 的金融服务业从业人员、23% 的商业服务业从业人员、20% 的交通和通信就业人员。伦敦经济最为显著的特点就是其发达的金融业，约有 100 万人从事商业服务业，其中近一半人从事高价值商业服务业。图 8 - 21 显示了伦敦的高价值商业服务业的就业分布。

表 8 - 21　　　　　　　　　1996—2001 年伦敦企业区位变化状况

自治城区		制造业	服务业	自治城区		制造业	服务业
内伦敦城西部	卡姆城	-9.5	14.7	外伦敦东部和东南部	格林威治	-10.0	10.9
	伦敦城	-22.7	13.1		哈佛瑞	-7.6	3.5
	哈蚂史密斯和福汉	9.1	17.0				
	肯斯顿和切尔西	-1.0	4.4		雷德布里奇	-3.8	7.5
	旺兹沃思	-6.7	15.0				
	威斯敏斯特	-5.8	13.7		沃尔斯姆福雷斯特	-13.1	4.6
内伦敦城东部	哈克尼	-27.2	18.2	外伦敦南部	布卢姆利	-3.8	9.8
	哈瑞哥	-27.4	17.6		克罗伊登	-12.1	9.0
	伊斯林顿	-20.7	21.4		金斯敦	-10.8	14.8
	朗伯斯区	-6.9	14.2		默顿	-10.5	13.4
	莱威汉姆	-7.1	10.1		萨顿	-8.4	6.9
	纽汉	-22.8	5.2	外伦敦西部和西北部	巴尼特	-9.8	13.9
	杉斯沃克	-8.3	22.7		布伦特	-12.3	7.2
	哈姆雷特城堡	-27.7	12.3		伊令	-4.7	16.6
外伦敦东部和东南部	巴克和达格南	-3.1	13.8		哈罗	1.5	14.1
	贝克斯	-4.3	9.0		希尔顿	-9.9	15.0
	埃菲尔德	-6.8	13.7		豪斯洛	-14.6	5.1
					瑞西蒙德	-2.9	15.8

注：企业数增加为正，企业数减少为负。

资料来源：*Focus on London*，2003。

四　东京大都市区域

东京都的产业分布主要集中在城市中心的 23 个区和郊区的多摩地区，23 个区面积为 321 平方千米，占东京都总面积的 28.4%，但吸收了 67.5% 的东京都城市人口、80% 以上的产业活动单位和从业人员规模在 500 人以上的大型企业，可谓"中心"中的"中心"。1969—2001 年产业活动向中心城区集聚现象有所减缓，大企业向次中心转移的趋势比较明显。

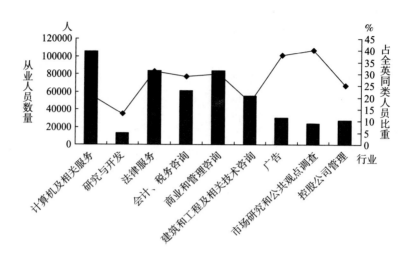

图 8 - 21　伦敦的高价值商业服务业的从业人员细分及比较

资料来源：Richard Prothero，"An Analysis of London's Employment by Sector"，http：//www. London. gov. nk/mayor/economic_unit/docs/wp24 - employment. pdf。

都市圈，作为一种区域经济一体化发展的经济空间积聚现象，是城市空间演化的一种高级形态，具有鲜明的空间分工特征，是工业化和城市化发展到一定时期和一定程度的区域空间组织形式。随着都市圈的成熟以及核心城市的壮大，城市圈内各城市充分利用区位优势争夺更多的资源等生产要素，城市之间的竞争愈加激烈。东京大都市圈在发展过程中，中心城市与非中心城市的相互竞争推动了都市圈向更高层次发展。[①] 东京城市经济外溢和功能向外辐射，制造业外移、服务业向中心城市进一步集聚，分工体系和城市价值链逐步完善，城市空间不断扩展。圈内核心城市、次中心城市和其他外围城市之间进入了价值链发展的状态（见表 8 - 22、表 8 - 23）。都市圈的空间结构也基本成形，完成了由"一极向多极"的转变，空间发展走向均衡。

---

① 刘珊、吕拉昌、黄茹：《城市空间生产的嬗变——从空间生产到关系生产》，《城市发展研究》2013 年第 9 期。

表 8－22 东京大都市圈内部价值链分工

城市空间	价值链定位
中心	主中心，政治、经济、国际金融中心
新宿	副中心，商务办公、娱乐
池袋	副中心，商业购物、娱乐
涩谷	交通枢纽、商务办公、信息中心、文化娱乐
上野—浅草	传统文化交流、旅游会展中心
大崎	高新技术研发
锦系町—龟户	商务、文化娱乐
临海	面向未来的国际文化、技术、信息交流中心

表 8－23 东京大都市圈城市价值链体系

	价值环节城市	职能
东京中心部	区部	政治、经济、金融、信息、文化
多摩都市圈	八王子市、立川市	商业、大学集聚
神奈川都市圈	横滨市、川崎市	国际港湾、工业集聚
崎玉都市圈	大宫市、浦和市	居住、政府集聚
千叶都市圈	千叶市	国际空港、港湾、工业集聚
茨城南部都市圈	土浦市、筑波地区	大学、研究机构集聚

通过对国内外城市及城市群空间演化特征的比较（见表 8－24），可以发现，构成城市群或城市经济区的重要标准应当是地理邻近的城市之间相互作用形成的合作互补关系，即城市价值链整合产生的空间一体化与功能一体化水平。以城市间价值链为基础的空间演化模式，把初始形态的“一极单核”结构进行城市间价值链重组，以多核多中心的空间格局来实现城市价值链的增值和城市产业的有序疏散和升级，与基于城市内部价值链的单核“外溢”的空间结构相互促进、相得益彰，从而达到大都市圈均衡有序发展的目标。

表 8 – 24　　　　　　国内外大都市城市空间演化特征比较

	纽约、伦敦、东京大都市	上海大都市
发展阶段	后工业化时期	工业化中后期
产业布局	集聚与扩散并存，以扩散为主	集聚与扩散并存，以集聚为主
服务业空间发展	生产性服务业高度集中，形成以核心城市为中心的产业价值链，形成多中心、网络化城市群形态	传统劳动密集型和资本密集型将从城市中心向外围扩散，生产性服务业在城市加速集聚，出现城市价值链雏形
空间演化阶段	城市多中心、多层次网络体系成熟	从城市中心区单核集聚阶段向多核、多层集聚阶段过渡，出现与外围城市一体化的趋势
价值链特征	以中央商务为主的高端复合形态	多中心专业化初期
规模等级特征	首位度较高，次中心体系均衡发展，呈金字塔状分布，规模递增效应明显	首位度高，次中心集聚与服务能力弱，呈阶梯状分布，规模相对较小
核心 CBD 内部结构	圈层多核模式（东京、纽约）和线形多核模式（伦敦）	单中心模式

　　1975 年，制造业地位下降使东京的制造业企业减少了 5000 余家，就业人数减少了 12.31 万人，占就业总人数的比例降低了 2.5 个百分点；而第三产业人数增加了 19.59 万人，占总人数的比例上升了 2.9 个百分点。1986 年东京离岸金融市场开放程度大幅提升，到了 20 世纪 90 年代，全日本 30% 的各类金融机构在东京集聚，衍生金融工具成交量、外汇交易量和外国债发行量在全日本占有较大比重，生产性服务业尤其是金融业的发展促使东京成为完整意义上的国际金融中心，世界最大 500 家公司中的 89 家公司在此云集。① 相应地，总部经济集聚和空间价值链的延伸形成了东京都市圈的"多核"结构，城市内部价值链重组使东京总部经济得到了较快发展，总部经济聚集趋势

① 董青、刘海珍、刘加珍：《基于空间相互作用的中国城市群体系空间结构研究》，《经济地理》2010 年第 6 期。

逐渐加强。东京作为核心城市提高了金融、房地产等高附加值产业的聚集程度,产业附加值既有量的增加,也有质的改善,在整个城市价值链上具有较强的控制力和影响力。城市间价值链使得都市圈中心城市与其外围城市的联系更加紧密。

五　全球城市空间演化

纽约、伦敦和东京等国际大都市圈已成为世界级的生产管理控制中心和研发中心。根据国内外大都市城市空间演化规律,大都市圈的发展呈现出空间演化高级化、空间形态层次化、空间结构多核化、空间影响交互化、交通系统网络化、空间发展专业化、空间联系国际化、空间扩散垂直化等趋势。西方发达国家的大城市发展都经历了从制造业经济走向服务业经济的阶段,代表中间需求的生产性服务业增长在整个服务业的快速增长中占据了主导地位,从而带动了城市群的空间价值链重组与整合,使城市服务业快速超越工业增长贡献,驱动了整个城市的空间演化。未来国际大都市的高级生产性服务业的集聚程度将会不断加强,低层次服务业将出现空间转移。长三角城市群在全球价值链体系中具有潜在优势,也符合国际城市经济变迁的一般规律。

从表8-25、表8-26可以看出,除了东京和芝加哥,国际上很多大城市都不是制造业中心,这些城市将制造环节布局在了其他城市,自身专注于高端价值链的服务功能,成为城市价值链增值的核心。

表8-25　　　　　　　　部分大城市价值链集聚情况

城市 功能类型	纽约	伦敦	东京	巴黎	芝加哥	米兰	法兰克福	日内瓦	新加坡	中国香港
跨国公司总部	A	A	A	B	A	C	A	C	B	B
国际金融贸易中心	A	A	A	B	A	A	B	C	A	A
国际物流中心	A	A	B	A	B	C	A	C	A	A
国际制造中心	B	B	A	B	A	C	B	C	C	B
国内金融中心	A	A	A	B	A	C	A	B	B	A

注:A为显著,B为一般,C为不显著。

表 8 - 26　　　　　　若干大都市服务业增加值占比与就业占比　　　　单位:%

城市 指标	纽约	伦敦	柏林	法兰克福	巴黎大区	约翰内斯堡	墨西哥城
服务业增加值占地区生产总值的比重	87.6 (1997)	86.5 (1987)	79.5 (1999)	83.7 (2002)	84.6 (2003)	74.0 (2000)	69.1 (2004)
服务业从业人员比重	90.4 (2001)	89.8 (2001)	79.8 (1999)	86.7 (2002)	82.8 (2004)	60.7 (2001)	57.8 (2004)
服务业增加值占地区生产总值的比重	85.7 (2005)	82.8 (2003)	73.0 (2005)	87.6 (2004)	82.2 (2001)	91.6 (2004)	66.4 (2004)
服务业从业人员比重	80.8 (2005)	71.2 (2005)	66.4 (1991)	84.8 (2004)	80.3 (2001)	77.3 (2004)	76.1 (2004)

资料来源:聂永有、陈秋玲、殷凤:《从制造到服务:上海"四个中心"建设与"上海服务"》,社会科学文献出版社 2013 年版,第 6 页。

　　从城市群层面来看,以"城市群"为中心的都市化进程,代表着当今世界发展的主流和趋势,成为不以人们意志为转移的客观规律和事实,可从以下三方面来了解:首先,从区域和经济发展上看,一些城市群出现了跨越州、市及跨国的趋势,成为当今世界最有影响的经济区。其次,从城市人口上看,世界各城市群都有较大的增长和扩展。最后,在城市群模式上,则是日益呈现出特色化的发展趋势。如北加州城市群(Nor - Cal)是领先的技术产业和风险投资中心,有很多世界级大学;大东京城市群(Greater Tokyo)的全球竞争优势包括金融、设计和高科技发展;意大利城市群(Rome - Milan - Turin)是潮流和产业设计的领先中心;卡斯卡迪亚(Cascadia)城市群的优势是技术性产业,特别是软件和航空制造。如此,可以有效避免同质化,形成互补发展优势。

六　结论与启示

　　(1)世界已进入城市群发展时代。发达国家的城市群区域内衍生出不同等级规模的城市群,形成了完整的城市群层级体系,城市空间演化问题越来越成为国家和区域经济关注的重点。从全球层面、国家层面、城市群层面和城市层面的区域经济发展来看，空间经济具有非均质、差异化性质，因此，不同空间尺度的经济发展需要建立比较优势思维，通过构建不同空间尺度下的空间价值链进行经济布局，优化空间结构，实现区域经济的可持续发展。

（2）区域发展不均衡是空间价值链存在的基础，不同空间尺度都存在空间价值链。在国家层面，由于区域发展的不平衡，存在国家层面的区域价值链，比如我国东中西部呈梯度发展特点，构成区域价值链；区域内部又可以分解为基于城市群的空间价值链，比如我国东中西三大区域中的长三角城市群、中原城市群和关中城市群组成区域层面的空间价值链；城市群内部又可以分解为基于城市间价值链的空间价值链；单个城市内部又可以分解为基于城市内部价值链的空间价值链。由于空间价值链的层次性，在技术进步和信息化推动下，不同空间尺度的空间价值链交互影响，容易形成空间价值链网络，这也是价值链扩展到全球范围的必然趋势。

（3）组建有竞争力的城市群是区域经济可持续发展的有效路径。目前，世界经济已进入城市群经济，在城市价值链重组过程中，城市群中的核心城市起着先导创新作用，通过自身产业升级和城市内部空间价值链重组，既保证了自身发展能力的不断提升，又加强了核心城市在城市群乃至区域价值链中的地位，通过价值链的传导机制使周边地区获得了发展的动力。在共同的市场基础上，各类生产要素在城市群中流动，生产要素的产出效率在空间竞争中不断提升，促使人口和经济活动大规模集聚，形成了城市空间演化的规模递增效应。在城市群内部，中心城市与外围城市通过价值链实现合理分工与功能互补，在对外竞争中，与周边城市一起以整体为竞争单位，城市群的实力不断壮大。美国的大城市越来越专业化于总部经济，而小城市则越来越专业于某些制造环节，在城市空间演化过程中，城市体系内由原先的制造业部门的分工转化为价值链分工，相应地，服务城市和制造城市应运而生。① 对城市群内部各城市而言，基于城市价值链的城市空间

---

① 张艳、程遥、刘婧：《中心城市发展与城市群产业整合——以郑州及中原城市群为例》，《经济地理》2010年第4期。

演化策略，无疑需要在核心城市和城市中心布局之下展开，而不是最后形成"一城各表"的零和博弈格局。否则，不但城市群发展难以实现，城市群内部的单个城市也无法实现长远发展。

（4）国内外城市空间演化的实践表明，要破解城市发展中的一系列问题需要创新技术和管理手段。城市空间演化符合城市价值链规律，城市空间集聚与产业集聚一样，有利于创新。可以预见，随着美国等发达国家"再工业化"战略的实施，第三产业迅速发展，在新一轮城市发展和区域整合中，产业价值链、空间价值链、城市价值链和区域价值链将在时空中不断叠加、融合。各类价值链的空间叠加和融合加剧了区域经济发展的复杂化，加强了空间价值的重要性和价值链空间布局的必要性。各类城市需要充分挖掘自身空间价值，打造特色价值空间，提高竞争优势，积极融入城市价值链。

（5）全球城市价值链的形成加速了高端产业向发达国家集聚，但发达国家却从未放弃制造业，而是不断推进制造业的结构调整和转型升级。发达国家几乎都有着雄厚的工业基础，也都是工业强国，可见，制造业在国民经济发展中具有基础性的地位，第二产业是第三产业发展的前提和基础，制造业与服务业二者相互依存、相辅相成，这也是发展不同尺度空间价值链的重要基础，因此，通过城市价值链可以有效防止工业的边缘化和空心化，避免城市追求虚拟经济而脱离实体经济，为经济增长提供持续动力。

第九章　中原经济区双核互动与城市空间统筹发展研究

　　中原经济区是以河南为主体，延及周边、支撑中部，东承长三角、西连大关中、北依京津冀、南临长江中游经济带，是具有自身特点、独特优势、经济相连、使命相近、客观存在的经济区域。区域范围主要包括河南全部和晋东南、冀南、皖西北、鲁西南等周边地区。中原经济区地处我国内陆腹地，是全国重要的交通、通信枢纽和物资集散地，战略地位非常突出；是我国人口最为稠密和劳动力资源最为富集的地区之一；是全国重要的粮食主产区，粮食产量占全国的1/6，其中夏粮占1/2；还是全国重要的矿产资源富集区域；同时，历史文化资源也极为丰富。

　　中原经济区依托的空间载体是中原城市群。中原城市群就是以郑州为核心，以洛阳、开封为支撑，包括新乡、焦作、许昌、平顶山、漯河、济源，主要由9个城市构成的城市群体。其中，有特大城市2个、大城市4个、中等城市2个、小城市15个、县城34个、建制镇374个，城镇密度为7.3个/平方千米、城镇化水平为31.8%，土地面积5.88万平方千米，人口3836万。中原城市群是中部地区承接发达国家及我国东部地区产业转移、西部地区资源输出的枢纽和核心区域，该城市群已成为参与"一带一路"、促进中部崛起、辐射带动中西部地区发展的核心增长极。预计到2020年，郑州市中心城区人口规模突破700万人，成为国家级重要节点城市；洛阳市中心城区人口规模350万—400万人，成为中原经济区副中心城市；许昌、漯河两市也进入大城市行列；济源、禹州、巩义、长葛等进入中等城市行列；城市群体规模进一步发展壮大，分工合理的城市体系初步形成，与周边区域实现协同发展。

郑州、洛阳、新乡是河南省创新资源最集中、创新体系最完备、创新活动最丰富、创新成果最显著的区域，2016 年，郑洛新国家自主创新示范区获批，中原经济区将依托郑州、洛阳、新乡 3 个国家高新区，举全省之力将其建设成为具有较强辐射能力和核心竞争力的创新高地。河南省将在郑、洛、新三个国家高新区着力打造国内具有重要影响力的高端装备制造、电子信息、新材料、新能源、生物医药等产业集群，重点开展科技服务业区域试点和科技成果转移转化、科技企业孵化体系、新型研发组织、科技金融结合等方面的试点示范。预计到 2020 年，示范区将引进、吸纳高端创业企业 200 家，培育形成 10 个左右"百千万"亿级高新技术产业集群。可见，中原经济区发展的潜力和后劲将得到进一步释放，其空间优势也将在新的发展阶段中进一步凸显。

中原经济区也是一个总体战略概念，河南提出建设中原经济区，是对中原崛起战略的延续、拓展和深化。在国内外形势正发生深刻变化、发展中的问题更加复杂、区域竞争日益激烈的时代背景下，要建设中原经济区、实现中原崛起面临诸多挑战。通过区域要素空间集聚视角来分析河南省近几年经济社会发展，可以较好地把握河南省经济发展的态势和需要解决的问题。本章通过对河南省区域要素空间集聚特征的分析，得出了一些有意义的结论，力图为中原经济区建设提供决策依据和政策参考。

第一节　中原经济区要素空间集聚特征分析

河南省是中原经济区的核心力量，我们以河南省辖 18 个城市为区域单元，依据相应年份《河南统计年鉴》提供的数据，使用生产总值等相关指标测算了 1996—2009 年各市相应指标的变化情况，对中原经济区的宏观特征及演进态势进行了分析，并得出了以下结论。

一　要素向中原经济区集聚趋势日渐强化

从表 9 - 1 可以看出，18 个省辖市中 8 个市生产总值在全省生产总值中的比重是上升的，另外 10 个市是下降的。而且比重上升的城市基本上都集中在中原城市群地区（8个中占了5个），说明区域发展不平衡及要素向中原经济区聚集趋势十分明显。

表 9 - 1　　河南省18个省辖市相关年份生产总值份额变动情况

地区	生产总值比重（%）			生产总值比重变化量（%）		
	1996	2002	2009	1997—2002	2003—2009	1997—2009
郑州市	13.40	14.97	16.75	1.56	1.79	3.35
开封市	4.12	4.35	3.94	0.23	-0.41	-0.17
洛阳市	7.78	8.63	10.14	0.85	1.51	2.36
平顶山市	6.30	5.18	5.71	-1.12	0.53	-0.59
安阳市	5.67	5.04	5.70	-0.63	0.66	0.02
鹤壁市	1.77	1.69	1.84	-0.08	0.15	0.07
新乡市	7.03	5.49	5.02	-1.54	-0.47	-2.01
焦作市	6.28	4.64	5.43	-1.64	0.79	-0.85
濮阳市	3.95	3.82	3.35	-0.12	-0.47	-0.60
许昌市	4.54	5.85	5.73	1.31	-0.12	1.19
漯河市	2.92	3.24	3.00	0.31	-0.24	0.07
三门峡市	3.02	3.18	3.56	0.16	0.38	0.54
南阳市	9.97	10.08	8.68	0.10	-1.39	-1.29
商丘市	5.48	5.53	5.04	0.05	-0.48	-0.43
信阳市	6.51	5.03	4.70	-1.49	-0.32	-1.81
周口市	5.32	6.67	5.39	1.35	-1.27	0.08
驻马店市	4.75	5.35	4.56	0.59	-0.79	-0.19
济源市	1.19	1.28	1.46	0.09	0.17	0.26

资料来源：《河南省统计年鉴》1997、2003、2010年。

二　以郑州、洛阳为增长极的"双核"结构已经凸显

区域双核模式是指相邻的两个中心城市引领各自周边地区，构成两个相对独立而又互为支撑的次区域经济系统，是区域中心城市及其辐射区域组成的一种双增长极空间结构现象。区内双核互动的基本特征是，区内两个经济核心所在的次区域之间，基于自身比较优势，通过竞争与合作，形成基于价值链的城市空间结构，吸引和集聚与自身

价值环节相一致的生产要素。区域双核互动城市空间统筹发展旨在协调区内核心城市之间优势互补，避免产业趋同和"大城市病"，提高资源配置效率。区内城市空间统筹是一个多层次、全方位的价值链联动机制，须与地区优势与产业指向有机结合。近几年来，区内双核城市互动逐渐复杂化，随着城市之间竞争的加剧，有从双核向多核发展的趋势，新的双核结构不断涌现。

14 年中河南省生产总值比重增幅最大的城市是郑州、洛阳，增幅分别为 3.35 和 2.36 个百分点。两市的生产总值总量也远高于其他城市，2009 年合计达到 5310 亿元，占全省生产总值总量的 26.9%；从人均生产总值来看，这种格局更为明显，2009 年郑州人均生产总值达到 44231 元，洛阳在过去 14 年间平均增速位列全省首位，增速达 15.35%，尤其是 2002 年以来，年均增速高达 20.4%（见表 9-2）；从三次产业结构变动来看，2009 年郑州的三次产业结构比为 3.1:54:42.9，洛阳为 8.7:58.3:33，在全省 18 个城市中产业结构优势明显（见表 9-3）。

表 9-2　河南省 18 个省辖市 1996—2009 年人均生产总值及其年均增长率

地区	人均生产总值（元）			年均增长率（%）		
	1996	2002	2009	1997—2002	2003—2009	1997—2009
郑州市	8352	14527	44231	9.66	17.24	13.68
开封市	3421	5757	16571	9.06	16.30	12.90
洛阳市	4872	8489	31170	9.70	20.42	15.35
平顶山市	4384	6634	23081	7.15	19.50	13.63
安阳市	4249	5978	21578	5.86	20.13	13.31
鹤壁市	5068	7422	25370	6.56	19.20	13.19
新乡市	5123	6268	17992	3.42	16.26	10.15
焦作市	7594	8599	31356	2.09	20.30	11.53
濮阳市	4481	6745	18855	7.05	15.82	11.69
许昌市	4892	8173	26227	8.93	18.12	13.79
漯河市	4557	8108	23777	10.08	16.61	13.55

续表

地区	人均生产总值（元）			年均增长率（%）		
	1996	2002	2009	1997—2002	2003—2009	1997—2009
三门峡市	5327	8995	31587	9.12	19.65	14.67
南阳市	3651	5909	16997	8.36	16.29	12.56
商丘市	2670	4258	12779	8.09	17.00	12.80
信阳市	2396	4034	13780	9.07	19.19	14.40
周口市	2491	3936	10649	7.92	15.28	11.82
驻马店市	2560	4053	11708	7.96	16.36	12.41
济源市	7146	12326	42181	9.51	19.21	14.63
全省	3978	6437	20597	8.35	18.08	13.48

资料来源：《河南省统计年鉴》1997、2003、2010 年，均为名义值，全省数据不等于18 个地级市相加。

表 9 - 3　　　　　河南省 18 省辖市产业结构与城市化对比　　　　单位：%

地区	1996 年			2009 年			2009 年城镇化率
	第一产业	第二产业	第三产业	第一产业	第二产业	第三产业	
郑州市	7.0	54.9	38.1	3.1	54.0	42.9	63.4
开封市	34.9	37.1	28.0	21.6	44.4	33.9	39.6
洛阳市	12.2	55.1	32.6	8.7	58.3	33.0	44.2
平顶山市	21.0	51.3	27.8	9.3	65.2	25.5	41.8
安阳市	23.5	49.2	27.3	12.7	60.1	27.2	38.9
鹤壁市	25.6	51.0	23	12.2	68.7	19.1	49.6
新乡市	23.8	49.1	27.0	13.3	56.3	0.4	40.9
焦作市	16.2	59.5	24.3	8.0	67.3	24.7	47.0
濮阳市	23.9	53.7	22.4	14.2	65.6	20.2	35.4
许昌市	24.3	51.2	24.5	12.1	67.3	20.6	39.3
漯河市	30.6	46.3	23.1	13.3	68.9	17.8	39.3
三门峡市	16.6	50.1	33.3	8.2	66.0	25.8	45.4
南阳市	33.0	43.1	23.9	21.4	51.1	27.5	36.6
商丘市	46.3	27.8	25.9	27.2	45.5	27.3	33.4
信阳市	43.3	29.1	27.6	25.3	42.5	32.3	34.1

续表

| 地区 | 1996 年 | | | 2009 年 | | | 2009 年城镇 |
	第一产业	第二产业	第三产业	第一产业	第二产业	第三产业	化率（%）
周口市	45.3	33.0	21.6	29.9	44.7	25.4	29.5
驻马店市	45.1	31.5	23.4	26.2	42.7	31.1	29.5
济源市	16.2	50.5	33.3	5.1	74.3	20.7	49.0
全省	26.1	46.6	27.3	14.2	56.5	29.3	37.7

资料来源：《河南省统计年鉴2010》。

中原经济区内双核互动城市空间统筹发展路径研究表明，在城市空间统筹发展中，区内双核城市空间通过相互支撑、拉动和耦合的内在运行机制实现区域协调发展。在推进区内双核城市空间统筹发展时应注重：强化产业价值链空间布局，建设区内一体化的市场体系，促进生产要素在区内自由流动；加快区内产业间的纵向互动与横向融合，弱化行政区划，完善城市合作协调机制，摒弃城市间的利益分割，由盲目竞争转向合作共赢。

三 特色鲜明的四区域格局基本形成

根据区位、自然地理环境、资源条件、经济发展水平和经济活动特点等因素对全省18个省辖市进行分类，可以发现在省域内已经形成了特色鲜明的四区域格局，即"中原城市群核心层＋三门峡"10城市，"商丘＋周口＋驻马店＋信阳"4城市，"鹤壁＋安阳＋濮阳"3城市、南阳1城市。四区域相关数据对比如表9－4所示。

表9－4　　　　　　　2009 年河南省四区域相关数据比较

| 区域 | 区域面积占全省的比例（%） | 年底总人口 | | 生产总值 | | 人均生产总值 | | 城镇化率（%） | 年底城镇人口 | |
		万人	占全省比重（%）	亿元	占全省比重（%）	元	占全省比重（%）		万人	占全省比重（%）
中原城市群＋三门峡	41.5	4233	42.5	11993	60.7	28332	137.6	45.5	1926.0	51.3

续表

区域	区域面积占全省的比例（%）	年底总人口		生产总值		人均生产总值		城镇化率（%）	年底城镇人口	
		万人	占全省比重（%）	亿元	占全省比重（%）	元	占全省比重（%）		万人	占全省比重（%）
鹤壁、安阳、濮阳	8.3	1056	10.6	2150	10.9	20360	98.8	39.2	414.0	11.0
商、周、驻、信	34.3	3583	35.9	3890	19.7	10857	52.7	31.4	1127.0	30.0
南阳	15.9	1096	11.0	1714	8.7	15639	75.9	36.6	401.0	10.7
河南省	100	9967	100	19748	100	20597	100	37.7	3758.0	100

资料来源：根据《河南省统计年鉴 2010》换算得出。

第二节 中原经济区发展面临的挑战

一 刘易斯模型与"三化"协调

1954 年，刘易斯在《曼彻斯特学报》上发表了《劳动力无限供给条件下的经济发展》一文，在这篇文献中提出了二元经济模型，又称刘易斯模型。根据刘易斯模型，实现传统农业向现代工业的转变或者说实现从城乡二元结构向现代一元经济转变的基础是工业发展，中原经济区属于相对落后区域，是我国重要的粮食生产基地，承担着保障国家粮食安全的责任，同时由于该区域人口密度大，人均耕地少，发展的压力尤其是提升居民收入水平的压力很大。推进工业化与城镇化必然要增加土地占用。所以，中原经济区工业化、城镇化的推进与保农业、保粮食、保耕地之间是存在矛盾的，解决矛盾的途径就是要探索一条工业化、城镇化和农业现代化"三化"协调发展之路。

二 农村劳动者就业空间与家庭永久居住空间相异严重制约经济发展

改革开放以来，河南省农村人口增长缓慢，城镇人口增长较快，尤其是近10年来这种趋势更为明显（见图9-1），这也反映出了城镇化在不断加快。由于户籍及相关制度，农村劳动力向非农产业转移时，并没有同步实现城镇化，劳动者就业空间与其家庭永久居住空间不一致，这种不一致造成了建设用地供应不足、内需不足、劳动力供给受限、制约农业规模经营等问题，使农业现代化发展缓慢，城乡二元经济格局并没有被打破，"三化"协调发展不可能实现，而且有使问题加剧的风险。发达地区人口产业结构的表现是：第一产业的比重越来越小，而第二、第三产业，特别是第三产业的比重却越来越大。河南省劳动力大量滞留在第一产业，限制了地区经济的迅速发展。

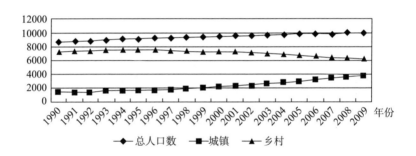

图9-1 河南省1990年以来城乡人口变动趋势

资料来源：《河南省统计年鉴2010》。

三 中原经济区面临严峻的转型压力

经济转型已经成为"后危机时期"的大势。当前，世界各国纷纷对自身发展模式进行反思和调整，全球产业结构正在酝酿新一轮升级和生产要素重新布局。在世界经济加快调整和转型、中国经济发展动力由外需为主转向扩大内需的形势下，中原经济区必须与外部经济对接，跟着调整和转型。中原经济区作为后发地区，工业化、城镇化水平低，经济发展总体上处于工业化初期的后期，滞后于全国工业化中期的发展阶段，基础薄弱、增长粗放、效率低下、产业结构不合理、需求结构未优化、城乡结构不平衡、区域结构不协调、要素结构不集约等问题比其他地区更突出，调整和转型任务更繁重。

四　发展的软环境有待进一步优化

发展观念落后、现代科技管理人才缺乏，难以适应高端产业发展的需要，在一些地方仍然存在缺乏市场意识、缺乏诚信意识等现象；存在对企业服务意识差甚至对企业"吃拿卡要"等问题。虽然第三产业近几年对全省的贡献率逐步提高，但与东部省份相比，还有较大差距。

五　中原经济区经济增长压力加大

1997—2009 年，河南省年均生产总值增长率高达 13.72%，超过中部地区年均增速 0.74 个百分点，在中部 6 省仅次于山西。2003 年以来，河南是中部 6 省中增长最快的省份，山西等紧追其后（见表9 - 5），差距并不明显。从当前区域竞争的形势来看，中部 6 省竞相制定区域发展战略，都想尽快在中部崛起；从区域地理来看，山西近邻环渤海经济区，安徽、江西背靠长三角经济区，湖南、湖北可以依托珠三角经济区，唯独河南地处中原内陆，处于增长板块的边缘地区，因此，河南省在实现中部崛起、构建中原经济区战略中面临诸多挑战。

表 9 - 5　　中部 6 省 1996—2009 年生产总值总量和年均增长率

地区	生产总值（亿元）			年均增长率（%）		
	1996	2002	2009	1997—2002	2003—2009	1997—2009
山西	1308	2325	7358	10.06	17.89	14.21
安徽	2339	3520	10063	7.05	16.19	11.88
江西	1517	2450	7655	8.32	17.67	13.26
河南	3661	6035	19480	8.69	18.22	13.72
湖北	2970	4213	12961	6.00	17.42	12.00
湖南	2647	4152	13060	7.79	17.79	13.06
中部地区	14443	22695	70577	7.82	17.60	12.98

资料来源：《中国统计年鉴》2000、2007、2010 年，均为名义值。

第三节　中原经济区建设中若干现实问题的政策选择

中原经济区区位优越，交通便利，人口、粮食等优势突出，目前正处于新一轮周期的上升态势，但同时也面临着资源、环境约束加剧和传统竞争优势弱化的挑战。河南省在中原经济区建设中扮演着举足轻重的角色，要想让中原经济区同环渤海、长三角、珠三角等经济区一样成为中国内地重要经济增长板块，就必须探索出一条科学发展之路，建议采取以下措施。

（1）顺应产业集聚基本规律，推动新型城镇化。产业集聚是指某些产业在特定地域范围内集中的现象。产业集聚导致人口集聚，以及相应的生产生活服务业的衍生，从而形成城市。城市是产业发展和集聚的结果，城市又为产业发展提供基础设施和服务系统的支撑，进一步降低生产成本，对产业形成更强的吸附能力，促进产业及人口进一步集聚。城市规模达到一定程度以后就会对周边地区进行辐射、扩散，可以说城市的集聚效应和扩散效应是城市化最主要的功能，河南省在顺应城市化发展规律的同时，要走新型城镇化之路，处理好人口、资源和环境的关系，处理好中原城市群与其他腹地之间的关系。

（2）优化产业结构，建设特色工业。2000年以来中部的第二产业虽然发展速度较快，但在整个中部地区，工业大多数属于采掘工业和能源、原材料工业，加工业薄弱，产品附加值低，增值能力弱，资源优势难以转化为产品优势和经济优势，高新技术产业和现代服务业相对落后。2009年河南三次产业结构为14.2∶56.5∶29.3（见表9-3），第二产业比重全国最高，第三产业全国最低。这种结果主要是由资源型、偏重工业的结构决定的。改变这种现状的切实途径就是加快产业结构调整步伐，积极承接发达地区劳动密集型制造业的梯度转移，在承接转移产业过程中，应避免重复浪费，本着高效、环保、可持续的原则打造特色工业基地，做大做强第二产业。

（3）发挥比较优势，承接产业转移。随着经济技术水平的不断提高，沿海地区的一些劳动密集型产业会由于劳动力成本的上升而失去比较优势；而中西部地区由于存在大量的下岗失业人员，劳动力供给肯定比东部地区充分得多，从而劳动密集型产业在中西部地区更具有比较优势。因此，劳动密集型产业由东部地区向中西部地区的转移，既能够使东部地区将已经失去比较优势的产业转移出去，从而将发展的重点放在产业结构的升级和优化上，大力发展资本和技术密集型产业，又能够使中西部地区承接转移来的产业，进而促进地区经济的快速发展。以河南省为主体的中原经济区位于我国东中西部三大地带的中间位置，土地面积约 28 万平方千米。区位交通优势明显，全国主要的铁路、公路和第二条亚欧大陆桥贯通其中，具有承东启西、连南通北的作用。区域内人口众多，2009 年年末总人口接近 1.6 亿，占全国人口的近 1/8。农业地位突出，全区有 1.9 亿亩耕地，占我国总耕地资源的 1/10 以上。区位、人口、交通和土地等资源的比较优势使河南省在下一步劳动密集型产业向内地转移的浪潮中处于得天独厚的地位。

（4）打破行政区划界限，广泛开展次区域经济合作。次区域经济合作是在世界经济一体化合作无法实现突破时在其内部开始出现小范围的局部合作，人们便把这种合作称为次区域经济合作，因此次区域经济可以看作区域经济合作无法实现时的一种次一级或下一级区域合作选择，是区域经济合作或区域经济一体化的一个过程或阶段。同经济学原理一样，次区域经济合作的本质就是试图更有效地配置次区域地区的有限资源从而实现效益的最大化和人们福利的最大化，以推进次区域地区的经济发展，包括区域合作基础条件建设与对接，如何实现生产要素的自由流通，资源能源的合理配置和使用，能源开发及可持续发展，所获得的利益的分配，协调机制与相关制度的建立等。中原经济区应向腹地延伸至西北地区，对中原城市群进行重新规划，进行经济结构调整，提高资源的利用效率，实施产业联盟，依托中原地区的区位优势，完善地区的聚集功能、生产功能、服务功能、创新功能和辐射功能，加强中心城市的增长极功能，构建区域经济发展的动力机制，整合区域资源，充分发挥区域生产要素的效应，真正使中原经济区成为中国经济发展的又一增长极。

（5）推进农业现代化，保障国家粮食安全。把推进农业现代化的着力点放在促进农业的规模经营和科技进步上，在减少劳动力、耕地集中的基础上推进农业的产业化、规模化、科学化。着力发展现代化的规模养殖业，拉长农业产业链条，发展有机农业和农业循环经济。应突破传统农业发展模式，运用现代化的农业发展策略来保障国家粮食安全。

（6）大力发展现代服务业，构建现代产业体系。推动物流基础设施建设，完善物流配套服务体系，构建铁路、公路、航空和信息"四位一体"的大物流体系；构建现代新型服务业，发展信息、金融、保险、会计、咨询、法律服务、科技服务等中介服务和房地产、物业管理、社区服务等需求潜力大的新型服务业；做大做强文化旅游产业，挖掘、整合各类特色旅游资源，促进旅游业转型升级；打造具有示范效应的科技型、物流型、产业型、综合性服务业功能区。

（7）解放思想，更新观念，优化发展软环境。从直接原因看，河南经济社会相对落后的局面是工业化、城镇化水平低造成的；从体制机制看，是长期的计划经济体制特别是城乡二元经济体制造成的；从思想观念看，是根深蒂固的小农意识、村本观念造成的。建设中原经济区，首先要解放思想、更新观念，大力吸收和借鉴世界先进文化，构建富有活力的、创新的、先进的中原文化，挖掘并不断提升中原文化的内涵，通过创造公平竞争环境、保持政策连续性、培育企业家精神等优化发展软环境，进而从根本上解决发展中遇到的困难和问题。

从以上分析结果来看，中原经济区已经具备了较好的产业基础，已基本形成郑州、洛阳双核互动的城市区域格局。区内双核互动城市空间统筹发展路径研究表明，在城市空间统筹发展中，区内双核之间城市空间通过相互支撑、拉动和耦合的内在运行机制实现区域协调发展。在推进区内双核城市空间统筹发展时应注重：强化产业价值链空间布局，建设区内一体化的市场体系，促进生产要素在区内自由流动；加快区内产业间的纵向互动与横向融合，弱化行政区划，完善城市合作协调机制，摒弃城市间的利益分割，由盲目竞争转向合作共赢。从长远来看，应进一步加快"三化"协调发展的进程，提升速度、扩张总量、优化结构；要加快促进人口、产业和生产要素加速集聚，有序承接国内外产业转移，着力打造现代产业体系，增强中原城市群辐射带动作用，提升自主创新能力，积极融入"一带一路"战略，广泛开展次区域经济合作，提高对外开放水平，总结和积累经验，探索一条适合内陆地区的新型发展之路，形成内陆增长高地。

第四节　城市群引领中原经济区发展的思考

城市不是独立存在的，在地理位置上相近的城市总是围绕着一些核心大城市从而形成一个城市体系，决定城市体系空间布局的力量是离心力和向心力。城市群的形成过程，在空间中表现为不同等级的城市在特定地域范围内产生、聚集，进而形成一个相对完整的城市"集合体"。

目前，城市群已成为国家参与全球竞争与国际分工的全新地域单元，省域经济、行政区经济正在转变为更具活力的城市群经济。城市群空间分布规律和等级规模取决于核心城市的市场潜力、要素禀赋差异，且与产业区域分布深度关联。每一个城市的发育成长都与其邻近区域的城市（或城镇）有着密切联系，而这种联系的最高级形式就是城市群。2015年12月，中央城市工作会议提出优化提升东部城市群，在中西部地区培育发展一批城市群，以促进区域的均衡发展，《全国国土规划纲要（2016—2030年）》进一步明确了"以城市群为主体形态，促进大中小城市和小城镇合理分工、功能互补、协同发展"的国土资源开发战略，这标志着关于城市群空间格局演进与发展的研究已超越了单纯的理论研究范畴，具有极强的现实性和紧迫性。目前，发展较为成熟的城市群内部的要素和资源逐步向整体扩散，各城市最终形成分工明确、功能合理、产业布局协调的扁平化城市体系。要素空间集聚因在规模经济的驱动下被认为是经济增长的有效方式，在一个地区或一个产业发展的初期，因规模经济、知识与技术外溢等产生马歇尔外部性，这种情况下的要素空间集聚能够促进经济增长和生产率的提高，这已经达成共识。从全球价值链和产业分工体系的"空间交互"角度谋划城市群空间格局演进与发展，切实摆脱"一城独大"

"千城一面""无序蔓延"的城市空间格局陷阱以提升我国城市（群）的整体发展水平和综合竞争力是实现区域经济可持续发展的重要方式，直接关系到区域均衡发展战略目标的实现。

一 城市群推动区域经济发展的动力机制

在市场经济中，经济资源的流动是一种普遍现象，地区间贸易、人口、资本等要素流动都是互动的表现形式，其典型特征是经济资源在流出地和流入地之间流动，有研究将上述现象命名为空间交互作用模型（Spatial Interaction Model）。空间的特性首先表现为区位，即在哪儿的问题；其次是外部联系或相互作用，即空间内不是孤立的；最后是非均质性，即每个空间都不相同，是异质的。弗里德曼的城市（群）空间演化模式表明城市发展及城市群形成是"空间—产业"互动耦合发展的结果（见图9-2），也是产业价值链与空间价值链交互相融的结果。

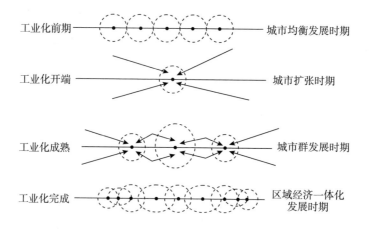

图9-2 弗里德曼的城市（群）空间演化模式

在此过程中，空间价值链、空间主导能力和产业结构变迁是城市群空间格局演进的核心动力。由于空间异质性的存在，企业的空间属性愈加明显，产业在空间中非均衡分布。产业价值链在特定空间上的投影形成空间价值链，空间价值链是产业与特定区域空间耦合与互动发展的结果，产业价值链是空间价值链形成的基础。产业价值链与空间价值链的耦合与互动形成了不同规模的产业结构及城市层级体系（见图9-3）。

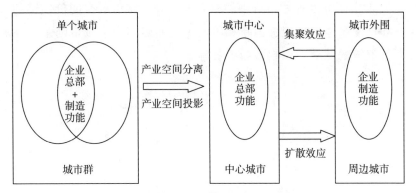

图9-3　城市群"空间—产业"耦合发展

就我国而言，城市群内部各级城市发展差异巨大，在城市群层面存在明显的产业专业现象，资本从核心城市、次中心城市、外围城市呈现出阶梯状推移的趋势，像一只飞翔的大雁从核心城市飞向其他城市，正因如此，这种模式被称为雁阵模式（见图9-4）。

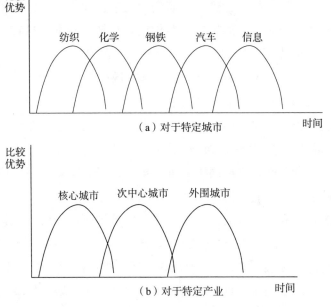

图9-4　城市群"空间—产业"互动发展的雁阵模式

　　如果从价值链层面来考察，城市群内部同样存在价值链布局的特点，微笑曲线可以将城市群空间价值链概念形象地展示出来（见图9-5），很多研究发现城市群中的核心城市处于城市群空间价值链的高端，如标准制定、品牌、创新和研发等，而外围中小城市则主要在城市群价值链的低端，如制造和组装等。

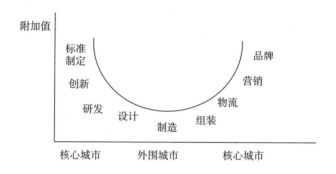

图9-5　城市群"空间—产业"互动发展的微笑曲线

　　在产业链的动态演变和升级过程中，原先在某些城市属于较高端的行业门类，随着技术的进步，演变为低端行业，在逐渐向价值链更高层次转移的同时，将原有的低端价值环节转移到其他城市，价值链在城市间的更替演进是城市空间演化的一般规律。

二　中原经济区向中原城市群发展的政策取向

　　（1）城市群是经济行为主体在市场机制下追求利益最大化的空间载体，空间资本驱动下的空间生产促进了城市的快速扩张和城市群的形成，集聚带来的生产率效应促进了产业的地区专业化。空间生产与资本化是城市群空间格局演进的重要根源，城市群空间组织应以中心城市产业基地和产业园区为依托，以优势产业集群为重点，培育壮大关联产业和配套产业，加快形成高端化、差异化、特色化、集群化的产业聚集区。空间资本化应以交通为导向、以城镇为依托、以产业为支撑，坚持"多层+多极""组团+抱团""集聚+集约"，探索"多中心、组团式"的城市群空间组织模式，推进各类增长极及其腹地共同开发和联动发展。各级别城市只有相互之间有机互补和相互支持的城市群才是富有生命力和可维系的，否则，精心设计的城市群很可能高度不稳定，最终可能导致"大城市病"、重复建设和效率损失。

（2）将城市化经济放在某一个城市群中进行分析。由于城市群中包含了若干个城市，每个城市的空间价值具有差异性，因此，应在城市群层面进行产业分工，引导空间生产及其资本化的良性发展，提升空间资本的运行效率和产出水平，实现地方化经济与城市化经济的有机结合。在核心城市的带动下，其周边城镇获得优先发展，进而辐射至更广阔的地域范围，最终通过产业布局的调整与区域内其他城市在产业分工与协作中的关系变得更加密切，形成关联度极强的空间组织机制。应该鼓励不同城市群核心城市间的强强联合，促进形成区域经济一体化发展的政策，实现大中小城市和小城镇合理分工、功能互补、协同发展，形成与要素禀赋结构相匹配的城市群"空间—产业"耦合发展格局以消除要素价格扭曲导致的要素空间集聚失衡和产业空间分布的同构竞争现象。

（3）城市群空间格局演进是自然生长力、市场驱动力以及政府调控力综合作用的结果，空间资本化的核心是市场机制作用下的产业结构升级和空间要素变迁。如果市场潜能和要素禀赋结构导致了产业结构的区域差异，这会在城市群层面得到反映，而城市群空间扩展则会强化这一效应。建立合理的城市层级体系和产业分工协作机制，构建基于空间和产业的多维价值链，避免无序蔓延和同质化竞争，结合地理和经济联系，打破行政壁垒，构建多层次对接协调与超市域的城市群发展与管控机制，弱化行政割据和干预，充分发挥市场在城市群发展中的作用，在"空间—产业"耦合发展中推进城市群经济可持续发展。

（4）在区域分工与整合背景下，空间因素成为影响区域经济发展的重要变量，中原城市群应发挥区位优势，整合周边资源，拓展发展空间，培育新业态、新模式，形成陆海内外联动、东西南北多向互济的开放格局。中原城市群在区域空间一体化发展中应体现柔性化、层次化、多样化和多核化的发展理念和推进措施，形成优势互补、开放协同和功能完备的城市体系。作为区域中心城市的郑州，应探索城市的服务职能，建设服务型的中心城市，据此提升核心城市的空间整合和拉动辐射能力，以取得整个城市群的竞争力。

（5）城市群是我国新型城镇化的主体形态，也是拓展发展空间、释放发展潜力的重要载体，还是参与国际竞争合作的重要平台。在经济全球化背景下，城市群成为区域竞争的主体，城市空间资源的开发与利用日益成为经济发展中的重要问题，空间资源及其价值的再发现使得空间作为一种要素参与经济活动的理论分析成为可能。中原城市群是新兴城市群，目前工业发展对产出的空间溢出效应明显，FDI 等对产出效率产生一定的负面影响，说明在当前经济条件下，需要在产业转型与结构升级方面发力，充分发挥河南省人口大省的优势，依附实体经济实现创新驱动，形成连接东南沿海和西部地区的内陆增长高地。

（6）城市群组团发展可以产生协同效应，中小城市应积极加入中原城市群以提升自身竞争力。大中小城市建立在空间异质性、产业价值链和空间价值链耦合与互动基础上的分工与专业化水平已成为各自竞争力的源泉，应在城市群层面进行分工与协作，构建多维价值链，提升城市群整体效益，推动中原城市群平衡和可持续发展。

（7）应打破行政壁垒，构建多层次对接协调与超市域的城市群发展与管控机制，加强产业对接协作，设立中原城市群协同发展基金，助力中原崛起。优化空间结构，重塑产业经济地理，推动解决发展不平衡不充分的问题。建立完善跨区域城市群联动合作，推动跨区域城市群间产业分工、基础设施、环境治理等协调联动，探索内陆地区城市群发展的新模式，走出新时代城市群发展的新道路。

第十章　基于价值链的城市发展策略

　　城市空间演化的一个重要因素是政府政策及城市治理模式。国内外发展的实践表明，依靠要素投入驱动的传统增长模式不能实现区域可持续发展。资源环境约束加剧、要素成本上升、结构性矛盾等问题已在各层级区域中都有突出表现，过去在中低端产品上形成的竞争优势如果不能向高价值环节升级，则面临被淘汰的风险。各类价值空间在空间价值链作用下，逐渐形成了城市、城市群和城市经济区。城市化发展战略和道路问题是理论界和政府近年来争论的热点问题。关于城市化道路争论的焦点在模式选择（见表 10 - 1）。有学者认为，随着电子通信、电子媒体技术的发展，未来会出现"距离死亡"走向"城市消解"，但需要强调的是，高度发达的电子技术仍然是在特定空间发挥作用的，因此，技术进步并不能妨碍空间价值链的运行。目前国内关于城市发展模式的策略选择，没有充分考虑到城市发展的自主性，认为城市只不过是市场与政府联合打造的一个经济空间。在产业结构升级、城市空间演化不断扩大的情形下，城市发展要调动城市的主动性，将微观层面的城市空间上升到城市价值链重组的角度重新认识城市，发展城市，并将城市的发展上升到更大的区域层面来探讨，建立城市发展的空间层级体系和框架，这样才能避免城市发展带来的一系列危机和不和谐困境的出现。当下，我国正处在新型工业化、信息化、城镇化、农业现代化的历史阶段，基于价值链的城市空间演化能够有效解决"新四化"之间的矛盾，将外延型城市化和内涵型城市化统一起来，实现我国经济的转型发展和可持续发展。

表 10 - 1 国内关于城市化道路的代表性观点

讨论角度	城市化道路代表观点
城市空间布局	集中型、分散型
城市发展动力机制	政府主导、市场主导、政府与市场相结合
城市化与工业化的关系	同步型、过渡型、滞后型
城市发展规模	大城市主导、中等城市主导、小城市主导、大中小城市结合

参考文献：参见张蕾《中国东部三大都市圈城市体系及演化机制研究》，博士学位论文，复旦大学，2008 年。

第一节 创建"价值链空间再生产"模式

城市化本身是一个空间过程。城市化并不是一个简单的提升城市人口比重的问题，也不是一个农村人口变为城市市民的问题，它还涉及城市在不同地区间的分布，而这是形成合理的城市体系的问题。城市体系的合理化必须以生产要素自由流动为前提，以企业自主选址和劳动者自由迁徙为条件，以集聚效应和拥挤效应之间的权衡为机制。在空间价值链的主导下，具有不同的地理、自然、历史等条件的城市都达到最大化劳动生产率的最优规模，从而形成不同规模、不同功能的城市相互分工、相互依存、共同发展的城市体系。从国外经验来看，当一个城市发展为超大城市的时候，往往是通过裂变出"卫星城"的方式进行疏解和获得进一步发展。结合我国的城市发展现实，副中心与多中心发展也是重要的城市空间再造策略，快速轨道交通工具的出现，正好为这个选择提供了可能，这里面的重点问题是如何加强副中心与中心的产业联系，以促进城市内部与城市之间的整体发展效应。城市空间演化及各类溢出效应必须依靠科技创新，依靠价值链空间再生产模式，所谓价值链再生产的城市发展模式，就是对城市空间的重新定位、重新开发和重新利用，集约利用有限的资源与空间，本质上是一个价值发现和重新确认价值的过程。目前的城市旧城改造、新区建设、城市转型、城市群建设、城市连绵区的构想等都属于价值链空间再生产的范畴。在城市内部形成多个"价值链空间"，在每个"价值链空间"内形成一体化生活区，即就业、居住、消费、流通、娱乐一体化的区域。"价值链空间"的核心功能是实现城市空间就业的充分性，实现城市空间的独立发展。城镇化跟经济发展空间布局结合，从量的扩张向质的提高转变，由外延型向内涵型转变，以据点集中开发为主，避免无序扩散，可以防止粗放式的"摊大饼"、千城一面、"空城"、"鬼城"。价值链空间再生产过程中涉及旧城改造、拆迁和要素集聚等工作，实际问题比较复杂，因此，价值链空间再生产应避免盲目地拉大城市骨架，设立城市副中心或建设新区，刻意对抗核心城市的虹吸效应，而是主张城市在土地开发与利用上控制增量，盘活存量，在城市价值链基础上进行空间优化，根据自身优势进行产业选择，提升城市空间价值增值能力，以保持城市在城市价值链中的竞争力。

第二节　企业—产业—农村—城市的互动发展

一　提高空间可达性，推动公共服务资源均衡化

经济分权的体制和由此派生的城乡和地区间分割，阻碍了要素跨地区自由流动，限制了规模经济优势的发挥，对经济活动的空间布局调整和城市空间演化构成不利影响。为了提高空间可达性，需要加快建设快速铁路通道、信息高速公路、高等级广覆盖公路网和航空网络，打破条块分割和地区封锁，加强各种运输方式与港区的衔接，培育发展大型现代物流企业，基本建立现代物流服务体系。在此基础上，促进人流、资金流、信息流等各种"流"的集聚与扩散，提高空间可达性，形成物畅其流、经济便捷的跨区域大通道，促进城市由内向外梯度推进。为了疏解中心城市的各类拥挤和规模不经济，需要推动公共服务资源均衡化，提高城市边缘地区和农村地区的空间福利水平，促进人口向郊区、新城以及中小城市集聚。

二　构建城乡资源双向流动机制

城市对乡村的人才、资金、资源有虹吸效应。要实现城乡一体化

发展，离不开城乡资源双向流动，要以完善产权制度和要素市场化配置为重点，清除要素双向流动的基础性障碍。强化乡村振兴制度性供给，发展新型职业农民，加强农村专业人才队伍建设。做大做强农村特色产业，培育龙头企业，发展绿色、有机农产品，提高农产品的附加值，鼓励发展农村电子商务，加大财政对"三农"的支持力度，运用互联网等信息技术手段推动优质农产品向城市流动，实现一二三产业融合发展，着力构建要素流动、优势互补、深度融合的城乡融合发展新格局。

三 基于空间价值链的城乡统筹发展

城市与广大农村组成了基本的人类生活、生产空间，需要将空间价值链和城市价值链思维统一到新一轮的新型城市化和新农村建设当中。一方面，从城市和农村两个层次统筹产业结构和空间结构，打破城乡分治局面，尊重城市空间、城乡空间的差异性，突出各类空间的功能和特色，加强城乡联合，促进城乡优势互补，组建跨越城市和农村的城乡空间价值链；另一方面，将美国的城镇化模式（集中、非均衡）与西欧的城镇化模式（分散、均衡）结合起来，将生产空间、生活空间、生态空间与人文空间有机整合起来，改善区域空间可达性，形成城市空间与农村空间的合理分工和动态优化，形成以中心城市为依托，包括若干中小城市，众多城镇和大片农村的城市经济区，实现可持续发展的城乡一体化，走出一条大中小城市、小城镇和广大农村的协调发展之路。

第三节 实现"行政区经济"向
"城市群经济"的转变

传统的行政区经济在城市集群发展中存在制度性矛盾和障碍。城市空间演化过程最终是由市场力量决定的，行政区经济存在地区保护、市场分割、重复建设、产业同构、职能交叉使城市集聚效益难以充分发挥。行政管理体系已成为城市群发展的"制度性障碍"，消除市场壁垒，淡化等级规模，优化功能体系，树立空间价值观念，建立跨市域的合作机构与有效的城际协调机制。减少行政管理层级，给不同类型的城市创造公平竞争的机会，按照城市价值链分工的原则，实现功能互补、错位发展，形成整体竞争优势。根据波特竞争优势理论，结合城市空间演化的一般规律，本章构建了一个基于城市价值链的城市（群）竞争优势的"钻石模型"（见图 10 - 1），在政府与市场协同作用下提升城市竞争力。

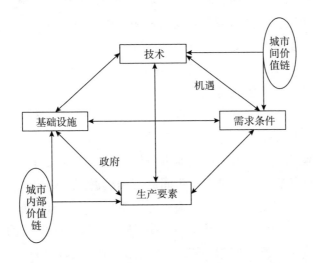

图 10 - 1 基于城市价值链的城市竞争力"钻石模型"

（1）城市管理者必须树立科学规划、人才兴城、产业强市观念。每个城市都必须有清晰的功能定位，在城市空间演化中，要选择具有相对优势的部门和产品，建立合理的部门结构和产品结构，形成基于城市价值链的分工关系。大城市形成以金融服务和研发咨询服务为主的总部经济，充分利用空间溢出效应对中小城市形成辐射和扩散，中小城市发展以制造业为中心的工厂经济，通过乘数效应不断推进自身产业升级和服务业发展。在城市内部规划和资源整合方面，需要借鉴价值链和企业基因重组思想，从微观的城市经济功能出发，建立以人的全面发展为终极目标的城市化。

（2）充分发挥竞争的鲶鱼效应和核心城市的蝴蝶效应。推动资本、人员等各类资源要素自由流动，打破地方条块分割，扩张市场容量，发挥竞争"鲶鱼效应"，激发市场活力。在区域间能自由流动的情况下，在本地市场效应和生活成本、拥挤效应作用下，高端要素向城市中心和大城市集聚，而普通要素则在竞争中选择向城市外围和中小城市集中，发挥城市内部价值链与城市间价值链的协同作用，形成多层次的中心—外围格局。核心城市在整个城市群中具有较高的发展水平、成熟的市场体系和规范的各类运行标准，对外围地区的发展具有蝴蝶效应和示范作用，政府应在现有资源的基础上，根据城市价值链进行产业选择和城市空间开发与利用，推动城际铁路、城市轨道交通、信息化服务平台的建设，完善国家城市体系支撑系统，在核心城市的示范引领下，创造条件鼓励各类城市积极参与并融入城市价值链，从而形成独特的竞争优势。

（3）在通过扩大城市规模来实现更高水平的集聚效益的过程中，相比于多样化，地区专业化更有助于在扩大城市规模过程中实现更高水平的集聚效益。技术环境与需求条件对城市群各城市的专业化分工起到决定性的影响，各城市在不同的市场机遇博弈中成长。例如，长三角地区完全可以形成以上海为核心，南京、杭州为两翼，辐射其他城市的网络化的城市群；大珠三角区域在"前店后厂"的合作模式下，已完成了"香港制造"到"珠三角制造"的转型，形成了以香港和广州两极拉动的空间互补状态。

第四节　打造一批具有世界影响的城市群或都市圈

城市群是城镇化的主体形态，是经济发展的主要载体。从全球来看，产出排名前40的城市群经济产出总已占世界的66%，在全球创新成果中所占比例更高达85%。从发达国家看，美国东北部大西洋沿海城市群与北美五大湖城市群集中了美国70%以上的制造业；日本太平洋沿岸城市群以不到1/3的国土面积集聚了日本2/3以上的人口和工业产值。城市群正在成为国家参与全球竞争与国际分工的全新地域单元，是中国新型工业化和新型城镇化发展到较高阶段的产物，是

"一带一路"建设的主战场，因而在推进国家新型城镇化和经济社会发展中具有举足轻重的战略地位。其发展深刻地影响着我国的国际竞争力。以第六次人口普查中各城市市辖区常住人口为基本数据进行计算，到 2020 年我国将形成由 20 个城市群、10 个超大城市、20 个特大城市、150 个大城市、240 个中等城市、350 个小城市组成的 6 级国家城市空间布局新格局，城市总数量由现在的 657 个增加到 770 个左右。其中，20 个城市群包括长江三角洲城市群、珠江三角洲城市群、京津冀城市群、长江中游城市群、成渝城市群等；10 个超大城市包括上海、北京、天津、广州、重庆、深圳、武汉、南京、西安、成都，相应形成了区域性城市群；20 个特大城市包括杭州、沈阳、哈尔滨、汕头、济南、郑州、大连、苏州、长春、青岛、昆明、厦门、宁波、南宁、太原、合肥、常州、长沙、东莞和佛山，相应形成了不同规模的都市圈。可以预见，城市群正在成为我国新一轮区域经济增长的引擎。

从历史上看，城市群的兴起与经济增长重心的转移密切相关，每一轮经济增长重心的转移都伴随着区域内大规模工业化和城镇化。比如，第二次世界大战后随着美国航空航天、电子信息等高新技术产业的蓬勃发展，在太平洋沿岸迅速兴起了旧金山—洛杉矶—圣迭戈城市群，并成为世界创新活力领先的地区。城市群已成为支撑世界各主要经济体发展的核心区和增长极，国家间的竞争正日益演化为主要城市群之间的综合实力比拼。

城市价值链运行的机理说明，大城市的快速发展与中小城市发展并不矛盾。城市群是城市空间演化的高级阶段，代表城市发展的方向，代表区域经济的竞争力。城市群带动城市化是未来区域经济增长的有效方式，在大城市发展的基础上，中小城市以城市价值链为依托，发展制造业，发挥其居住功能，提高城市竞争力。在基于价值链的城市空间演化模式中，各类城市在价值链指导下各得其所，相得益彰。国家层面的城市集群发展意味着区域多中心发展，早在欧盟规划文件中就已得到肯定。多中心发展是提高区域整体的竞争能力、缩小区域差异、实现区域平衡发展的有效途径。① 通过城市价值链来整合与

---

① 覃成林、李红叶：《西方多中心城市区域研究进展》，《人文地理》2012 年第 1 期。

优化产业结构是实现城市可持续发展的现实选择，因此，打造一批具有世界影响的城市群或都市圈是我国下一阶段区域经济发展的主要任务。

第五节　重点发展和培育经济区或城市群的核心城市

　　由于城市空间演化存在规模门槛效应和经济溢出效应，未来城市空间演化将是以大城市为核心，各级别城市特色鲜明，优势互补，大中小城市以城市价值链为基础，在不同空间尺度下镶嵌组成城市体系。核心城市在产业结构上要不断地淘汰（转移）比较优势已经丧失的产品和产业，着力发展新兴产业，实现产业结构的高级化，形成推进产业结构动态递进的演化机制。在市场结构上，要大力发展外向型经济，挤入国际分工行列，应由过去以商品输出为主，转化为智力、技术和资金的输出为主；在空间结构上，以城市中心区为圆心，以城市价值链为依据，加快对外围地区的产业扩散和资源整合，组成有国际竞争力的大城市经济圈，核心城市最终以金融、贸易、保险、房地产、咨询、信息服务等第三产业为主，成为企业总部所在地。核心城市有效发挥枢纽功能、创新功能、孵化功能和领航功能，推动城市价值链的增值、整合和创新。需要重点加强中心城市和城市中心对外围城市和城市外围的领导和控制作用，形成有利于提高城市中心和核心城市空间价值梯度的机制，避免恶性竞争和效率损失，为城市价值链的优化升级创造条件。城市空间演化并不意味着所有城市都成为特大城市或区域中心城市。城市群已在城市价值链整合中发挥增值、整合和创新的功能，成为区域经济网络的枢纽和增长引擎，企业总部产生的总部经济是核心城市的首要职能。

　　站在整个区域发展的视角上说，城市发展应在"主城区—新城—新市镇—乡村"组成的市域城乡体系下，搭建由"城市中心、城市副中心、地区中心、社区中心"构成的城市公共活动中心体系，通过"中心"嵌套模式实现均衡发展，由此来破解过度集聚问题。

第六节　通过"高价值制造"推动城市制造业升级

城市价值链处于竞争变化之中，制造业是城市竞争力的来源和基础，制造业的升级与转型并非对工业化道路的简单复制。"高价值制造"是通过制造业与服务业的深度融合、相互补充和促进来实现的。制造业从业人员除了从事传统车间生产和机械操作，更多地要转向研发、设计、销售、售后服务等高价值工作。可以将高端制造业融入金融业，将职业教育与企业衔接，以更好地适应新形势发展，抢占制造业新的制高点。发展基于制造的服务和面向服务的制造相融合的服务性制造业，是促进城市产业升级和经济可持续发展的有效途径。作为中国经济最发达的地区，长三角应该早就完成了第三产业的结构革命。上海市至今第三产业的比重仍在50%左右，转变速度慢的主要原因还是在我们的观念上。这一地区的战略目标要坚定地定位为以第三产业为核心的经济结构调整，将原本倚重或者说并重的第二产业，逐步外包给周边的地区，让这些地区的经济也能更进一步提高。

第七节　核心城市应成为总部经济集聚区

产业和功能分工是城市空间演化的基础，应把城市作为整体纳入产业空间布局，构建中心城市调控模式。区域中心城市通过城市价值链整合与重组，集聚各种价值链高端要素，形成价值链高端模块的空间聚合，使之成为城市转型升级的动力和发挥辐射作用的保障。核心城市通过总部经济优势跨区域配置资源，实现"总部—制造"基地的分离布局（见表10-2）。促进大城市的"服务"与中小城市的"生产"优势互补，在空间层面上建立"生产—服务"的价值链合作模式，促进城市产业优化升级。

表 10 – 2   核心城市与外围城市要素集聚的比较

特征	核心城市	外围城市
价值链特征	企业总部集聚区	制造部门集聚区
空间形态	商务写字楼	工厂
中间消耗	知识	物质
员工	白领	蓝领
产出	无形服务	有形产品
城市间关系	服务产品配套	有形产品配套
影响力	极强	有限

据北京社科院中国总部经济研究所对全国 300 家企业的调查发现，企业总部对生产性服务业需求前 5 位分别是"金融""会计审计""法律""信息技术""广告"（见图 10 – 2）。如果发展以生产性服务业为特征的总部经济，完成从"制造经济"到"服务经济"的转型是中心城市制造业结构升级的重要战略选择。发挥核心城市的综合功能，成为区域要素配置中心、城市价值链整合中心、技术创新中心和信息流转中心。核心城市要实现"城市圈"向"首位圈"转变，中小城市要实现"城市群"向"价值网"的转变。最终形成"多中心层域式、网络状——一体化"空间结构。

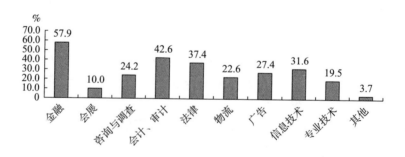

图 10 – 2 企业总部对生产性服务业各行业的需求

资料来源：赵弘：《总部经济经济新论：城市转型升级的新动力》，东南大学出版社 2014 年版，第 142 页。

第八节　城市应追求最高的可持续的经济增长率

在目前我国经济增长速度进入中高速增长阶段，城市发展需要一改以往追求最高经济增长率的思路，需要立足于自身优势，通过城市间的合作和区域间的重组与整合谋求最高的可持续的经济增长率。世界产业结构演进的一般趋势是随着生产力发展和技术进步，产业结构最终会形成"三、二、一"的结构特点。我国目前的产业结构总体仍处在第二产业为主的阶段，但在这一阶段发展过程中，由于中等收入陷阱、富裕陷阱等问题的存在，资源环境制约等问题突出存在。因此，在产业结构由"二、三、一"的形态向"三、二、一"的结构特点过渡的时候，需要谨防"产业空心化"现象。产业空心化造成了供给力和需求力的不平衡，表现为区域需求日益依赖区外进口的贸易逆差加剧。尤其是在区域产业发展基础并不牢固、产业升级缓慢或停滞之时发生的产业空心化，还可能使区域生产要素大规模转移而引发衰退。在城市竞争逐渐加剧、城市空间资源约束富有刚性的情形下，意味着城市传统的追求经济增长最大化的思路模式需要转变为最高的可持续的增长率。区域经济增长是空间价值链增值的结果，应将经济增长问题转化为空间价值链增值问题，通过空间价值链的不断增值和升级来实现区域经济的可持续发展。

第九节　克服价值黏性，突破低端锁定的路径选择

广大中小城市因为处于价值链的低端环节，生产初级产品，在价值链上与其他城市始终处于动态博弈之中。随着科技的进步、价值链的整体升级、区域经济的发展，作为一个城市来讲，寻求城市价值链重组和整合，实现城市价值链竞争力提升，必然会面临价值环节突破

原有路径，向价值链高端攀升的欲望。但现实中城市一旦选了某种产业，要实现转型与升级往往无法摆脱原有资源的束缚。在学术上一直被关注的价值链低端锁定或路径依赖是广泛存在的，这在资源型城市的转型发展中尤为突出。目前的城市经济发展不是跑得更快，而是飞得更高。因此，各个城市在战略规划中应将短期的利益与长期的目标协调起来，使资源在市场条件下达到优化和配置。在市场条件下，城市的繁荣与兴衰正如企业的盈余与亏损一样，具有一定的规律性。打破传统的资源倒逼机制、地方利益保护等思维藩篱，任何城市只有主动参与地区和全球价值链的竞争，充分发挥比较优势，发展特色产业，创造有利于技术进步的软硬件设施，方可在激烈的市场竞争中立于不败之地。

第十节　城市群发展建议

一　把城市群作为中观经济组织纳入区域发展战略

传统的组织竞争战略是价格竞争战略，是零和游戏，无法持续；而价值战略是分工合作，是可持续发展战略。不同等级、规模、性质的城市构成城市网络，意味着城市群的开放性网络结构开始形成。基于价值链的城市空间演化主张城市的差异化发展，大中小城市形成以核心为主导的协同发展，共生共荣，依据在价值链中的竞争力而形成一个空间层级组织。政府应把城市群作为区域政策的抓手，结合城市价值链定位，有选择地培育和发展城市群，城市空间开发与利用既要注重量的扩张，更要注重质的提高。在劳动力、土地和环境约束加剧的情况下，城市空间演化应由单个城市的无序扩张向城市群优化整合的方向转变。

二　城市层级发展模式

一个区域的城镇体系永远都是由大、中、小城市组成的，它们之间有着不可替代的作用，也是不可分割的有机整体。根据城市价值链的运行机理，在具体层级分工发展模式上可以采取以下两种模式：一是城市层级分工与产业区域分工相统一模式，这一模式由城市间价值链主导；二是城市层级分工与企业职能分工相统一模式，这一模式由城市内部价值链主导。在第一种模式中，一级城市主要发展金融、咨询、信息等间接为制造业服务的高端现代服务业；二级城市主要发展物流、商务等直接为制造业服务的现代服务业；三级城市主要发展一些低端的生产性服务业、特色产业等。在第二种模式中，一级城市致力于集聚大企业总部，发展形成总部经济；二级城市集聚大企业分部和职能分部；三级城市则主要是以城市服务业内需为基础的企业分公司。通过城市层级发展模式，各城市应根据自身条件和特点，创造条件转换主导产业，保持产业结构的"年轻化"进而提高城市竞争力。

三　区域多核互动城市空间统筹发展

超大规模城市，单中心对通勤、购物的有效利用是不合理的，很多城市病都由此引起。现在普遍接受的大城市结构应该是多中心结构，甚至是组团式的。区内多核互动是区域经济发展的高级阶段。表现为区内多个经济核心所在的次区域之间，基于自身比较优势，通过竞争与合作，形成基于价值链的城市空间结构，吸引和集聚与自身价值环节相一致的生产要素。区域多核互动城市空间统筹发展旨在协调区内核心城市之间优势互补，通过空间价值均等化疏解超大都市中心人口，避免产业趋同和"大城市病"，提高资源配置效率。区内城市空间统筹是一个多层次、不同空间尺度、全方位的价值链联动机制，须与地区优势与产业指向有机结合。基于价值链的城市空间演化有利于规避区域产业趋同、城乡分离和"城市病"等问题，城市空间价值链重组将城市群及其内部的城市看作一个有共同利益目标的有机整体，在识别和认可地理区位存在差异和发展阶段差异的现实情况下实现"求同存异"，在非均衡的现实中取得区域福利的最大化，实现城市空间耦合互动发展模式。在信息革命和网络技术不断进步的时代环境中，各类价值活动呈现出网络化的空间整合与重组的趋势，以适应不断变化的市场环境。在城市发展的成熟期，城市具有较高的竞争力，城市发展主要表现为城市空间价值网络化发展模式，从空间形式上看，表现为产业布局与分工在城市整体和局部的立体式互动与耦合（见图 10 -3）。为此，还需要从以下方面重点着手。

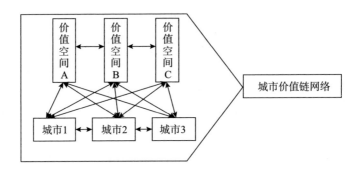

图 10 - 3　城市空间网络统筹发展机制

（1）超区域组织建设。当前经济发展已由区域化竞争代替了原来的行政主体竞争的趋势。以价值链为基础的城市集聚和城市空间布局，要求用系统的观点来解读区域经济一体化，应建立政府间合作与多元主体参与的联防联控的协同治理机制和跨部门合作激励机制，形成城市发展的跨区域合作模式。为此，需要制定法律法规，提供制度保障。互通有无、有效互补，对城市空间演化起到至关重要的作用。现阶段的合作需要中央和地方层面的强力推进，建议组建由国家和地方层面组成的城市协同发展委员会或者联席会议，如成立城市更新局和区域规划局等机构指导、协调、监督城乡空间发展，使市场在资源配置中发挥决定性作用，政府提供必要的公共产品和制度建设，避免非市场力量引起的城市结构变动可能引起的资源错配和降低经济效益。如果不做好顶层设计，城市空间演化的结果只能是以新的短期问题取代旧的短期问题，城市价值链重组和产业转移需要城市决策者在市场基础上进行规划和布局。

（2）发展专业化空间。波特教授有句名言，"战略，实质上就是选择差异化"，无差异、无差别就谈不上战略选择，对城市发展而言尤其如此。城市竞争力的核心取决于城市空间附加值的高低。农业空间可以带来高附加值，新兴工业空间也可能是低附加值。在产业理论中，产业没有朝阳产业和夕阳产业之分，附加值高低是决定产业发展的关键性因素。目前我国城市化普遍存在产业同构性、同质化竞争严重，发展定位雷同，产业链条重叠等问题。原属于某个城市的价值链不同价值环节，可以根据产业价值链各环节的专业化要求，根据城市价值链布局到不同的城市，强化功能特色，淡化人口规模。城市间的竞争最终表现为城市价值链之间的竞争。统一的城市群大市场可创造良好的资本流动条件，各城市可有效利用金融的外部性、空间溢出效应、乘数效应、产业升级效应、经济增长效应等，吸纳城市群的资金和人才，减少各城市的能级差，突破发展中的各类门槛，促进城市价值链和产业价值链在空间上的重叠从而形成区域竞争优势。

（3）塑造特色区域品牌，提升城市价值。21世纪是逐步走向城市网络化的时代，不同等级、规模、性质的城市构成城市网络，城市功能布局主要呈现出空间专业化、梯度发展布局，通过规划来引导城市功能和产业发展耦合。城市是区域经济新的竞争主体，城市群与城市群之间的竞争将成为区域经济新的竞争力源泉。城市空间演化不仅是生产要素向城市聚集的过程，同时也包括城市生产要素向周围城市和外围腹地扩散的过程，是先进的生产要素、高科技产业和服务业向城市中心集聚、处于产业价值链低端的制造业向中心城市外围扩散的过程。追求城市价值的不断增值、实现城市的可持续发展是现代城市管理具有战略指导意义的基本目标之一。发现并提高城市价值，提高城市空间效率，能使城市在与其他城市的竞争中在城市价值链上占据更有利的地位，从而提高城市福利水平。因此，识别并管理城市内部的价值增值机会和环节，评估自身发展的能力要素，组建有竞争力的城市内部价值链，特别是放眼地区乃至全球城市产业的价值网络，以产业分工为特征的空间价值链为纽带，以空间价值创造为抓手，以提升城市竞争力为目标，促进城市价值的网络化发展，是未来城市发展战略的科学发展路径。

第十一章 结论与进一步研究的问题

第一节 主要结论

（1）城市问题的本质是空间问题。城市空间演化是城市空间价值在产业变迁中整合与重组的过程，其本质是一种产业现象。城市空间演化的一般规律是：从区内单个城市，到区内多个城市，再到城市群，再到城市经济区，再到全球城市体系。城市空间演化从城市内部来看表现为城市规模的变化、各城市空间的功能调整等，从城市所属的整个区域来看（城市与城市之间的交互影响），表现为城市形态的变迁和产业结构的互动与耦合。城市空间演化是城市空间内部功能演化和外部形态演化的有机统一。城市空间的内部演化主要发掘和创造城市内生发展的各种条件，以求城市各功能空间实现内部的和谐和统一，实现城市效用的最大化；城市间的空间演化主要解决城市与外部环境的和谐和统一，建立优势互补、分工合理、定位明确的经济组织。城市价值链布局有助于实体经济与虚拟经济的协调发展。区域经济增长是空间价值链增值的结果，应将经济增长问题转化为空间增值问题，通过空间价值链的不断增值和升级来实现区域经济的可持续发展。

（2）区域协调发展问题，在产业与城市的互动发展中，空间作用日益凸显，产业转移或产业链延伸在空间价值链作用下具有很强的空间依赖性。在产业、空间与技术的共同影响下，城市价值链同时具有产业链维度、价值链维度和知识链维度，城市空间演化过程还具有不同空间尺度下的区域间关系和产业间关系的维度，在全球化背景下还具有全球价值链（GVC）维度。当前国际竞争已经不仅仅是企业之间的竞争，也不仅仅是产品的竞争，而是进入了城市竞争时代。构建与GVC并行并相对独立的城市价值链整合、演化和增长机制，可能是破解"增长与协调"两难问题的突破口，是在与GVC交互关系中实现产业升级并最终取得城市空间协调发展的必要途径。基于价值链的城市空间演化关注的核心是经济组织问题，而不是资源配置问题。城市价值链的提升与其经济活动范围的缩减有关，却并不意味着城市规模的增加，所以，城市价值链重组与整合导致的城市空间演化与小而全、大而全的不经济相对应，而不等同于规模经济。

（3）在以价值链为基础的城市体系中，存在价值链高端势位城市的技术和产业的扩散和低价值势位城市对资源、要素的空间竞争这两类相反方向的作用力。城市内部发展的不均衡和城市之间的竞争关系，使得城市群中的城市因价值链赋予发展机会的不均等而存在空间整合与重组的可能。随着城市群规模的扩大和专业化程度的加深，城市内部价值链和城市群价值链都有中心化趋势。由于城市价值链各环节存在竞争关系，所有城市及城市体系的中心也不是一成不变的，在城市空间的动态演化中会衍生出新的城市中心，此时的城市和城市体系将由单中心结构向多中心结构演变，城市规模又会进一步扩大，新一轮城市价值链整合与重组开始，如此循环往复，推动了城市价值链不断优化和提升，使城市经济不断发展。

（4）城市价值链是以制造业为基础的，因为没有良好的制造业基础，服务业的发展难以形成庞大而稳定的中等收入群体，就会如无本之木。没有高端的制造业就不可能孕育、形成和支撑处于价值链高端的服务业。城市空间演化是"天时、地利、人和"的结果。产业集聚与城市空间是密切相关的，提高工业能力、资本密集度、技术革新、商品和服务的生产专业化既是工业化的关键，也是城市化的重中之重。生产要素与生产空间逐渐融合，工业化和城市化过程的相互推进的结果是各种要素、企业和城市空间变得日益专业化。城市空间演化不单纯是一个结构转变的过程，而是以城市价值链为基础的微观组织空间要素重组和整合过程。当城市空间赖以发展的产业特征发生改变时，城市空间结构及演化模式也将发生重大改变，城市价值链成为区域空间演化的基础功能要素。

（5）不管是紧凑城市（Compact City）、可持续城市（Sustainable City）和宜居城市（Livable City），还是本书提出的价值链城市（The Value Chain City），都是以城市发展可持续为目标的集约型城市结构。所谓城市空间结构演化，就是通过提高城市价值链增值能力以提高城市竞争力的城市空间结构。产业空间集聚的过程也是城市空间格局演进的过程。城市空间格局内部的演进和城市间的竞争与合作是两个不同层面的问题，但都可以在空间价值链的视角下进行分析。城市层面的产业集聚体现在城市化经济，即产业的多样性；城市间产业集聚体现在城市的竞争和合作，更多表现为地方化经济，即分工与专业化。城市发展一方面要考虑内部产业布局，以实现多样化经济的需要，另一方面还需结合自身发展战略考虑比较优势和竞争力的提升。生产要素在城市空间之间进行再配置是区域创新的结果，通过资源在现有城市空间之间的再配置，产业结构在不同空间尺度下进行调整，整个社会的生产率水平得到提高，产业结构得到优化，城市空间演化走向高级化，总产出也增加了。可见，城市空间结构的优化具有产业升级效应和集约式增长效应。

（6）产业价值链层面上的城市集群发展和区域经济一体化必然会成为区域经济的主流形式，城市群突破了单一城市空间的局限，既反映了城市空间演化的一种高级形态和趋势，也是产业价值链在空间上的投影，当然，也是一种高效的城市化模式。空间价值链整合与重组将替代产业集聚成为新一轮城市空间演化和区域经济增长的力量源泉，城市群的形成有利于产业结构优化升级和经济转型。大城市在城市价值链重组中培育更多的高附加值产业，向外转移附加值低的成熟产业，起到核心带动作用；中小城市应积极承接成熟产业价值链的制造环节，吸收在大城市滞留的额外劳动力，使城市要素集聚跨越门槛规模，实现城市可持续发展。最终形成专业化分工的城市群，打破城市群发展步入"简单均衡"或"一城独大"的低水平发展陷阱。

（7）与传统的将区位认为是不可流动要素不同，在本书的研究中，区位跟劳动、资本等生产要素一样具有流动性。这个认识首先从静止是相对的、运动是绝对的这一命题出发，判断某物体处于静止还是运动状态，不是取决于物体本身，而是取决于所选取的参照物。因此，相对产业价值链来说，有不同相匹配的区位可供选择。对某一区位来说它的功能、价值和用途也不是一成不变的，而是随着价值链的变迁而发生改变。区位的可流动性假设为区位在产业价值链基础上进行重组和整合提供了可能。微观经济主体在市场机制下以产业集群增值的创造力和竞争优势为依托，对区位展开公平竞争，有必要赋予静态的区位以价值链为基础的流动性和成长性。企业、产业通过集聚发现和重塑空间价值进而引起区域空间结构演化，因此，城市空间演化的过程也是外部经济不断内在化的过程，城市空间价值成为城市空间演化的基本要素和出发点。

（8）以城市价值链为导向推进新型城镇化。新型城镇化本质上是人的城镇化。城镇化在推动过程中往往会出现城乡二元结构，造成城乡发展的不平衡和不充分。城镇化的内涵随着时代的发展而变化，城镇化的主体是人，目标是人们的福利增加、幸福感的增强。城镇化从一开始就讲求效率优先、兼顾公平。城市经济有着较高的生产率和竞争力，在特定阶段会获得比农村更快的增长，这是基本的事实，但城市经济在发展的同时，广大农村地区除向城市提供劳动力、土地和消费市场之外，其本身也是市场生产和供给的一部分，农产品和相关产业在产业价值链上具有不可替代的地位。城市价值链在内涵上应该纳入农村，一方面农村是城市的郊区或腹地，另一方面城市与农村在经济系统中具有差异性，通过城市价值链既可以科学规划城市空间和产业结构布局，又可以推动农村劳动力转移和产业结构调整。可见，城市价值链是实现产城融合的重要抓手，是城乡一体化和统筹发展的根本出路。以空间价值链为导向的新型城镇化是与城乡空间价值联系在一起的，与城镇化推进中简单的城市人口增加和市区面积的扩大是有本质的区别的。其基本策略是引导各类城市依据各自的优势和特点，明确功能定位和主导产业选择。促进大中小不同规模的城市协调发展，优化城乡空间结构，城乡产业协同发展，地域错位分工，人口就近城镇化，使城镇化的推进成为按照空间价值规律顺势而为的过程。

（9）相比其他生产要素，空间要素不可移动、不可复制，不可再生，具有稀缺性。空间经济探讨的一切问题可以归结为空间增值和可持续发展。在产业价值链全球布局的大背景下，全球经济表现出明显的空间集聚和空间差异。可以预言，未来的经济发展必然会走向空间竞争，传统的制造空间通过价值链整合会升级为服务空间，传统的制造城市通过城市价值链整合会变为服务城市，其中，起决定作用的是城市在空间价值链上的竞争力水平。单个城市在城市群内地位的高低及更替与城市所占据的城市间价值链环节高低有关，城市所占据价值链环节的转变与城市群体系结构的重构、再造以及城市之间产业转接等空间变化具有一致性；城市内部空间价值的大小取决于其在城市内部价值链中的地位。产业价值链中企业将内部各个价值环节在不同地理空间进行配置的问题与城市空间演化的价值链布局有了共同的理论基础。把产业价值链优势转化为空间价值链优势，是下一步区域和城市竞争的主题，必然对经济发展和人类行为产生深远影响。

（10）经济全球化趋势要求基于价值链的视角来审视城市发展问题。在以全球价值链为基础的城市价值链的分析框架中，城市只是城市价值链的一个中间环节，城市空间演化的实质是城市价值链重组与整合的过程。城市的发展也必然是城市寻求城市价值链定位与向高端价值链环节不断演进的过程。从我国城市发展的历程来看，现代化的城市基本都是在东南沿海市场经济起步较早的区域出现，城市服务业都是以制造业为基础发展起来的。目前，我国城市服务业尤其是生产性服务业发展水平仍然较低，主要原因是我国城市价值链升级缓慢，处于制造环节的城市没有将生产性服务与制造业垂直分离，处于高端价值链中的城市的空间辐射作用受到阻碍，没有有效发挥城市价值链的空间增值效应。城市在产业选择和功能定位中表现出大而全的盲目竞争态势，城市发展模式不能适应产业升级的需要，也不能实现城市竞争力的提高和可持续发展。单个城市长期保持竞争优势和实现可持续发展的压力和城市发展资源约束刚性增强的事实，要求城市实现基于价值链的空间演化模式，形成"跨城市价值整合体系"。基于价值链的城市空间演化是实现城市可持续发展和提高国际竞争力的有效模式，是解决经济的空间集聚和要素市场整合的必要条件。随着全球经济的整合和重组，经济活动必然会集聚在以大城市为核心的城市群，城市群整体的多样化与局部的专业化成为当今经济快速增长的引擎。

城市价值链把全球商品链转化为一个互相依赖的区域生产系统。

（11）组建有竞争力的城市群是区域经济可持续发展的有效路径。城市群经济通常是由异质结构的各城市经济耦合而成，而不是由同质结构的众多城市简单聚合而成。以城市价值链重组和整合为基础的城市空间演化，通过外部经济和集体效率获取低成本和高效益。城市价值链表现为各城市经济的产业结构、产品结构的分异与关联，各城市间相互依存与分异构成城市群经济分工耦合的总格局。当城市群内城市体系各城市的职能形成城市价值链关系的时候，城市之间的关系则更多地表现为战略联盟关系。单个城市内部及其空间结构调整和更新过程实质上是城市内部价值链作用的结果。一般来讲，城市间价值链在整个城市空间演化中发挥着基础性作用，规定了城市的发展定位和方向，城市内部价值链是城市在城市间价值链分工中取得优势的保障。由于城市空间演化是城市内部价值链和城市间价值链共同作用的结果，且两者具有互补特点，城市空间演化的效用最大化目标才得以实现。另外，全球城市价值链可以看成是广义的城市间价值链，同一价值链条生产过程的各个环节分布在不同的城市，在全球范围内通过跨界生产网络被组织了起来，形成了全球层面的城市价值链或区域价值链。

（12）所谓集聚是指在向心力的作用下，大城市区域或城市中心区域从其他地区吸引其经济发展所需的要素和资源的过程，辐射指大城市或城市中心对其他地区的要素转移和影响。由于区域资源间要素禀赋、分工与专业化水平、产业价值链结构的差异，区域间的发展处于不平衡状态，区域间存在较大的发展势能，区域间集聚与辐射的交互作用是区域间追求协调发展的体现。在市场经济条件下，城市是一个开放的系统，城市之间存在合作与竞争的双重关系。制造业与服务业的空间分离是提升城市价值链整体竞争力的必要措施，空间溢出效应、乘数效应、产业升级效应和经济增长效应的发生机制及实证结果表明产业空间布局具有显著的空间相关性，且符合地理学第一定律，这也说明在既定条件下，中心—外围结构具有内在的稳定性，而且外围是中心发展的基础，中心是外围发展的发动机。

（13）城市化过程实质上是产业集聚的过程。根据经典的区域经济增长理论，我国区域经济增长已进入快速调整阶段，在改革开放初期的城乡差距"势能"已逐渐减小，高梯度和增长极不断形成和壮大，更高层次的增长势能不断积聚和酝酿，发达地区的增长高地的扩散效应越来越明显。随着国内外经济形势的变化，新一轮的区域经济增长动力、源泉、增长方式等都将发生深刻改变，专业化水平与比较优势地位也将明显提高。根据经典的区域经济增长理论，只要区域经济发展水平存在差距，相对落后地区就有增长的空间，而且增长的速度快慢与空间大小和差距大小均成正比，在区域经济增长与发展过程中政府担负着重要角色，发挥着引领市场的作用，地区经济增长除了受制于技术创新和转化程度之外，还受制于资源、环境、要素等更多条件的约束，随着全球经济增速放缓，不管是欠发达地区还是发达地区，要素整合和产业演化是推动经济增长的必由之路。引导各类城市依据各自的优势和特点，明确功能定位和主导产业选择。促进大中小不同规模的城市协调发展，优化空间结构。产业协同发展、地域错位分工，使经济区成为产业聚集的新高地、城市发展的新引擎。

（14）国内外城市发展的实践表明，城市的空间形态处于动态演化之中，且符合价值链布局规律。目前具有世界影响的纽约城市经济区、伦敦城市经济区和东京城市经济区以及我国长三角城市群的发展都符合城市价值链运行机理。城市空间演化是城市内部价值链和城市间价值链共同作用的结果。我国的产业发展程度及区域发展整体上呈现东中西依次递减的态势，是建立城市价值链和开展区域合作的基础。

（15）基于价值链的城市空间演化将环境价值作为空间价值发挥效用的基础，可以实现绿色低碳的城市发展模式。事实证明，基于价值链的城市空间演化是解决城市环境污染、交通拥挤、资源短缺等大城市病的有效方法，可以有效解决城市蔓延和城市中心衰退等问题。这也是我国城市发展中面临的一系列问题，因此，建构中国的全球城市价值链的介入机制，向结构化、集约化发展要效率，是一种全新的区域发展战略。

第二节　进一步研究的问题

经济学对空间的研究还处在探索阶段。城市空间演化也同样处于探索阶段。特别是将价值链理论纳入城市空间演化问题，需要综合考虑生态、人文和经济各类因素。未来城市发展的重要任务是引入市场机制、调整产业结构、拓宽融资渠道、提供技术支持、发展低碳经济，本书主要在经济组织层面进行了探讨，未来还需要综合各类影响因素来完善这一论题，进一步研究需要充分考虑以下问题。

（1）制度供给问题。城市空间演化是系统性工程，具有历史延续性和集体理性的非市场因素，使城市空间演化得以依托制度竞争力进行区位选择和空间重组。城市空间演化需要以市场为主导，在此过程中政府担负着规划、管理和监督的角色。教育、医疗机构的空间均等化有利于中小城市人口的集聚和大都市中心人口的疏解，如何通过激励措施规范市民行为以及通过税收手段促进对可持续发展有利的行为，如何创新城市空间投融资机制，让城市达到没有荒废的土地，也没有过剩的人口，需要做好户籍、土地、财税、社会保障和公共服务等一揽子配套改革，是推进城市空间价值链重组与整合的制度保障。

（2）城市空间演化本身的测度与解释变量的选择和定量问题。空间价值的内涵与测度、时空过程、特征与机理受限于经济社会发展和认识程度，需要进一步的研究，模型的各类变量选取也应是一个动态优化过程。尤其是表征城市空间演化影响因素的界定、量化有待进一步拓展和深入研究，一些制度性因素因其量化的难度，没有纳入模型分析框架。由于个别数据资料获取的难度，变量的代表性还需要进一步加强，指标选取的科学性、模型的有效性以及结论的稳健性有待进一步检验。另外，模型本身的局限性也为相关问题的精确分析增加了难度。

（3）驱动城市空间演化的动因是多方面的，本书以城市价值链的增值机理与经济效应作为主线来研究城市空间演化问题，尤其是将城市的中心、城市群的核心城市作为城市空间演化的控制力量和核心驱动力量加以考虑。但对于不同的城市和城市群，需要结合其地域性和发展阶段等特性，另外，各类城市的公共服务不均等，管理理念各异，因此，不同发展阶段的城市空间演化问题需要结合实际进一步深入分析。

（4）中小城市在城市价值链重组中由于受到核心城市的控制和支配，在承接大城市产业转移过程中，如何将环境价值与经济价值统一起来，如何甄别和筛选所承接的产业，避免陷入"黑色陷阱"和重复污染，走出先污染后治理的老路，是未来城市空间演化的难点问题。

（5）城市空间演化一定要因地制宜，不能为演化而演化，演化本身是结果而不是工具。国际城市发展的规律表明，基于价值链的城市空间演化具有很多优势，但在创新技术和网络信息不断发展的今天，也面临一些风险和挑战，比如城市的衰落和城市群战略联盟的解体也应该引起广泛关注，如何保证一个绿色的、人文的、可持续的城市发展路径也存有很多分歧。基于空间价值链的城市集群，由于受到产业发展的影响，城市与产业共同处在空间价值链的体系之中（全球价值链）。由于产业受到市场的竞争、产品生命周期和创新周期等因素的影响，一直处于动态调整之中，城市价值功能也会随着相应城市价值链的变动做出相应的调整，否则，传统粗放式城市空间开发和利用模式会掉进"价值陷阱"。城市内部价值链、城市间价值链和全球城市价值链三者之间如果不能协同演化也可能导致"价值链升级陷阱"（对中小城市来说面临低端路径锁定风险，对核心城市而言可能会导致产业空心化等问题）和内城区衰落等问题。

（6）城市空间演化问题涉及企业、产业和区域等经济组织，也跨越了微观、中观和宏观几乎所有经济领域，从问题本身来讲是十分复杂的。本书所透视的微观机理与经济效应也只是整个城市空间问题的很小的一部分，还有大量有意义的命题仍需要进一步探讨，比如在城市空间演化机理方面城市空间演化能否显著提升生产率问题，城市空间演化如何解释"中等收入陷阱"问题等，在城市空间演化经济效应方面除了进一步讨论本书所论证的六大效应之外，是否还存在其他经济效应，这些问题同样是亟待进一步研究和解决的。

（7）城市空间演化与农村空间演化的协调和统一问题。城市与农村是人类生活的基本场所，在工业化与城市化的发展过程中，二者处于此消彼长的动态调整之中，城乡界限趋于模糊。农村空间演化某种程度上属于城市空间演化的结果，广义的城市空间价值链也应该包含农村空间。因此，要搞好城市化，需要对城乡内部各种功能的交互影响、城乡空间组织的内在机理进一步研究，尤其在城市化不断深化的形势下，农村空间演化很大程度上受制于城市空间演化的影响，城市空间与农村空间同处于区域价值链上，城乡一体化的核心问题是如何避免农村出现新一轮的环境污染、生态损害等公共危机，避免城市"过密"和农村"过疏"问题，走出一条新型农村发展之路，使城市与农村发展相互促进、相得益彰。根据空间的价值属性，构建农村空间价值链以及包含城市价值链和农村价值链的城乡一体化的空间价值链也是该领域进一步研究的方向。如果要构建基于城乡价值链的区域整合与重组模式，在资源环境约束加剧和生态价值凸显的共识下，需要建立有机的动态城乡关系，使城市布局中的乡村性空间与农村发展中的城市化倾向实现互补与交融，避免城市的无序蔓延、粗放扩张和乡村的衰落、"乡愁"记忆的丧失，对农村空间价值如何认识以及城乡共存共荣问题也需要进一步研究。

（8）根据本书的研究结论，空间价值链普遍存在于各类层次的区域之中，有必要将城市价值链推广到更高层次的空间演化之中。空间价值链重组与整合将会形成实体经济与虚拟经济的空间分异。可以预见，随着城市空间演化和更高层次的价值链整合，在空间价值链低端将越来越集聚分布实体经济体，高端则以虚拟经济体为主。空间价值链的拓展、实体经济与虚拟经济的空间演化是城市价值链的深化和发展，因此，需要更前沿的思考和方法方可进入这一领域。

（9）城市空间的修正和调节已成为促进资本积累和调节社会关系的工具，空间生产已成为城市空间演化过程中的重要力量，以资本积累为目的的城市空间演化很难满足各类人群在城市中的生存与生活需求。如何将空间生产的动因由资本积累转向满足社会各主体空间使用需求，形成城乡共生、空间共享与空间正义，同时防范空间生产过剩、空间衰退以及资本过度积累将是未来城市发展亟须解决的问题。

参考文献

［1］［德］奥古斯特·勒施：《经济空间秩序》，王守礼译，商务印书馆 1995 年版。

［2］［德］恩格斯：《反杜林论》，吴黎平译，民族出版社 1972 年版。

［3］［德］卡尔·马克思：《资本论》（第一卷），中共中央马克思恩格斯列宁斯大林著作编译局译，人民出版社 1975 年版。

［4］［荷］约翰·C. 奥瑞克等：《企业基因重组：释放公司的价值潜力》，高远洋等译，电子工业出版社 2003 年版。

［5］［美］阿尔弗雷德·D. 钱德勒等：《透视动态企业：技术、战略、组织和区域的作用》，吴晓波、耿帅译，机械工业出版社 2005 年版。

［6］［美］埃思里奇：《应用经济学研究方法论》，朱钢译，经济科学出版社 2007 年版。

［7］［美］理查德·R. 纳尔逊、悉尼·G. 温特：《经济变迁的演化理论》，胡世凯译，商务印书馆 1997 年版。

［8］［美］马斯洛：《马斯洛人本哲学》，成明编译，九州出版社 2003 年版。

［9］［美］迈克尔·波特：《国家竞争优势》，李明轩、邱如美译，华夏出版社 2002 年版。

［10］［美］沃尔特·艾萨德：《区位与空间经济：关于产业区位、市场区、土地利用、贸易和城市结构的一般理论编辑锁定》，杨开忠等译，北京大学出版社 2011 年版。

［11］［美］约瑟夫·斯蒂格利茨：《经济学》，梁小民等译，中国人民大学出版社 1997 年版。

［12］［瑞典］伯特尔·俄林：《区际贸易与国际贸易》，逯宇铎等译，

华夏出版社 2008 年版。

[13] [英] 大卫·李嘉图:《政治经济学及其赋税原理》,周洁译,
华夏出版社 2005 年版。

[14] [英] 马歇尔:《经济学原理》(上卷),陈良璧译,商务印书
馆 1965 年版。

[15] [英] 亚当·斯密:《国民财富的性质和原因的研究》,孙羽译,
中国社会出版社 2000 年版。

[16] 安虎森:《区域经济学通论》,经济科学出版社 2004 年版。

[17] 安筱鹏:《制造业服务化路线图:机理、模式与选择》,商务印
书馆 2012 年版。

[18] 毕秀晶:《长三角城市群空间演化研究》,博士学位论文,华东
师范大学,2014 年。

[19] 蔡孝箴:《城市经济学》,南开大学出版社 1998 年版。

[20] 陈栋生、程必定、肖金成:《中国区域经济新论》,经济科学出
版社 2004 年版。

[21] 陈金祥:《中国经济区:经济区空间演化机理及持续发展路径
研究》,科学出版社 2010 年版。

[22] 陈雯:《空间均衡的经济学分析》,商务印书馆 2008 年版。

[23] 陈修颖:《区域空间结构重组:理论基础,动力机制及其实
现》,《经济地理》2003 年第 4 期。

[24] 陈修颖、章旭健:《演化与重组:长江三角洲经济空间结构研
究》,东南大学出版社 2007 年版。

[25] 陈秀山:《中国区域经济问题研究》,商务印书馆 2005 年版。

[26] 程晓:《大卫·哈维对资本积累的时空分析》,《山西师大学报》
(社会科学版) 2014 年第 5 期。

[27] 崔迅、张瑜:《顾客需求多样化特点分析》,《中国海洋大学学
报》(社会科学版) 2006 年第 2 期。

[28] 代明、张杭、饶小琦:《从单中心到多中心:后工业时代城市
内部空间结构的发展演变》,《经济地理》2014 年第 6 期。

[29] 董青、刘海珍、刘加珍:《基于空间相互作用的中国城市群体
系空间结构研究》,《经济地理》2010 年第 6 期。

［30］董青、刘海珍、刘加珍:《基于空间相互作用的中国城市群体系空间结构研究》,《经济地理》2010 年第 6 期。

［31］杜瑜、樊杰:《基于产业与人口集聚分析的都市经济区空间功能分异》,《北京大学学报》(自然科学版)2008 年第 3 期。

［32］多淑杰:《产业链分工下产业区域转移实现的组织机理分析》,《财经理论研究》2013 年第 1 期。

［33］樊卓福:《地区专业化的度量》,《经济研究》2007 年第 9 期。

［34］高金龙、陈江龙、苏曦:《中国城市扩张态势与驱动机理研究学派综述》,《地理科学进展》2013 年第 5 期。

［35］高进田:《区位的经济学分析》,上海人民出版社 2007 年版。

［36］葛立成:《产业集聚与城市化的地域模式——以浙江省为例》,《中国工业经济》2004 年第 1 期。

［37］顾朝林:《城市群研究进展与展望》,《地理研究》2011 年第 5 期。

［38］顾朝林:《经济全球化与中国城市发展:跨世纪中国城市发展战略研究》,商务印书馆 1999 年版。

［39］顾朝林、陈璐、丁睿:《全球化与重建国家城市体系设想》,《地理科学》2005 年第 6 期。

［40］洪亘伟、刘志强:《快速城市化地区城市导向下的农村空间变革》,《城市规划》2010 年第 2 期。

［41］胡彬:《长三角城市集群:网络化组织的多重动因与治理模式》,上海财经大学出版社 2011 年版。

［42］胡彬:《区域城市化的演进机制与组织模式》,上海财经大学出版社 2008 年版。

［43］胡序威:《区域与城市研究》,科学出版社 1998 年版。

［44］胡志丁、葛岳静、侯雪:《经济地理研究的第三种方法:演化经济地理》,《地域研究与开发》2012 年第 5 期。

［45］黄繁华、洪银兴:《制造业基地发展现代服务业的路径》,南京大学出版社 2010 年版。

［46］黄亮等:《国际研发城市:概念、特征与功能内涵》,《城市发展研究》2014 年第 2 期。

［47］黄征学：《城市群界定的标准研究》，《经济问题探索》2014 年第 8 期。

［48］姜安印：《区域发展能力理论——一个初步分析框架》，《兰州大学学报》（社会科学版）2012 年第 6 期。

［49］金凤君：《功效空间组织机理与空间福利研究：经济社会空间组织与效率》，科学出版社 2013 年版。

［50］金凤君：《空间组织与效率研究的经济地理学意义》，《世界地理研究》2008 年第 4 期。

［51］金丽国：《区域主体与空间经济自组织》，上海人民出版社 2007 年版。

［52］金相郁：《20 世纪区位理论的五个发展阶段及其评述》，《经济地理》2004 年第 3 期。

［53］康艳红：《政府企业化背景下的中国城市郊区化发展研究》，《人文地理》2006 年第 5 期。

［54］柯善咨、赵曜：《产业结构、城市规模与中国城市生产率》，《经济研究》2014 年第 4 期。

［55］雷国雄：《不确定性、创新不足与经济演化》，博士学位论文，暨南大学，2010 年。

［56］雷明、冯珊：《全要素生产率（TFP）变动成因分析》，《系统工程理论与实践》1996 年第 4 期。

［57］李阿琳：《近 15 年来中国城镇空间构造的经济逻辑》，《城市发展研究》2013 年第 11 期。

［58］李程骅：《服务业推动城市转型的"中国路径"》，《经济学动态》2012 年第 4 期。

［59］李少星、顾朝林：《全球化与国家城市区域空间重构》，东南大学出版社 2011 年版。

［60］李伟军、孙彦骊：《城市群内金融集聚及其空间演进：以长三角为例》，《经济经纬》2011 年第 6 期。

［61］李小建、李国平、曾刚：《经济地理学》，高等教育出版社 1999 年版。

［62］李占国、孙久文：《我国产业区域转移滞缓的空间经济学解释

及其加速途径研究》,《经济问题》2011 年第 1 期。

[63] 林民盾:《横向产业理论研究》,博士学位论文,福建师范大学,2006 年。

[64] 刘传江、吕力:《长江三角洲地区产业结构趋同、制造业空间扩散与区域经济发展》,《管理世界》2005 年第 4 期。

[65] 刘珊、吕拉昌、黄茹:《城市空间生产的嬗变——从空间生产到关系生产》,《城市发展研究》2013 年第 9 期。

[66] 刘珊、吕拉昌、黄茹:《城市空间生产的嬗变——从空间生产到关系生产》,《城市发展研究》2013 年第 9 期。

[67] 刘涛、曹广忠:《城市用地扩张及驱动力研究进展》,《地理科学进展》2010 年第 8 期。

[68] 刘迎霞:《空间效应与中国城市群发展机制探究》,《河南大学学报》(社会科学版)2010 年第 2 期。

[69] 刘友金、罗登辉:《城际战略产业链与城市群发展战略》,《经济地理》2009 年第 4 期。

[70] 刘玉:《基于功能定位的北京区域产业发展格局分析》,《城市发展研究》2013 年第 10 期。

[71] 陆铭:《空间的力量:地理、政治与城市发展》,格致出版社、上海人民出版社 2013 年版。

[72] 吕健:《中国城市化水平的空间效应与地区收敛分析:1978—2009 年》,《经济管理》2011 年第 9 期。

[73] 罗静、曾菊新:《空间稀缺性——公共政策地理研究的一个视角》,《经济地理》2004 年第 6 期。

[74] 马昂主:《全球化空间重组与中国长三角城市"呼应构想"》,《经济地理》2009 年第 6 期。

[75] 马春辉:《产业集群的发展与城市化——以长江、珠江三角洲为例》,《经济问题》2004 年第 3 期。

[76] 马吴斌、褚劲风:《上海产业集聚区与城市空间结构优化》,《中国城市经济》2009 年第 1 期。

[77] 曼纽尔·卡斯特、杨友仁:《全球化、信息化与城市管理》,《国外城市规划》2006 年第 5 期。

[78] 苗长虹、张建伟：《基于演化理论的我国城市合作机理研究》，《人文地理》2012 年第 1 期。

[79] 苗作华：《城市空间演化进程的复杂性研究》，中国大地出版社 2007 年版。

[80] 庞晶、叶裕民：《城市群形成与发展机制研究》，《生态经济》2008 年第 2 期。

[81] 彭翀、顾朝林：《城市化进程下中国城市群空间运行及其机理》，东南大学出版社 2011 年版。

[82] 齐讴歌、赵勇、王满仓：《城市集聚经济微观机制及其超越：从劳动分工到知识分工》，《中国工业经济》2012 年第 1 期。

[83] 盛科荣、孙威：《基于理论模型与美国经验证据的城市增长序贯模式》，《地理学报》2013 年第 12 期。

[84] 司林杰：《中国城市群内部竞合行为分析与机制设计研究》，博士学位论文，西南财经大学，2014 年。

[85] 苏华：《产业多样化结构及其演变规律——基于中国地级城市数据的非参数估计》，《湘潭大学学报》（哲学社会科学版）2012 年第 2 期。

[86] 苏华：《中国城市产业结构的专业化与多样化特征分析》，《人文地理》2012 年第 1 期。

[87] 覃成林、李红叶：《西方多中心城市区域研究进展》，《人文地理》2012 年第 1 期。

[88] 汤放华、陈修颖：《城市群空间结构演化：机制·特征·格局和模式》，中国建筑工业出版社 2010 年版。

[89] 汪阳红、贾若祥：《我国城市群发展思路研究——基于三大关系视角》，《经济学动态》2014 年第 2 期。

[90] 王丰龙、刘云刚：《空间的生产研究综述与展望》，《人文地理》2011 年第 2 期。

[91] 王合生、李昌峰：《长江沿江区域空间结构系统调控研究》，《长江流域资源与环境》2000 年第 3 期。

[92] 王红霞：《企业集聚与城市发展的制度分析：长江三角洲地区城市发展的路径探究》，复旦大学出版社 2005 年版。

［93］王辉堂、王琦：《产业转移理论述评及其发展趋向》，《经济问题探索》2008 年第 1 期。

［94］王建廷：《区域经济发展动力与动力机制》，上海人民出版社2007 年版。

［95］王军：《产业组织演化：理论与实证》，经济科学出版社 2008 年版。

［96］王军：《城与都——中国城市建设思考》，《经济研究参考》2006 年第 64 期。

［97］王磊、田超、李莹：《城市企业主义视角下的中国城市增长机制研究》，《人文地理》2012 年第 4 期。

［98］王璐、罗赤：《从农业生产的变革看农村空间布局的变化》，《城市发展研究》2012 年第 12 期。

［99］王鹏飞：《论北京农村空间的商品化与城乡关系》，《地理学报》2013 年第 12 期。

［100］王维国、于洪平：《我国区域城市化水平的度量》，《财经问题研究》2002 年第 8 期。

［101］王兴平：《对新时期区域规划新理念的思考》，《城市规划面对面——2005 城市规划年会论文集（上）》，2005 年。

［102］王振坡、游斌、王丽艳：《基于精明增长的城市新区空间结构优化研究——以天津市滨海新区为例》，《地域研究与开发》2014 年第 4 期。

［103］魏后凯：《大都市区新型产业分工与冲突管理》，《中国工业经济》2007 年第 2 期。

［104］魏家雨：《美国区域经济研究》，上海科学技术文献出版社2011 年版。

［105］吴传清、李浩：《西方城市区域集合体理论及其启示——以Megalopolis、Desakota Region、Citistate 理论为例》，《经济评论》2005 年第 1 期。

［106］吴缚龙、王红扬：《解读城市群发展的国际动态——中国城市规划年会》，2006 年。

［107］吴良镛：《人居环境科学导论》，中国建筑工业出版社 2001

年版。

[108] 熊剑平、刘承良、袁俊:《国外城市群经济联系空间研究进展》,《世界地理研究》2006 年第 1 期。

[109] 修春亮、孙平军、王绮:《沈阳市居住就业结构的地理空间和流空间分析》,《地理学报》2013 年第 8 期。

[110] 许抄军、罗能生、王家清:《我国城市化动力机制研究进展》,《城市问题》2007 年第 8 期。

[111] 宣烨:《本地市场规模、交易成本与生产性服务业集聚》,《财贸经济》2013 年第 8 期。

[112] 薛东前、王传胜:《城市群演化的空间过程及土地利用优化配置》,《地理科学进展》2002 年第 2 期。

[113] 薛普文:《区域经济成长与区域结构的演变》,《地理科学》1988 年第 4 期。

[114] 杨荣南、张雪莲:《城市空间扩展的动力机制与模式研究》,《地域研究与开发》1997 年第 2 期。

[115] 叶连松、靳新彬:《新型工业化与城镇化》,中国经济出版社 2009 年版。

[116] 叶裕民、陈丙欣:《中国城市群的发育现状及动态特征》,《城市问题》2014 年第 4 期。

[117] 张辉:《全球价值链理论与我国产业发展研究》,《中国工业经济》2004 年第 5 期。

[118] 张京祥、陈浩:《基于空间再生产视角的西方城市空间更新解析》,《人文地理》2012 年第 2 期。

[119] 张京祥、崔功豪:《城市空间结构增长原理》,《人文地理》2005 年第 2 期。

[120] 张蕾:《中国东部三大都市圈城市体系及演化机制研究》,博士学位论文,复旦大学,2008 年。

[121] 张美涛:《知识溢出、城市集聚与中国区域经济发展》,社会科学文献出版社 2013 年版。

[122] 张培刚:《中译本序言——对本书的介绍和评论》,载[美]约瑟夫·熊彼特《经济发展理论——对于利润、资本、信贷、

利息和经济周期的考察》，何畏等译，商务印书馆 2000 年版。

［123］张若雪：《从产品分工走向功能分工：经济圈分工形式演变与长期增长》，《南方经济》2009 年第 9 期。

［124］张晓青、李玉江：《山东省城市空间扩展和经济竞争力提升内在关联性分析》，《地理研究》2009 年第 1 期。

［125］张欣、王茂军、柴箐：《全球化浸入中国城市的时空演化过程及影响因素分析——以 8 家大型跨国零售企业为例》，《人文地理》2012 年第 4 期。

［126］张学良、王薇：《"同城化趋势下长三角城市群区域协调发展"系列学术研讨会简讯》，《探索与争鸣》2012 年第 6 期。

［127］张艳、程遥、刘婧：《中心城市发展与城市群产业整合——以郑州及中原城市群为例》，《经济地理》2010 年第 4 期。

［128］张毓峰、胡雯：《体制改革、空间组织转换与中国经济增长》，《财经科学》2007 年第 8 期。

［129］张自然：《中国服务业增长与城市化的实证分析》，《经济研究导刊》2008 年第 1 期。

［130］赵航：《产业集聚效应与城市功能空间演化》，《城市问题》2011 年第 3 期。

［131］赵渺希：《全球化进程中长三角区域城市功能的演进》，《经济地理》2012 年第 3 期。

［132］赵曦、司林杰：《城市群内部"积极竞争"与"消极合作"行为分析——基于晋升博弈模型的实证研究》，《经济评论》2013 年第 5 期。

［133］赵勇：《区域一体化视角下的城市群形成机理研究》，博士学位论文，西北大学，2009 年。

［134］赵勇、白永秀：《中国城市群功能分工测度与分析》，《中国工业经济》2012 年第 11 期。

［135］郑凯捷：《分工与产业结构发展：从制造经济到服务经济》，复旦大学出版社 2008 年版。

［136］郑文哲、郑小碧：《中心镇空间重组的动力机制及主导因素》，《城市问题》2013 年第 9 期。

[137] 中共中央马克思恩格斯列宁斯大林著作编译局编：《列宁选集》（第三卷），人民出版社 1972 年版。

[138] 中共中央马克思恩格斯列宁斯大林著作编译局编：《马克思恩格斯选集》（第一卷），人民出版社 1972 年版。

[139] 周春山、叶昌东：《中国特大城市空间增长特征及其原因分析》，《地理学报》2013 年第 6 期。

[140] 周莉萍：《城市化与产业关系：理论演进与述评》，《经济学家》2013 年第 4 期。

[141] 周韬：《基于企业基因重组理论的供应链模型构建》，《开发研究》2009 年第 4 期。

[142] 周韬、郭志仪：《价值链视角下的城市空间演化研究——基于中国三大城市群的证据》，《经济问题探索》2014 年第 11 期。

[143] Alonso, W., *Location and Land Use: Toward a General Theory of Land Rent*, Harvard University Press, 2013.

[144] Arndt, S. W., Kierzkowski, H., "Fragmentation: New Production Patterns in the World Economy", OUP Catalogue, 2001,

[145] Castells M., "The Information Age: Economy, Society, and Culture", *Journal of Planning Education & Research*, 1998, 19 (98): 437 –439.

[146] Coraggio, J. L., "Hacia una revisión de la teoría de los polos de desarrollo", *Eure*, 1972, 2 (4): 25 –39.

[147] Denison, E. F., *Why Growth Rates Differ: Postwar Experience in Nine Western Countries*, The Brookings Institution, 1967.

[148] Duranton, G., Puga, D., "From Sectoral to Functional Urban Specialisation", *Journal of Urban Economics*, 2005, 57 (2): 343 –370.

[149] Evans, A. W., *The Economics of Residential Location*, Palgrave Macmillan, 1973.

[150] Fujita, M., Krugman, P. R., Venables, A. J., *The Spatial Economy: Cities, Regions and International Trade*, MIT Press, Cambridge, MA, 1999, 2001.

[151] Fujita, M. , Thisse, J. - F. , *Economics of Agglomeration: Cities, Industrial Location, and Globalization*, Cambridge University Press, 2013.

[152] Geddes, P. , Association, O. T. , *Cities in Evolution*, Williams & Norgate London, 1949.

[153] Gottmann, J. , "Megalopolis or the Urbanization of the Northeastern Seaboard", *Economic Geography*, 1957, 189 - 200.

[154] Henderson, J. V. , "The Sizes and Types of Cities", *The American Economic Review*, 1974, 64 (4): 640 - 656.

[155] Hirsch, W. Z. , *Urban Economic Analysis*, McGraw - Hill New York, 1973.

[156] Hoover, E. M. , Giarratani, F. , *An Introduction to Regional Economics*, Alfred A. Knopf, Inc. , 1971.

[157] Howard, E. , *Garden Cities of Tomorrow*, MIT Press, 1965.

[158] Kuznets, S. , "Economic Growth and Income Inequality", *The American Economic Review*, 1955, 45 (1): 1 - 28.

[159] Le Gallo J. , Ertur C. , "Exploratory Spatial Data Analysis of the Distribution of Regional Per Capita GDP in Europe, 1980 - 1995", *Papers in Regional Science*, 2003, 82 (2): 175 - 201.

[160] Lefebvre, H. , *The Production of Space*, Oxford Blackwell, 1991.

[161] Massey, D. , Allen, J. , *Geography Matters! A Reader*, Cambridge University Press, 1984.

[162] Massey, D. , "A Global Sense of Place", *Marxism Today*, 1991, June, 24 - 28.

[163] Mitchell W. C. , *The Processes Involved in Business Cycles*, National Bureau of Economic Research, Inc, 1927.

[164] Molotch, H. , "The City as a Growth Machine: Toward a Political Economy of Place ", *American Journal of Sociology*, 1976, 309 - 332.

[165] Peterson, P. E. , *City Limits*, University of Chicago Press, 1981.

[166] Robert Lucas, "Making a Miracle", *Econometrica: Journal of the*

Econometric Society, 1993, 61 (2): 251 – 272.

[167] Saarinen E. , *The City*, *Its Growth*, *Its Decay*, *Its Future*, The MIT Press, 1943.

[168] Schumpeter, J. A. , *Business Cycles*: *A Theoretical*, *Historical*, *and Statistical Analysis of the Capitalist Process*, McGraw – Hill, 1959.

[169] Smith, D. M. , *Industrial Location*: *An Economic Geographical A-nalysis*, Wiley New York, 1981.

[170] Tullock, G. , *Economic Hierarchies*, *Organization and the Structure of Production* , Springer, 1992.

[171] Vernon, R. , "International Investment and International Trade in the Product Cycle", *The Quarterly Journal of Economics*, 1966, 190 – 207.

[172] Wolff, R. D. , "The Limits to Capital by David Harvey", *Economic Geography*, 1984, 60: 81 – 85.

[173] Young, A. A. , "Increasing Returns and Economic Progress", *The Economic Journal*, 1928, 527 – 542.

后　记

　　经济活动在空间产生、成长和发展，空间是决定一个地方生产系统竞争力的基础性重要因素。经济问题大部分都要涉及空间问题，更为一般地说，所有经济问题应在空间框架下讨论。拿中国近年来的经济发展来说，与其说是改革开放的结果，不如说是空间竞争与赶超的结果。空间维度的出现为区域经济研究提供了一个富有成效的分析"锚点"，近几年对空间的讨论愈加热烈，相关的文献分析大量涌现，对实际问题的解释力也获得了实证上的支持，因此，我强烈地呼吁，经济学的研究应回到空间中去。

　　改革开放以来，中国城市的快速发展带来了许多城市病，解决这些问题，需停止大拆大建、粗放蔓延式的城市发展道路，转向城市内涵的提升、人居环境的改善、绿色的发展。在经济增速放缓的趋势下，转型发展是城市经济发展的必然，我们转型的基本思路是什么？这个基本思路就包含着本书所讨论的主题。

　　在空间生产与资本空间化的驱动下，对城市空间"配置什么""如何配置""谁来配置"都提出了新的问题。只要人类仍然生活于城市，只要产业还在城市各类空间进行布局，就必须积极探求有效的城市空间利益分配机制和形成城市空间的有效路径。城市以前所未有的速度发生着剧烈的变化，城市发展中的一系列问题将成为人类社会发展需要处理的核心问题，其关系着人类的福祉和命运。

　　城市研究就其本质而言就是空间研究。空间问题的探讨涉及深层次的价值判断问题。城市是空间价值集聚与增值的载体。不管是主流的宏观经济学还是微观经济学都没有充分认识到空间的作用和意义，得出的结论也往往是"真空"状态下的近似或基于概率的判断。如何开辟新的思路和角度来探索城市发展问题，无疑需要勇气和智慧，并期待有所作为。

人类步入互联网时代，空间问题已成为促进技术进步、推动人类社会发展的核心问题。不同的空间要素，其价值呈现也千差万别。空间整合、重组、增值与创新将再一次重构经济学理论，虽然要达到这个高度很难，但方向已经明确，就应该坚定地追寻下去。

空间问题可能永远是复杂的，也许，我们对空间的认知才刚刚开始，但对该问题的探讨充满诱惑，将吸引越来越多的研究人员不断挖掘。作为这支队伍中的一员，我的工作也仅仅是在自己理解基础上的一种尝试，对于这一领域的全面研究，如果要得到更为确切的结论，必须涉及哲学、历史、社会学、管理学、人类学等多种学科，需要在更广和更深的层面上实现突破，因此，深感任重道远。

人类社会的发展从根本上说是来自不同空间的重组与整合的结果。城市化、大都市圈层结构的形成和扩展是最直接的表现形式。未来可能还会有更多的区域联动、空间竞争和空间演化的形式出现。未来中国的经济表现很大程度上也取决于空间平衡、空间效率和空间可持续发展问题。我有幸从对微观领域的研究和分析中获得了关于构建富有中国特色的空间经济学的灵感，虽然现有的一些想法还有一些不足，还不能支撑一个学科体系，但对空间的认识及空间经济的内在规律的探索不断提高，也能感受到真理已经离我们很近。我们期待在中国，而不是其他地方成为空间经济学名副其实的中心。本书是在我的博士论文的基础上完成的，是我在博士后研究中的一项重要成果，其结论中的一些实证分析可参阅《城市"空间—产业"互动发展研究》一书或参阅相关的一些文献。未来的研究，需要进一步探讨空间价值及其增值的规律，深入研究城市（群）空间组织及协同发展等问题，以对本书中的结论不断完善和改进，增强理论的解释力。

非常感谢我的博士导师郭志仪教授和博士后导师戴宏伟教授对本书给予的专业指导，非常感谢中国社会科学出版社责任编辑的专业、细致的校稿，最后，还要感谢我的妻子，正是她一直默默无闻的奉献和支持才使我集中精力全身心投入学术研究。

2020 年 6 月